海水健康养殖技术丛书

HAISHUI XIALEI JIANKANG YANGZHI JISHU
海水虾类健康养殖技术

刘洪军 王 颖 李绍彬 高 翔 编著

中国海洋大学出版社
·青岛·

图书在版编目(CIP)数据

海水虾类健康养殖技术/刘洪军,王颖,李绍彬,高翔编著.—青岛:中国海洋大学出版社,2006.12

(海水健康养殖技术丛书)

ISBN 7-81067-851-5

Ⅰ.海… Ⅱ.①刘… ②王… ③李… ④高… Ⅲ.海水养殖:虾类养殖 Ⅳ.S968.22

中国版本图书馆 CIP 数据核字(2006)第 023465 号

出版发行	中国海洋大学出版社
社　　址	青岛市香港东路23号　　邮政编码　266071
网　　址	http://www2.ouc.edu.cn/cbs
电子信箱	hdcbs@ouc.edu.cn
订购电话	0532—82032573(传真)
丛书策划	魏建功
责任编辑	魏建功　　　　　　电　　话　0532—85902121
印　　制	日照报业印刷有限公司
版　　次	2006年12月第1版
印　　次	2006年12月第1次印刷
成品尺寸	140 mm×203 mm
彩　　页	4
印　　张	10
字　　数	218千字
定　　价	20.00元

对虾育苗车间

仰口基地车间

斑节对虾

日本囊对虾体长测量

中国明对虾

日本囊对虾

斑节对虾

工厂化养殖基地

收获的凡纳滨对虾

中国明对虾

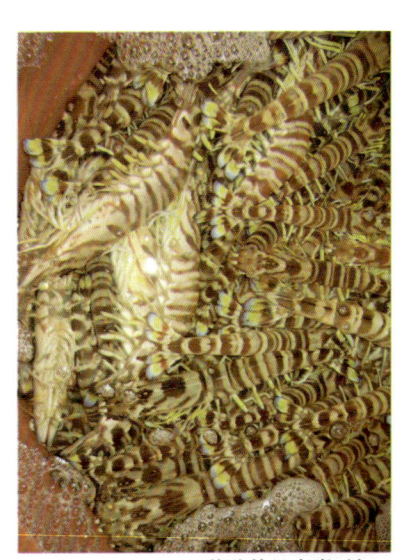
养殖的日本囊对虾

前　言

对虾养殖业是我国海水养殖业的支柱产业,为我国沿海地区的经济发展和出口创汇作出了巨大贡献。随着对虾养殖业的发展,养殖方式也由粗放型向半集约化、高度集约化发展。中国明对虾、日本囊对虾、斑节对虾、凡纳滨对虾是我国对虾养殖的主要品种。尤其是我国从美国和厄瓜多尔引进凡纳滨对虾后,凡纳滨对虾的海、淡水养殖已遍布我国所有的省份,成为我国对虾养殖的一支新秀,且已独占鳌头。据农业部渔业局统计,2005年我国海水对虾养殖面积23万多公顷,产量62.42万吨,其中凡纳滨对虾养殖面积10.16万公顷,产量40.76万吨,分别占海水对虾养殖面积、产量的44.10%、65.30%;2005年淡水养殖凡纳滨对虾产量达44.08万吨,为海水养殖产量的108.15%。但随着人们生活水平的提高,人们对水产品的安全质量越来越重视,绿色无公害的健康食品成为消费的时尚。因此,大力倡导和发展无公害水产品的健康养殖,提高产品的质量和档次,就必须要求养殖业者转变观念,掌握新技术,生产健康的绿色食品,满足人们的绿色消费需求。

为了满足广大养殖业者对养殖技术的需求,我们编写了《海水虾类健康养殖技术》一书。本书系统介绍了凡纳滨对虾、中国明对虾、日本囊对虾、斑节对虾的生物学特性、苗种生产技术、池塘无公害健康养殖技术、病害防治技术等知识。

本书可供广大对虾养殖人员使用,也可供水产养殖专业的师生、有关科技人员及管理人员参阅。

由于水平有限,书中难免存在遗漏及不妥之处,殷切期望读者予以指正。

编著者
2006 年 8 月

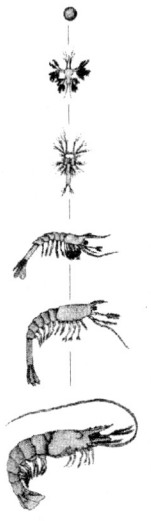

目 次

第一章 凡纳滨对虾健康养殖技术 …………………… 1
　第一节 凡纳滨对虾的生物学特性 ………………… 2
　　一、形态构造 ………………………………………… 2
　　二、生态习性 ………………………………………… 4
　　三、食性 ……………………………………………… 7
　　四、蜕壳与生长 ……………………………………… 7
　　五、繁殖生物学 ……………………………………… 8
　　六、免疫 ……………………………………………… 11
　第二节 凡纳滨对虾的苗种生产技术 ……………… 20
　　一、育苗场的建设 …………………………………… 20
　　二、亲虾的选择与培育 ……………………………… 24
　　三、促交配与产卵 …………………………………… 29
　　四、受精卵孵化 ……………………………………… 32
　　五、幼体饵料的准备 ………………………………… 34
　　六、幼体培育 ………………………………………… 44
　第三节 凡纳滨对虾健康养殖技术 ………………… 55
　　一、养殖技术 ………………………………………… 55
　　二、池塘养殖 ………………………………………… 58
　　三、工厂化养殖 ……………………………………… 124

四、收获 ……………………………………… 131
　　五、活体运输 ………………………………… 131

第二章　中国明对虾健康养殖技术 ……………… 132
　第一节　中国明对虾的分类地位及地理分布 …… 133
　第二节　中国明对虾的生物学特性 ……………… 133
　　一、形态构造 ………………………………… 133
　　二、生态习性 ………………………………… 143
　第三节　中国明对虾工厂化育苗技术 …………… 158
　　一、育苗场的建设 …………………………… 160
　　二、亲虾的选择与培育 ……………………… 162
　　三、产卵及孵化 ……………………………… 177
　　四、幼体培育 ………………………………… 182
　第四节　中国明对虾的健康养殖技术 …………… 191
　　一、养殖场地的选择 ………………………… 191
　　二、苗种的中间暂养 ………………………… 192
　　三、虾苗的放养 ……………………………… 195
　　四、养殖池内水环境管理 …………………… 197
　　五、饵料的选择与投喂 ……………………… 197
　　六、日常观测 ………………………………… 209
　　七、收虾 ……………………………………… 214

第三章　日本囊对虾健康养殖技术 ……………… 216
　第一节　日本囊对虾的生物学特性 ……………… 216
　　一、形态构造 ………………………………… 216
　　二、栖息与活动 ……………………………… 217
　　三、对环境的适应性 ………………………… 217

四、生长与蜕壳 …………………………… 218
　　五、食性 …………………………………… 219
　第二节　日本囊对虾的苗种生产技术 ………… 219
　　一、亲虾选择与培育 ……………………… 219
　　二、产卵与孵化 …………………………… 220
　　三、幼体阶段的培育 ……………………… 221
　　四、病害防治 ……………………………… 223
　　五、虾苗出池与运输 ……………………… 223
　第三节　日本囊对虾的健康养殖技术 ………… 223
　　一、放养前的准备 ………………………… 223
　　二、虾苗放养 ……………………………… 224
　　三、饵料与投喂 …………………………… 225
　　四、水质管理 ……………………………… 226
　　五、收获与活运 …………………………… 227

第四章　斑节对虾健康养殖技术 ………………… 229
　第一节　斑节对虾的生物学特性 ……………… 229
　　一、形态构造 ……………………………… 229
　　二、生态习性 ……………………………… 232
　　三、繁殖习性 ……………………………… 232
　第二节　斑节对虾的苗种生产技术 …………… 233
　　一、亲虾的选择与培育 …………………… 233
　　二、产卵与孵化 …………………………… 235
　　三、幼体阶段的培育 ……………………… 238
　　四、病害防治 ……………………………… 240
　　五、虾苗的收成与出售 …………………… 241
　第三节　斑节对虾的健康养殖技术 …………… 242

一、养殖场地的选择 …………………… 242
二、苗种的选择 ………………………… 243
三、虾苗暂养 …………………………… 244
四、虾苗放养 …………………………… 244
五、饲料与投喂 ………………………… 245
六、水质管理 …………………………… 247
七、收获 ………………………………… 248

附录 …………………………………………… 250
 附录一 农产品安全质量 无公害水产品产地环境要求(GB/T 18407.4—2001) …………… 250
 附录二 渔业水质标准(GB 11607—89) ………… 252
 附录三 无公害食品 海水养殖用水水质(NY 5052—2001) ……………………………… 259
 附录四 无公害食品 渔用药物使用准则(NY 5071—2002) ……………………………… 264
 附录五 无公害食品 水产品中渔药残留限量(NY 5070—2002) …………………………… 276
 附录六 无公害食品 水产品中有毒有害物质限量(NY 5073-2001) ……………………… 281
 附录七 食品动物禁用的兽药及其它化合物清单 …………………………………………… 285
 附录八 常用清塘药物及使用方法 ………… 288
 附录九 无公害食品 对虾养殖技术规范(NY T 5059—2001) …………………………… 288
 附录十 无公害对虾的检测与质量要求(NY 5058—2001) ………………………………… 295

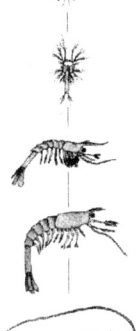

附录十一 国产筛绢、筛网型号、规格对照表 …… 299
附录十二 国际标准筛绢规格 ………………… 301
附录十三 不同温度下海水相对密度和盐度查对表
………………………………………… 301
附录十四 各种粪肥肥效成分含量 ……………… 306

参考文献 …………………………………………… 307

第一章 凡纳滨对虾健康养殖技术

凡纳滨对虾 *Litopenaeus vannamei*(Boone,1931),又称南美白对虾、万氏对虾及凡纳对虾,联合国粮农组织的英语用名为 White-leg shrimp(白脚虾)。在分类学上属于节肢动物门 Arthropoda 甲壳纲 Crustacea 十足目 Decapoda 游泳亚目 Natantia 对虾科 Penaeidae 滨对虾属 *Litopenaeus*。主要分布于美洲西部太平洋沿岸的热带水域,以厄瓜多尔沿岸分布较集中,与斑节对虾、中国明对虾同为世界养殖产量最高的三大优良虾种。作为世界性的养殖对象,凡纳滨对虾具有下列显著优点:①可在人工养殖条件下成熟产卵,且繁殖期长,全年皆可进行苗种生产,进行周年放养。②对环境因子变化的抗逆能力强,适盐范围广,不仅适应海水及半咸水养殖,同时也可在微盐水中养殖。不仅可粗养、精养,也可进行高密度的工厂化养殖。③抗病力强,对对虾白斑病毒有抗病力,在其单独感染时也不一定会死亡,因此养殖成活率较高。④离水存活的时间长,控温充氧可干运 48 小时,便于活虾销售。⑤食性广、饲料利用率高。⑥生长快,养殖周期短,70~

80天可养至10 cm以上,体重15～20 g。⑦体大壳薄,肉质鲜美,出肉率高。⑧据陈晓汉报道(2001)其体内蛋白质和必需氨基酸指数等营养成分均高于中国明对虾、刀额新对虾和斑节对虾。因此,国外从20世纪70年代起将其选为重要养殖对象,先后完成了种虾培育、交配、产卵、幼体培育及高密度养成的科研工作,并形成了产业化生产。1988年4月和1991年4月,中国科学院海洋研究所张伟权教授分别从美国和厄瓜多尔引进凡纳滨对虾,其后陆续完成了凡纳滨对虾的人工育苗和养殖的一系列技术工作,1994年首次成功地进行了生产性育苗和养成。20世纪90年代后期,国内南方许多育苗场与台商合作投资进行凡纳滨对虾的育苗和大面积高产养殖试验,很快掌握了亲虾培育、催产、交配、孵化及幼体培育等一整套大规模生产技术,使凡纳滨对虾养殖从试验阶段发展到规模化生产。目前,凡纳滨对虾已成为我国主要养殖虾种之一,凡纳滨对虾的海、淡水养殖几乎遍布所有的省份,尤其是海南、广东、广西、山东等地一些先进的养殖基地率先开展了凡纳滨对虾的精养或工厂化养殖,他们采取高科技、高投入、高产出的模式,一年可养殖2～3茬,池塘精养每亩每茬产虾300～500 kg,有的达1 000 kg或更高,工厂化养殖每平方米可达3～4 kg,经济效益显著。凡纳滨对虾已成为我国对虾养殖的一支新秀,2004年海水养殖产量达33.4万吨,淡水养殖40.7万吨。

第一节　凡纳滨对虾的生物学特性

一、形态构造

凡纳滨对虾外形与墨吉对虾酷似,见图1-1。成体最大体长可达 23 cm,甲壳较薄,正常体色为透明的浅黄色,全身不具斑纹,但若仔细观察,会发现凡纳滨对虾的外壳密布有许多细小斑点,在 2~5 cm 的幼虾身上尤其明显,步足常呈白色,故有白脚虾或白肢虾之称。

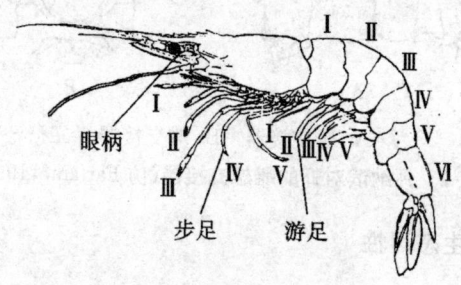

图 1-1　凡纳滨对虾外部形态(闵信爱,2002)

额角隆起前端稍向下弯,尖端的长度不超过第一触角柄的第二节,其齿式为 8~9/1~2,下缘多为两齿;头胸甲较短,与腹部的比例约为 1:3;额角后脊延至头胸甲近后缘,额角侧沟短,到胃上刺下方即消失;头胸甲具肝刺及触角刺,但不具颊刺及鳃甲刺;肝脊明显;第一触角具双鞭,内鞭较外鞭纤细,长度大致相等,但皆短小,约为第 1 触角柄长度的 1/3;第 1~3 对步足的上肢十分发达,第 4~5 对步足无上肢,第 5 对步足具雏形外肢;腹部第四、六节具背脊;尾节具中央沟,但不具缘侧刺。

凡纳滨对虾不具纳精囊,成熟的雌性个体在第四和第五对步足间外骨骼呈倒"Ω"状纳精器,属于开放性纳精囊类型。雄虾第一腹肢的内肢特化为交接器,略呈卷筒状,其表面布有不同形态和大小的沟缝和突起。见图 1-2。

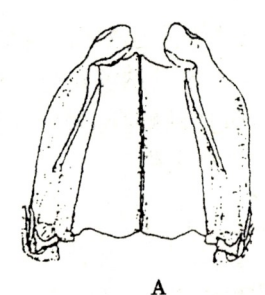 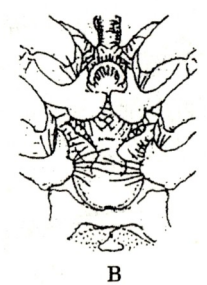

A. 雄交接器　B. 雌交接器

图 1-2　凡纳滨对虾的雌雄交接器(仿 Farfante,1998)

二、生态习性

(一)生活习性

凡纳滨对虾自然栖息区为泥质海底,水深 1～72 m,水温 25℃～32℃,盐度为 28～34,pH 值为 8.0±0.3。成虾多生活在离岸较近的沿岸水域,幼虾则喜欢在饵料丰富的河口区觅食生长。白天一般都静伏池底,晚上则活动频繁。

(二)对水环境变化的适应能力

1. 耐干力

凡纳滨对虾耐干能力较强,可以较长时间离水而不死。体长 2～7 cm 的幼虾,在湿毛巾包裹下(气温 27℃,室内相对湿度 80%)24 小时的存活率为 100%。

2. 耐盐性

凡纳滨对虾不同发育阶段对盐度的适应力不同,在仔虾第四天时对低盐度变化较敏感,之后对盐度变化及低盐度的耐受性随着生长而增强,其对盐度的渐变范围为 2～50,在缓慢的变化中甚至可适应盐度为 0.02～0.05 的水域,在盐度 40 以下均可生长。朱春华(2003)报道了其进行的盐度试验的结果,在盐度为2~30的8个试验梯度中,凡纳滨对虾在盐度为14~22的范围内生长最快,成活率最高,饵料系数最低,尤以盐度18为最佳,见表1-1。

表1-1 盐度对凡纳滨对虾生长、存活及饵料系数的影响

组别	盐度	总增重量(g)	总投饵量(g)	饵料系数(%)	增长比速(%)	增重比速(%)	存活率(%)
1	2	18.22	52.3	2.87	7.4	1.056	59
2	6	23.02	56.2	2.44	7.6	1.196	77
3	10	25.38	55.8	2.02	9.2	1.340	88
4	14	27.75	53.8	1.94	10.4	1.500	86
5	18	31.85	58.6	1.82	11.2	1.576	92
6	22	31.67	62.4	1.97	10.8	1.568	91
7	26	25.69	61.4	2.39	8.8	1.342	90
8	30	22.60	58.1	2.57	8.0	1.232	87

注:引自朱春华(2003),文字略作修改

近年许多内陆淡水池塘亦在养殖,但在苗种阶段应进行淡化处理才可放养。通常情况下,淡水养殖的虾口感较差,而海水养殖的对虾其虾体肌肉组织内的自由氨基酸含量高,自由氨基酸正是造成对虾口感鲜美的主因,因此,淡水养殖的凡纳滨对虾在收获前的1~2周逐渐调高盐度,有助于提高对虾的品质。

3. 耐温性

凡纳滨对虾在温度逐渐变化的条件下,可耐受极限温度低温为9℃、高温为43.5℃,最适生长温度为25℃~32℃。由试验数据显示,1 g左右的幼虾在30℃时生长速度最快,而12~18 g的大虾则在27℃时生长最快。水温低于18℃或高于33℃时,虾处于胁迫状态,其摄食、活动

力均受影响,抵抗力下降,使潜在的感染暴发为虾病。在水温渐变的条件下,9℃时虾侧倒,8℃全部死亡,但是在水温骤降时12℃也可造成死亡。

4. 溶解氧

水体中的溶解氧是维系水生生物生存的重要因子。凡纳滨对虾正常生存需要较高的溶解氧,不同体长的个体耐受低氧的程度有所差异,个体越大,耐受低氧的能力越差。陈琴等(2001)报道,体长51.33 mm的幼虾耗氧量是每小时每尾0.69 mg,窒息点为0.34 mg/L,而体长80.88 mm时,耗氧量和窒息点分别为每小时每尾1.23 mg和1.018 mg/L。养殖生产中水中溶解氧切勿低于2 mg/L,特别是当对虾蜕皮时,对溶解氧的需求较高,否则不能顺利蜕壳,甚至死亡。

5. 对酸碱度的适应

凡纳滨对虾适于在弱碱性水中生活,pH值以8±0.5较为适宜,其耐受程度在7~9之间。低于7时就会出现个体生长不齐,而且活动受到限制,主要是影响蜕壳和生长。pH值在5以下就很难养殖成功。

6. 氨

同规格的凡纳滨对虾在水温和pH值相同的条件下,随着盐度的升高,对总氨及对非离子氨的耐受能力增强。见表1-2。

表1-2 凡纳滨对虾对总氨、非离子氨的耐受力

盐度	总氨(mg/L)	非离子氨(mg/L)	资料来源
15	24.39	1.20	Lin等 Chen(2001)
25	35.40	1.57	
35	39.54	1.60	

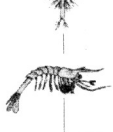

三、食性

研究表明,在自然条件下,凡纳滨对虾属杂食性虾类,偏向肉食性,以小型甲壳类、贝类及多毛类等小动物为主食。凡纳滨对虾具有昼夜摄食的特点,幼虾边吃边排便,且有拖便现象,其拖带的粪便常是体长的2~3倍。凡纳滨对虾耐饥饿能力也很强,可以在停食的情况下存活30天左右,但体重明显下降。

四、蜕壳与生长

凡纳滨对虾的生长与变态发育总伴随着幼体的不断蜕皮或幼虾的蜕壳而进行的,因此蜕壳与其生长速度及生长增殖率密切相关,但是蜕壳是对虾生长发育的结果,机体组织生长及营养物质积累到一定程度时必然要进行蜕壳,而蜕壳不一定都会生长,在营养不足的情况下蜕壳后还会出现负增长。同时蜕壳还可去除体表上的附着物和某些病变。因此,蜕壳不仅是凡纳滨对虾发育变态的一个标志,也是个体生长一个必经的过程。在凡纳滨对虾的一生中要进行50余次蜕壳,蜕壳贯穿于整个生命活动之中,对其生命发展起着重要作用。刚蜕壳的虾身体虚弱无力,不进食,此时最容易受到敌害或同类的攻击。通常,1~3 g的幼虾需数小时新壳才会变硬,而大虾则可能需要更长时间。

研究表明,对虾的蜕壳主要受体内内分泌激素调控。通过切除对虾的单侧眼柄,可以造成虾体内分泌平衡失调并诱发蜕壳。此外,对虾蜕壳也受环境因子及营养条件的影响,营养充足、低盐度及高水温会增加蜕壳频率,养殖环境的突然变化或某些化学药物的使用也会刺激蜕壳。据报道,凡纳滨对虾仔虾阶段于28℃水温时,30～40小时蜕壳一次,1～5 g的幼虾4～6天蜕壳一次,而15 g以上的虾约两周蜕壳一次。蜕壳虽是对虾的个体行为,但就群体而言,蜕壳具有明显的与潮汐有关的周期规律性,大潮期蜕壳较多。在蜕壳高峰来临前,对虾往往表现得异常活跃,并有池边巡游现象。

凡纳滨对虾是一种生长较快的虾类,张仕华等(2002)研究了凡纳滨对虾的生长模式,认为在池水盐度为26.4～28.2,pH值为7.81～8.04,溶解氧为6.3～6.7 mg/L的半精养池中,其生长遵从Von-Bertalanffy生长方程并呈良好态势。

凡纳滨对虾体长(L)和体重(W)与生长时间(t)呈如下关系式:

$$L_t = 18.66 \times (1 - e^{-0.0095(t-11.59)})$$

$W_t = 82.03 \times (1 - e^{-0.0095(t-11.59)})^3$　L_t单位mm,W_t单位mg。

体重(W)与体长(L)的关系:

$$W = 0.0131 L^{2.9922}$$

W单位g,L单位cm。

五、繁殖生物学

凡纳滨对虾的繁殖期较长,怀卵亲虾在主要分布区全年可见,但不同分布区的亲体其繁殖时期的先后并不完全一致。例如厄瓜多尔北部沿海的繁殖高峰一般在4～9月。每年3月开始,虾苗便在沿岸一带大量出现,延续时间可长达8个月左右,分布范围可延展到南部的圣·帕勃罗湾(San Pablo Bay),这一时期是当地虾苗捕捞的黄金季节,而秘鲁中部一带沿海,繁殖高峰一般在12月至翌年4月。人

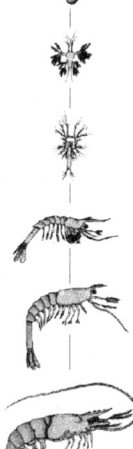

工培育环境,只要条件适宜,全年皆可繁育。

凡纳滨对虾属于开放性纳精囊类型,其繁殖特点与闭锁性纳精囊类型差别很大。开放性纳精囊类型的繁殖顺序是:蜕壳(雌体)→成熟→交配(受精)→产卵→孵化;而闭锁性的(如中国明对虾)为:蜕壳(雌体)→交配→成熟→产卵(受精)→孵化。

雌虾头胸甲沿身体的背面有明显的橘红色卵巢腺,雄虾第五步足基部的一对白色精荚贴近生殖乳突,用手轻压,可见精荚松动,这标志着亲虾已经成熟。

凡纳滨对虾交配多发生在雌虾产卵前几个小时或者十几个小时(多数在产卵前两小时内)。交配前的成熟雌虾并不需要蜕壳。交配过程中先出现求偶行为,雄虾靠近并追逐雌虾,然后居身于雌体下方作同步游泳,继而雄虾转身向上两性个体腹面相对,头尾一致,但偶尔也见到头尾颠倒的,将雌虾抱住,释放精荚,并将它粘贴到雌体第4～5对步足间的纳精器上。如果交配不成,雄虾会立即转身,并重复上述动作。雄虾也可以追逐卵巢并未成熟的雌虾,但是只有成熟者才能接受交配行为。新鲜的精荚在海水内具有较强的黏性,因此交配过程中很容易将它们粘贴在雌虾身上。养殖条件下自然交配的几率较低,其原因尚待研究。

凡纳滨对虾受精卵的直径约 0.28 mm。在水温 28℃～31℃、盐度为 29 的条件下,从受精开始到孵化为止只需 12 小时。刚经孵出的幼体为第Ⅰ期无节幼体,经 6 次蜕皮后成为第Ⅰ期溞状幼体。溞状幼体蜕皮 3 次后进入糠虾期,糠虾幼体再经 3 次蜕皮而变态成为仔虾。见图1-3、图1-4。上述变态过程需要经历 12 次蜕皮,历时约 12 天。

一般雌虾成熟需要 9 个月以上,平均寿命至少可以超过 32 个月。

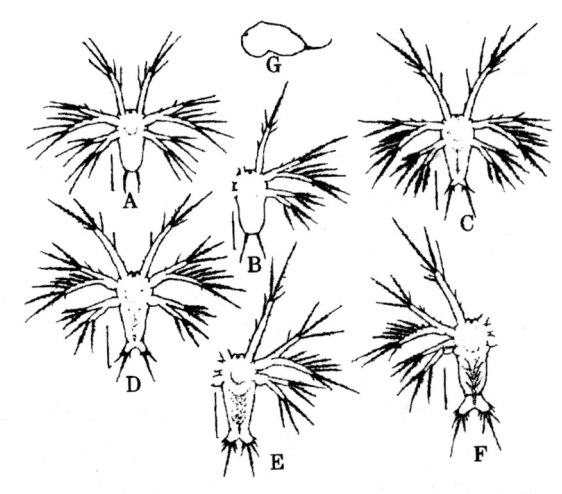

A~F. 第Ⅰ~Ⅵ期无节幼体腹面观 G. 侧面观

图 1-3　凡纳滨对虾的无节幼体(Kitani, 1986)

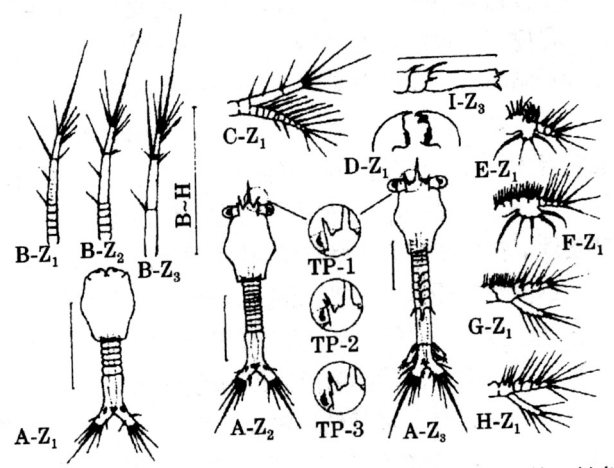

A. 第Ⅰ~Ⅲ期溞状幼体背面观　B. 第一触角　C. 第二触角
D. 大颚　E. 第一小颚　F. 第二小颚　G. 第一颚足
H. 第二颚足　I. 第Ⅲ期溞状幼体侧面观

图 1-4　凡纳滨对虾的溞状幼体(仿 Kitani, 1986)

六、免疫

(一)免疫系统

免疫系统是生物抵御异物入侵的防御机构。对虾的免疫系统主要包括免疫器官、免疫细胞、可溶性血淋巴因子和有关的酶类。

1. 免疫器官

对虾的免疫器官几乎都是兼职免疫功能而更具其他功能的器官。主要包括甲壳、鳃、血窦和淋巴样器官。

(1)甲壳:对虾的甲壳充当外骨骼,起支持和保护作用。主要成分是几丁质、蛋白质复合物及其结合钙。甲壳在对虾的非特异性免疫过程中起机械阻挡作用。

(2)鳃:鳃由鳃轴、主鳃丝、二级鳃丝组成。鳃起过滤作用。

(3)血窦:对虾血窦实质上就是充满血淋巴的腔,大小血窦遍布全身。对虾的血液循环是开放式循环,体液和血液混在一起,为此对虾的血液常被称作血淋巴。血窦起过滤作用。

(4)淋巴样器官:对虾的淋巴样器官位于肝胰腺前方,通过器官被膜的微血管和网状结缔组织连在肝胰腺上,由一主动脉管通进肝胰腺。对虾淋巴样器官是一对半透明的囊状结构,作用似脊椎动物的淋巴结。

2. 免疫细胞

对脊椎动物而言,免疫细胞泛指所有参与免疫应答或与免疫应答有关的细胞及前体,如造血干细胞、淋巴细胞、单核吞噬细胞、抗原递呈细胞、粒细胞、红细胞和肥大细胞等。而无脊椎动物没有完善的细胞免疫机制,其细胞防御主要是对"异己"的识别与排斥。主要的免疫细胞是血细胞和淋巴细胞。

(1)血细胞:对虾血细胞尚没有系统的分类,目前,多数学者认为,对虾的血细胞应分为三类,即透明细胞、小颗粒细胞、大颗粒细胞。我国学者根据有无颗粒和颗粒大小,将对虾的血淋巴细胞分为无颗粒细胞(即透明胞)、半颗粒细胞(即小颗粒细胞)、颗粒细胞(也称大颗粒细胞)和浆样细胞。

透明细胞多数呈卵形或球形,表面光滑无突起,其细胞质不含有特征性颗粒,电子密度低,呈透明状,具有较强的吞噬能力。小颗粒细胞为卵形或纺锤形,偶有伪足,细胞质中有大量的线粒体和核糖体,特征性结构是细胞质中有大量体积小的高电子密度的颗粒,在防御反应中起重要作用。大颗粒细胞是 4 种细胞中体积最大的一种,呈卵形,无伪足,特征性结构是细胞质中有较多体积大的颗粒,颗粒由单位膜包被,其间充满均质的高电子密度物质,在宿主防御中起细胞协同作用。浆样细胞的超微结构特点类似于哺乳动物的浆细胞,呈卵形或梭形,表面有少量微绒毛伸出,特点是细胞质内充满糙面内质网,且以细胞核为轴心,呈圈状排列,因此有着强烈的轮状感。

(2)淋巴细胞:淋巴细胞指淋巴样器官中的细胞。分为三种:淋巴细胞 A、淋巴细胞 B、淋巴细胞 C。

淋巴细胞 A 呈球形,直径 $10\sim12~\mu m$,核大,约占整个细胞的 3/4,内含嗜碱性颗粒,是最主要的淋巴细胞,占淋巴细胞总数的 60% 左右,该细胞有很强的吞噬活性。淋巴细胞 B 呈球形,直径 $9\sim11~\mu m$,成熟后多为椭球形,占淋巴细胞总数的 35% 左右。淋巴细胞 C 呈球形或不规则形,直径 $20\sim30~\mu m$,是最大也是数量最少的一种淋巴

细胞,占淋巴细胞总数的5%左右。

(二)免疫机制

目前,有关对虾的免疫都是指非特异性免疫,包括器官免疫、细胞免疫和体液性免疫因子免疫。

1. 器官免疫

(1)甲壳的机械阻挡作用与蜕皮排除作用:对虾甲壳充当外骨骼,除了支持机体外,还兼具阻挡异物进入机体的功能,是机体的第一道防线。

蜕皮是对虾排除体内异物的重要途径,是对虾抵抗病原感染和自洁的有效方法。有人做过实验:中国明对虾蜕皮第二天甲壳表面的细菌数为$456/cm^2$,第五天增至$1\,060/cm^2$,第八天为$1\,280/cm^2$,随时间的延长,一些利用甲壳质的菌有可能穿透甲壳。蜕皮行为在对虾的免疫过程中起了自洁作用。

异物入侵体腔,迅速随血淋巴进入血窦、鳃、淋巴器官。由于异物的刺激,虾体将发生生理变化,促进蜕皮激素分泌,从而提早蜕皮,以排除鳃及血窦内异物。注射0.1%德国碳素、副溶血弧菌($9.6×10^6/L$)及0.01%TTC溶液、灭活的白色念珠菌($1.8×10^6/L$)均可使对虾提前2~5天蜕皮。甲壳受伤、病原的表面吸附作用也会使虾提前蜕皮。

(2)鳃的过滤作用:异物进入机体后由血淋巴携带经鳃管入鳃轴,再入鳃丝,带入鳃丝的异物被滤在鳃血窦和鳃丝末端膨大部,异物或被血细胞吞噬或到蜕皮时一并蜕掉。无论什么异物进入鳃,其出鳃血管总是洁净的。

(3)血窦的过滤作用:血窦是遍布机体的一些腔,在全身形成网络,是交换血淋巴的地方。交换时异物被限制在血窦中。血窦内血细胞数量增加,血细胞吞噬作用增强,吞噬后的残余物通过输出淋巴管被排入肝胰腺而被降解。

2. 免疫细胞的吞噬作用

吞噬杀菌是很重要的非特异性清除异物的过程。吞噬细胞主要是血淋巴中的血细胞和淋巴器官中的淋巴细胞。

(1)血细胞的吞噬作用:吞噬杀菌过程大致分为三个阶段,即吸附阶段、吞入阶段、消化杀菌阶段。病原入侵后,被血清因子(一种糖蛋白)识别,异物可能被带上标记,吞噬细胞对其进行吸附。有效吸附后,血细胞伸出伪足或形成凹陷吞噬异物。异物被吞入的同时,血细胞将其分解,血细胞自身也大多解体。

(2)淋巴细胞的吞噬作用:异物或病原被滤入淋巴样器官后,进入淋巴小管的腔中,淋巴细胞大量进入管腔进行吞噬,其吞噬过程与血细胞基本相似,但好像没有蛋白识别阶段。淋巴细胞具有比血细胞更强的吞噬活性,并能在体外条件下完成吞噬过程,而血淋巴中的血细胞在体外只表现为极少数的吸附。

3. 体液性免疫因子

体液性免疫因子在对虾免疫防御中发挥着十分重要的作用,这些因子包括天生的和诱导产生的各种生物大分子,目前研究比较多的有凝集素、溶血素、抗菌肽、酚氧化酶原系统以及具有免疫活性的酶类。

免疫因子的作用在于识别异物,然后通过凝集、沉淀、包囊、溶解等抑制病原体的繁殖和扩散,或者直接将其杀灭并排出体外;发挥调理作用,促进血细胞吞噬异物;还可能参与止血、凝固、物质吸收与运输、创伤修复等生理作用。

(1)凝集素:一类能与细菌、脊椎动物红血细胞等发生凝集的蛋白因子,凝集素是一种抗体,具有特异性决定簇的受体,是对虾体内的一种免疫识别因子。通常认为凝集素在血淋巴中可与外来病原微生物、异物结合或覆盖于外来异物表面而引起异物聚集,使病原丧失进一步感染宿主的能力。凝集素还具有调理功能,促进吞噬细胞识别,连接吞噬细胞和异物颗粒,促进吞噬细胞对异物的吞噬作用。但是对虾的凝集素在对虾免疫中的具体机制还不清楚。牟海津(1999)以脊椎动物红血球与对虾血清凝集的最高血清稀释度作为对虾血清的凝集效价,比较了健康对虾和发病对虾的血清对鸡、小鼠和兔的红血球的凝集效价,结果发现,发病对虾的凝集效价大约是健康对虾的1/4。

(2)溶血素:溶血素是无脊椎动物免疫防御系统中一种重要的非特异性免疫因子,可溶解破坏异物细胞、参与调理作用,并可能与无脊椎动物的杀菌作用及酚氧化酶原的激活系统有关。

(3)抗菌肽:Destoumieux D. 等1997年在凡纳滨对虾内发现血淋巴三个新抗菌肽,因为这些抗菌肽只有在对虾类可以被检出,所以这些抗菌肽也被称为对虾素。它们对真菌和细菌有抗菌活性,特别是对革兰氏阳性菌的抑制活性更为明显,溶解破坏细菌的细胞壁,使细胞崩解。免疫标记表明,这些抗菌肽存在于血细胞的颗粒细胞和小颗粒细胞中。现在已经证明,对虾被感染的最初1小时内,血细胞向感染物集结并释放抗菌肽,同时增加血流量、血细胞量及其他综合免疫作用共同应答感染物(Destoumieux,1997)。

(4)酚氧化酶原系统:酚氧化酶是一种含铜的蛋白

酶,广泛存在于动物、植物和真菌中,对黑色素的形成具有重要作用。在对虾体内,黑色素及其形成过程中的中间产物均为高活性物质,可抑制病原体胞外蛋白酶和几丁质酶的活性,在对虾伤口愈合、抑制病原、杀死病原体等方面起重要作用。酚氧化酶还可能是一种调理因子,促进血细胞的黏附、吞噬作用。因此,对虾酚氧化酶原的激活及其对机体的免疫防御机制一直是人们关注的对象。酚氧化酶原激活系统中的因子以非活化状态存在于对虾的小颗粒细胞、大颗粒细胞中,当血细胞受体与非自体分子结合或受到其他刺激时,细胞产生胞吐、脱颗粒,将酚氧化酶原释放到介质中,该系统的酚氧化酶原激活酶可被微量的微生物多糖,如 β-1,3 葡聚糖、脂多糖和肽聚糖等激活,激活后的酚氧化酶原激活酶,又激活酚氧化酶原,并将其转化为具有活性的酚氧化酶。在白斑综合症病毒(WSSV)疾病和对虾免疫关系的研究中,多数学者证实,对虾体内的酚氧化酶活性增高和对虾受到病原感染有关,然而与对虾的发病临床状态并非线性关系,通常是健康对虾的酚氧化酶活性低,受到病原感染后增高,严重感染,临床症状严重。有些对虾个体酚氧化酶活性很高,但有些个体又很低,恐怕和对虾个体的生理状态或病理状态有关。

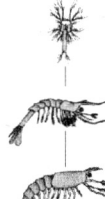

(5)对虾血淋巴中和免疫有关的几种酶类的变化:溶菌酶、溶血素、对虾血淋巴的抗菌活性、氧化酶、超氧化物歧化酶、酸性磷酸酶、碱性磷酸酶等对维持对虾体内的病原微生物杀灭、清除等免疫功能有重要作用,同时它们也在对虾的营养物质消化、吸收和转运中起重要作用。然而对于许多酶类在对虾体内的免疫机制,还缺乏深入研究。通过对白斑综合症病毒(WSSV)感染群体的对虾多

种酶类活性分析,发现由于 WSSV 而致病的发病对虾的酯酶(EST)、过氧化酶(POD)、超氧化物歧化酶(SOD)等的水平都显著下降,病毒感染引起 O_2^- 和 H_2O_2 浓度增高,病毒导致细胞严重损伤;同时机体能量代谢失去平衡,解毒及防御功能下降。对对虾进行带毒或发病情况与其免疫指标的综合测定,通过统计分析表明,WSSV 感染的发病对虾,其酚氧化酶和碱性磷酸酶的相对活性大大下降,而潜伏期或对虾群体发病后还生存的耐过对虾的酚氧化酶、碱性磷酸酶、过氧化酶活性较强,对虾血淋巴抗菌活性、溶菌活性、血凝效价等与 WSSV 感染相关性不显著,但 WSSV 感染发病,可打乱溶菌活性与抗菌活性之间的相关性。对虾感染 WSSV 不同阶段,酚氧化酶、碱性磷酸酶等相对活性有显著差异。平均大小顺序为:潜伏感染虾样大于中度感染虾样,中度感染虾样大于严重感染虾样。养殖池内潜伏感染 WSSV 的虾,出现酚氧化酶活性下降,将出现发病症状,而在虾体中,可维持高水平酚氧化酶活性的对虾,可能成为发病群体内仍可生存的耐过对虾。

(三)环境因素对对虾免疫因子变化的影响

外因对甲壳类免疫参数的影响研究得较少,对对虾类免疫因子参数变化影响的报道更少。但从现有一些资料判断,凡是对虾的生态环境要素超出了对虾的最适参数范围,必然会对对虾的免疫参数产生影响,尤其是生物的代谢产物,如氨、亚硝酸等以及离子态重金属、农药、消毒药物对免疫参数基本上是负面影响。

1. 温度

在适应的温度范围内,增加温度可提高对虾血细胞总量。

2. 盐度

在适应的盐度范围内,较高盐度条件下对虾血细胞总量较高。

3. 溶解氧

水环境低溶解氧状态,最容易使对虾免疫系统功能受到伤害,进而发生病原感染致病。然而,在缺氧状态下,对虾酚氧化酶活性却增加(Moullac,1998)。

4. pH

pH突变对中国明对虾免疫力的影响是显著的,随着pH突变值的增加,对虾的抗菌活力和溶菌活力逐渐下降,酚氧化酶活力升高,而且低pH与高pH突变对对虾免疫力的影响不同,表现出对低pH突变适宜性差,而对高pH突变有较强的免疫适应性(潘鲁青,2002)。

5. 氨氮

在养殖系统中,由于含氮有机物分解产生氨,对虾养殖最重要的代谢产物也是氨,因此养殖水环境中氨的数量,特别是分子态的氨,是最重要的水质参数。不同种类的对虾对氨氮的耐受力不同。最近的研究表明,氨对对虾的酚氧化酶原、抗菌肽等基因转录表达产生影响(Moullac,2000)。孙舰军(1999)报道氨氮可降低中国明对虾与抗病力有关的酶活力,如酚氧化酶(PO)、超氧化物歧化酶(SOD)、过氧化物酶(POD)、溶菌和抗菌等,减少血细胞数量,且对血细胞内部结构也有影响,因而提高了对致病菌的易感性。实验组氨氮维持在 2.5 mg/L(相应的非离子氨量为 0.1 mg/L),对照组氨氮维持 0.4 mg/L,pH值为 7.8,实验 20 天左右氨氮对中国明对虾(体长 9.5 cm)与抗病有关的酶活力的影响见表 1-3。实验组 PO、SOD、POD、溶菌和抗菌等的活力分别比对照组下降了

19.1%、15.1%、21.4%、12.5%和36.6%,血细胞数目则下降了66.4%。

表1-3 氨氮对中国明对虾与抗病有关的酶活力的影响

组别	PO活力(units)	SOD活力(units)	POD活力(OD/min)	溶菌活力	抗菌活力	血细胞数目(cell/mL)
实验组	0.72	89.7	0.003 3	0.147	0.296	2.40
对照组	0.89	105.6	0.004 2	0.168	0.467	7.15

6. 多糖类

研究对虾免疫因子已经发现如β-1,3葡聚糖、脂多糖和肽聚糖等在免疫生化过程中的激活作用。利用注射、浸泡、口服等方法对对虾使用多糖类,同样可以提高对虾的免疫效果。如用粗提产物,北虫草 Cordyceps militaris 发酵产物的胞内杂多糖,注射对虾体内,可使对虾血淋巴细胞吞噬率提高11.4%,吞噬指数提高39.7%,溶菌酶活力、凝集素活性、血清的溶血活性等均有所提高(江晓路等,1999)。用β-葡聚糖和多糖硫酸盐浸泡凡纳滨对虾幼虾,可使对虾血细胞和肌肉的负氧离子、超氧化物歧化酶活性比对照组高两倍和1.4倍。48~120小时后,对虾总血细胞数和血液可溶蛋白超过正常值,用这两种免疫刺激物单独浸泡也可增加血液呼吸爆发(Campa-Cordova,2002)。在对虾感染WSSV的情况下,使用口服肽聚糖,对提高对虾血细胞总量有一定作用。

第二节 凡纳滨对虾的苗种生产技术

一、育苗场的建设

(一) 建场地理条件

在建场之前应考察地形,测试水质,审慎选择育苗场地。具体要求是:①场址应在避风内湾山丘或高地上,坐北朝南,周围水质清净,无工业及城市排污影响。水源水质应符合 GB11607 的规定,培育用水水质应符合 NY5052—2001 的规定。②海水盐度不低于 23,pH 值稳定在 8.0 左右。③育苗场应靠近亲虾产区。④通电、通水、通信、交通方便,车船可以直接到达,淡水水源充裕。最好不要太靠近居民区。

(二) 育苗场设施

育苗场主要设施有育苗室、饵料培养室、产卵池以及供气、供热、供水、供电系统。如在河口地区进行海水人工育苗,还需建造蓄卤池、海水调配池(室)及海水净化装置等。

1. 育苗室

育苗室为温室结构,建筑必须满足对光线和通风的要求。一般使用玻璃或透光率为 70% 以上的原色玻璃钢波形瓦覆顶,并开设天窗,使晴天上午 10 时室内光强度达到 5 000 lx 以上。室内房顶、窗,设遮光帘,以调节光照强度。北方育苗室墙壁通常为砖石结构,最好用保温材料。建设高而宽的窗户,最好为双层玻璃,以利于保温、通风、采光。气候温暖地区,也可建透明塑料薄膜覆盖的育苗室。

2. 育苗池

育苗池长宽之比宜为 2∶1 的长方形,水体 20~50 m³,池深 1.2~1.5 m。池壁顶面高于室内地面 50~70 cm。池四角抹成弧形,池底向排水孔以 2‰的坡度倾斜。排水孔设在池中间或池的短边,孔径随池子的大小而异,一般不应小于 110 mm。每个育苗池都应设有输水、充气和加温管道,管道安装要坚固安全,便于操作、维修。在育苗池池底排水孔处,设置收集虾苗的水槽,即集苗槽,槽底应低于池底排水孔 40 cm。集苗槽的大小可为 1.2 m×1.0 m×0.8 m(长向垂直于育苗池壁),集苗槽的池壁底部设一排水管(沟),管径(沟宽)不小于 250 mm。集苗槽排水设施亦可建成宽 20 cm 的多页插板闸门。

3. 饵料培养室

饵料培养室包括植物性饵料培养室、动物性饵料培养室及卤虫孵化间,各个室均应是独立的生产间,尤其是植物性饵料培养和动物性饵料培养要严格分离。

(1)植物性饵料室:主要用于培养单胞藻类,要求光照度在晴天中午能达到10 000 lx 以上。因此,需用玻璃或透光率强的玻璃钢波形瓦覆顶。培养室四壁需有较宽大的窗户,屋顶开设天窗。室内建有单胞藻类藻种间、二级培养池和三级培养池。两种池子的总水体数为育苗池的 10%~20%。二级培养池面积可为 1.5~2 m²,池深 0.5 m 左右;三级培养池面积可为 10~15 m²,池深 0.8~1.0 m。二、三级培养池均应有人工光源、增温及充气设备。单胞藻类二、三级培养也可采用塑料袋吊挂式、立柱式及其他封闭方式培养方法。

(2)动物性饵料室:以培养轮虫、枝角类等为主。池面积 10~15 m²,池深 1.2~1.5 m。池内必须有充气和增温设备。其总水体数为育苗池的 10%~20%。轮虫及其单胞藻类饵料的培养也可在室外塑料大棚内进行。

(3)卤虫孵化间:卤虫冬卵的孵化要采用卤虫冬卵孵化器,放置在隔离的卤虫培养专用室内。

值得注意的是,由于人工配合饵料的开发和利用,为增加有效的育苗水体,同时考虑到防病及操作方便,一些育苗场的动、植物性饵料培养已大大减少。

4. 供水设施

供水设施包括蓄水池、沉淀池、高位水池、过滤池(或过滤器)、水泵及进出水管道、阀门等。在低盐度地区育苗,还应增加蓄卤池及调配池。

(1)蓄水池:蓄水池有蓄水和使海水初步沉淀两个作用。通过闸门纳入或用泵抽入蓄水池的海水,经 24~48 小时沉淀后送往沉淀池。为达到较好的沉淀目的,可隔为两池轮换使用。注意,在育苗结束后,蓄水池、沉淀池不可做养殖池使用,以免污染池底。

(2)沉淀池:沉淀池容水量一般为育苗总水体(包括育苗池和饵料池)日最大用水量的 1~2 倍,最好建两个或分隔成两个,以便轮换使用和清洗。蓄水池容水量为沉淀池的 1.5 倍。两池水深均应在 1.5 m 以上。

(3)高位水池:高位水池位于全场最高处,利用势能自动供水。池底高于所有培育池顶部。一般高位水池贮水量为 50~80 m³,通常设置为两个,便于清洗。

(4)砂滤池或反冲式过滤器:开放式砂滤池,利用水的重力,自动过滤,该方式过滤速度稍慢,需要人力冲洗,但水质较好,经济适用。反冲式密闭加压过滤设备,体积小,过滤快,费用略高。

5. 消毒设备

为预防病毒性病原,用水必须消毒处理。可选择紫外线消毒设施或适宜的消毒剂。砂滤海水再经紫外线海水消毒器或精密滤器处理,或用药物处理,可作为亲虾培育、育苗、饵料培养和滤洗对虾受精卵用水。预防供水设备材料对水质的污染,严禁使用含铜、锌等重金属和含有毒物质的水泵、管道和阀门等部件。

6. 充气设施

亲虾培育池、育苗池和动、植物饵料培养池等均应设充气设备。其主要设备为无油的鼓风机,供气能力每分钟应达到上述总水体的2.5%。为能灵活调节送气量,可选用不同风量的鼓风机组成鼓风机组,分别或同时送气。同一鼓风机组中的风机,风压应该一致。

罗茨鼓风机风量大、压力稳定,气体不含油污,适合育苗场使用。根据水体及水深也可选用旋涡气泵或层叠式气泵,以降低能耗。在选用鼓风机时注意风压与池水深度间的关系,水深1.5 m以上的育苗池,应选用每平方厘米风压为0.35～0.50 kg的鼓风机;水深1.0 m以内的育苗池,应选用每平方厘米风压为0.20 kg的鼓风机。

充气支管可用塑料软管,管的末端装散气石。散气石宜为圆筒状,长5～10 cm,直径2～3 cm,一般用80～100号金刚砂制成。各育苗池所用散气石必须型号一致,以使出气均匀。每0.6～0.8 m² 池底设置一枚散气石。此外,也可于池底安装硬质塑料管散气,管径1.0～1.5 cm,管两侧每间隔5～10 cm交叉钻一孔径为0.5～0.8 mm的散气孔,各散气管间距为0.5～0.8 m。

7. 增温设施

根据各地区气候和能源状况的不同,采用不同增温方式。可使用锅炉蒸汽通过管道增温,也可使用其他增温设施,如电热器、工厂余热和地热水等增温。利用蒸汽增温,每1 000 m³水体需用蒸发量为1~2 t/h(251.2~502.4 kJ)的锅炉,蒸汽经池中加热管增温,通常可用耐腐蚀、基本无重金属离子污染的不锈钢管为加热管道。

板式换热器可以有效地节约燃料消耗,尤其是越冬或水温低的季节生产时,可以充分利用地热资源或循环用水。

8. 备用供电设备

增温、充气和供水都需有持续、充足的电力供应。因此,育苗场必须根据用电量自备发电装置。

9. 水质分析室及生物监测室

为能随时掌握育苗过程中水质状况及幼体发育状况,育苗场必须建有水质分析室和生物监测室,配备所需的测试仪器,如水温计、比重计、酸度计、溶解氧测定仪、分光光度计、显微镜和解剖镜等。

二、亲虾的选择与培育

(一)亲虾的选择

凡纳滨对虾人工繁殖使用的亲虾有两个来源。一是来自原产地的海捕亲虾,大小一般为50~70 g,每次产卵量一般为20万粒以上;另一种是人工养殖培育的亲虾(包括国内引进后的养殖虾和美洲有关公司养殖培育的无特定病原体(SPF)亲虾),体形相对较小,一般为35~50 g。亲虾选择要求体质健壮、活力强、体表无寄生物。

选择健康亲虾是培育优质虾苗的关键。运用人工优选的生物种群作为亲代,再进一步从育成的子代中筛选出高品质、或高产量、或生长速度快、或抗病力强的种苗,

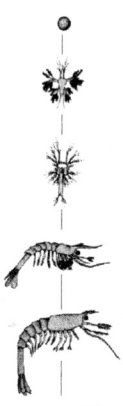

而后次次去劣存优,代代繁衍改进的生物选育技术,早已广泛应用于农牧业生产中,而将此技术应用在虾类养殖上,时间甚短,且良种选育工作仅处于研究阶段。由于凡纳滨对虾亲虾可以人工培育,通过特定的筛选及严格的防疫培育体系,完全可以获得品质优良的健康亲虾。在这方面,美国夏威夷海洋研究所发展的 SPF 亲虾培育技术就是一个成功的例子。其整体流程大致如下:

(1)首先从未受污染及无重大虾病发生记录的地区,或曾发生过污染但经长期追踪检验,证实已无重大影响的地区,选择健康的幼虾,送到初级防疫隔离区。幼虾在此初级防疫隔离区必须至少观察 90 天,并于第 1 天、第 45 天及第 90 天对所有幼虾进行活体采样检测,检测的项目包括病毒性疾病的白斑综合症病毒(WSSV)、黄头病毒(YHV)、桃拉病毒(TSV)、传染性皮下及造血组织坏死性病毒(IHHNV)、对虾杆状病毒(BPV)、肝胰腺细小样病毒(HPV)等以及一些细菌性的和寄生性的疾病。只有全程通过检测不带病原的幼虾才得以留下,而一旦发现阳性反应的个体则予以销毁。

(2)通过初级防疫隔离区检测合格的幼虾则转移到二级防疫隔离区。二级防疫隔离区通常位于远离养殖区或与外界相对隔绝的地区。在这里幼虾经过几个月的培养成为亲虾。这期间仍需每月进行一次检测。从虾苗养成至亲虾,通常需要 9~12 个月的时间。

(3)在二级防疫系统内,用确定无病毒的亲虾育苗,生产出的虾苗经再次取样检测证实为 SPF 虾苗后,便移到专门培育 SPF 亲虾的种虾培育池或亲虾场进行 SPF 亲虾的商业化培育。亲虾培育池或种虾场具有严格的安全防疫措施,所用的饵料、器具及用水等必须严格消毒。

(4)在亲虾的培育过程中,定期的抽样检测是必需的。当亲虾达到出售阶段时,应做最后一次取样检测并请有较高声望的有检测资质的单位或学者出具检疫说明书。

应该讲,亲虾培育的整体程序并不复杂,难在执行程序的漫长过程中不得有任何疏忽导致病毒侵入,否则将前功尽弃。现在,我国已有多个研究单位进行虾苗的培育研究,并取得了突破性进展,部分科研成果已应用于生产,取得了较好效果。

(二)亲虾培育池与产卵孵化池

亲虾培育池的面积一般为 20~30 m^2,水深 1.2 m 左右,长方形,以半埋式为好,除保温性要强外,还要能够调节光线,便于进排水、吸污、充气和进行日常管理。产卵孵化池多为长方形或正方形,池子面积 3~5 m^2,水深 1 m 即可,池底排水口设计要便于幼体收集或自动流入育苗池。在离池底 10 cm 处应设一个排水管口,以备洗卵消毒时排出污水和输送健康的幼体用。

(三)亲虾成熟培育

1. 亲虾培育

亲虾要求体长 12 cm、体重 20 g 以上,身体健康,无损伤。蓄养密度为 8~10 尾/平方米,水温为 26℃~28℃,盐度为 30~35,光照控制在 500 lx 以下。

在成熟之前一般多采用雌、雄虾分别培养,在亲虾性腺促熟过程中必须强化营养,主要投喂新鲜的高蛋白动物性饵料,如活沙蚕、鲜牡蛎肉、乌贼等,日投饵量为虾体重的 15%~20%。

培育期间,因水温高,投饵量大,水中的排泄物、残饵及其他代谢产物等较多,易使水质恶化,为保持良好的水

质,除不断充气外,还需加大换水量,新水经过滤消毒,并进行池底吸污。

2. 性腺发育

(1)卵巢的发育分期:根据肉眼观察卵巢的大小、颜色和显微镜下观察性腺组织切片中卵细胞发育最大一期的面积,将凡纳滨对虾的卵巢发育分为6期。

Ⅰ期:为卵原细胞增殖期。卵巢纤细、无色、透明,从外壳看不见卵巢。卵巢成熟系数为1.0%左右。从组织切片上可见背大动脉两侧各有一团直径小于10 μm 的细胞群,由此细胞群逐渐发育为卵巢。

Ⅱ期:为卵母细胞生成期。卵原细胞经过多次分裂,数量增加,一定时期后停止分裂,发育为卵母细胞。卵母细胞呈强碱性,直径40~56 μm,无卵黄颗粒。卵母细胞数量增加,体积逐渐增大,透过卵壳肉眼可见透明的卵巢。卵巢成熟系数为2.0%左右。

Ⅲ期:为卵母细胞的小生长期。卵母细胞暂不分裂,细胞核增大,细胞质增多,随着卵细胞增大,卵巢体积也逐渐增大,不再透明,而呈浅黄色。卵巢的直径大于肠。卵母细胞直径75~120 μm,外包滤胞细胞,细胞核嗜碱性,细胞质呈酸性,细胞内刚开始积累卵黄,透过甲壳清晰可见卵巢。卵巢成熟系数为约5.6%。

Ⅳ期:为卵母细胞的大生长期(卵黄积累期)。卵巢褐色,从头部遍及整个头胸部的背部和腹部。卵巢成熟系数约为7.2%。卵径120~200 μm,卵黄颗粒粗大,滤胞层呈膜状紧贴卵母细胞。

Ⅴ期:为卵细胞的成熟期。卵巢宽大,呈褐绿色,轮廓清楚,颜色加深。从外壳可见颗粒状的卵粒。卵径增至200~240 μm,卵黄粒粗大,核消失,滤胞膜行将破裂,临近排卵和产卵。卵巢成熟系数为9.0%。

Ⅵ期:凡纳滨对虾为多次产卵。成熟卵子排出之后,另一批卵母细胞再进入生长期、成熟期。卵巢成熟系数为2.3%。

(2)精荚的发育:凡纳滨对虾的雄性生殖器官由成对的精巢和输精管组成。每个输精管分为4个不同的区域:①狭窄的近端区;②末端尖形的增厚中端区;③末端长而窄的远端区;④由厚肌肉层包围的大而膨胀的末端壶腹。中端区又进一步分为形成精荚成分的上行支和侧翼的下行支。输精管中端区产生非细胞物质层包围精子的物质。壶腹最终形成精荚。

精荚的发育分期:

Ⅰ期:正常的白色精荚。

Ⅱ期:精荚部分为褐色。

Ⅲ期:精荚全为褐色。

Ⅳ期:精荚深褐色,呈致密的残基。

Ⅴ期:精荚黑褐色,体积变小。

实验发现,凡纳滨对虾的精荚是蜕皮间期在输精管末端逐渐形成的。蜕皮不能促进黑化的精荚释放。蜕皮间期精液的质量不变,但是,精荚的颜色却由透明(1~6天)至珍珠色(6~12天),然后变成白色(10~14天)。圈养凡纳滨对虾雄亲虾蜕皮是个连续过程,与周期无关。

3. 性腺促熟方法

成熟培育是凡纳滨对虾人工育苗的关键。在圈养条件下,凡纳滨对虾亲虾性腺不易自然成熟,必须进行人工催熟。摘除单侧眼柄与生态条件相结合,能够获得较理想的催熟效果。摘除眼柄的方法有镊烫法、剪切法、挤压法、结扎法等。其中以镊烫法和结扎法较为安全,而剪切

法和挤压法虽然操作简单,但留下的伤口容易感染,术后亲虾的死亡率较高。在对虾眼柄中,分布着一些特殊的神经分泌细胞(又称 X 器官),它能分泌一种抑制卵细胞发育的激素。这种激素与卵巢成熟激素之间具有拮抗作用,阻止或减少 X 器官的分泌就可促进性腺成熟。摘除眼柄,就等于破坏了眼柄中 X 器官,使神经分泌细胞失去作用。因此生产中多采用摘除单侧眼柄的方法,促进雌、雄对虾性腺的成熟。

三、促交配与产卵

凡纳滨对虾成熟卵巢的颜色外观为橘红色,但产出的卵粒为豆绿色。头胸部卵巢的分叶呈簇状分布,前叶大而呈弯指状,紧贴胃壁,向前侧方向(眼区)延伸;腹部的卵巢一般较小,宽带状,充分成熟时也不会向身体两侧下垂。体长 14 cm 左右的凡纳滨对虾,其怀卵量一般只有 10 万~15 万粒。

凡纳滨对虾与其他对虾一样,切除单侧眼柄可促使其成熟,一般切除眼柄后 1~4 周雌虾即可成熟,卵巢产空后也可再次发育成熟。每两次产卵间隔的时间为 2~3 天(繁殖初期仅 50 小时左右),产卵次数高者可达十几次,但连续 3~4 次产卵后要伴随 1 次蜕皮。亲虾产卵都在 21 时至翌日 3 时之间,每次从产卵开始到卵巢排空为止仅需 1~2 分钟。

切除单侧眼柄初期的卵质量较好,由无节幼体至溞状幼体的变态率较高,随着摘除眼柄时间的推移,卵的质量下降,受精率低,变态率也降低。见表 1-4。

表1-4 切除单侧眼柄后,随着繁殖时间延长,
凡纳滨对虾亲虾的规格和繁殖效果的变化

项 目	摘除眼柄15天	摘除眼柄45天	摘除眼柄75天
体重(g)	33.2 ± 0.9^a	35.9 ± 0.8^b	36.5 ± 0.9^b
体长(mm)	142.5 ± 1.7^a	148.5 ± 1.3^b	147.4 ± 1.2^b
第一附肢宽(mm)	$15.3+0.2^a$	16.4 ± 0.2^b	15.9 ± 0.2^b
共产卵天数(天)	20 ± 2^a	24 ± 2^a	$11+1^b$
卵数/次($\times10^3$个)	178 ± 9^a	237 ± 15^b	224 ± 20^b
卵径(μm)	271 ± 1	270 ± 1	271 ± 1
受精率(%)	80.7	71.6	61.7
每次产无节幼体个数	86 ± 8^a	116 ± 11^b	101 ± 7^{ab}
每天产无节幼体个数	697 ± 116	702 ± 146	460 ± 98
无节幼体成活率(%)	59.4	45.8	52.4
无节幼体体长(μm)	371 ± 2^a	350 ± 2^b	332 ± 3^c

注:同一行数据中标有不同字母的数据间差异显著($P<0.05$)。引自王吉桥等(2003),略修改。

雄虾精荚也可以反复形成,但成熟期较长,据观察,从前一枚精荚排出到后一枚精荚完全成熟一般需要20天。但摘除单侧眼柄后精荚的发育速度会明显加快,取精荚后的24～48小时即可重新形成一对新精荚,4～7天逐渐发育为成熟饱满的精荚。

黑暗(50 lx以内)和低温(20℃以下)能有效地抑制卵巢的发育,卵巢的发育正处于Ⅲ期以前的更是如此。

促交配:将性腺成熟的雌、雄亲虾放入诱导池的比例一般为雌:雄=1:(1～1.5)。但是在人工养殖条件下,其交配率很低。交配率的高低主要取决于雄虾的成熟度

和环境条件,水产工作者在生产中发现雄虾比较娇气,交配前的移动、惊吓都会降低其性欲,因此目前多采取将成熟的雌虾选至雄虾池交配的方法,一可避免对雄虾的移动,二可加大雄虾的比例,从而在一定程度上提高交配率。做法是于每日下午和傍晚将性成熟、卵巢变为橘红色的雌虾选入雄虾饲养池,交配行动多在下午3时至晚11时进行,交配后将带有精荚的雌虾及时捞至产卵池产卵,动作应轻捷,避免因雌虾弹跳使精荚脱落。刘永(2002)报道,采取换水的办法,改善水质,可以提高交配率,如用4个池子采用每天换一次水和换两次水的方法,两天的交配率如表1-5。

表1-5 换水次数对凡纳滨对虾交配率的影响(刘永,2002)

日期(2001年)	池号	日换水次数	成熟雌虾尾数	交配雌虾尾数	交配率(%)
10月27日	1号池	1	20	9	45
	2号池	1	21	11	52
	3号池	2	21	16	76
	4号池	2	21	17	80
10月28日	1号池	1	19	9	47
	2号池	1	20	8	40
	3号池	2	22	18	82
	4号池	2	22	17	77

交配后的雌虾一般在0时至1时产卵。未经交配的雌虾,只要卵巢已经成熟,也可以正常产卵,但所产卵子不能孵化。人工养殖体长14 cm以上雌虾平均产卵量在15万粒左右,同一批亲虾随着生长和时间的推移产卵量

会增加,孵化率也会增加,可能与体型和成熟度有关。见表 1-6。

表 1-6 1 000 尾雌虾在不同时期的产卵量与孵化率(刘永,2002)

日期(月.日)	水温(℃)	海水密度	成熟雌虾(尾)	交配雌虾(尾)	交配率(%)	产卵总量(万粒)	平均产卵量(万粒)	孵化幼体数(万只)	孵化率(%)
8.20	29.8	1.015	19	7	37	80	11.4	50	62.5
8.27	29.8	1.015	30	16	53	200	12.5	120	60
9.04	29.5	1.0 135	46	35	76	520	14.8	240	46
9.11	29.4	1.0 145	70	58	82	800	13.8	450	56
9.20	29.4	1.0 145	90	72	80	1 000	13.9	550	55
10.01	29.0	1.0 145	97	81	83	1 300	16.0	780	60
10.10	28.5	1.0 155	117	90	77	1 500	16.6	1 200	80
10.15	28.3	1.0 155	112	91	81	1 500	17.5	1 350	84

雌、雄虾均可多次成熟和多次交配,在繁殖季节里,雄虾再成熟需 5～7 天,雌虾一般需 7～10 天,而且每次产卵前需重新交配。

四、受精卵孵化

凡纳滨对虾育苗技术现已成熟,各育苗单位基本能达到批量生产水平。但多年来,我国的对虾工厂化苗种生产中受精卵的孵化技术多采用入池孵化并培育苗种的方法,从生产实践看,尚存在许多弊端。对此,一些生产单位进行生产性实践改进,并取得了显著效果,进一步完善了我国延续多年的对虾苗生产技术工艺,提高了对虾苗种生产技术水平。

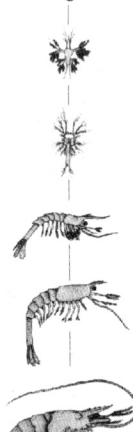

(一)孵化容器

孵化容器主要使用水体为 $1\sim 2\ m^3$ 的圆柱形玻璃钢桶,放置在计划进行苗种生产的育苗池靠走廊一侧的池壁上,这样便于无节幼体就近虹吸入池操作,减少无节幼体的损伤。虹吸管一般采用直径 25.4 mm 的无毒塑料软管或橡皮管,其长度视虹吸落差和入池距离而定,一般 6~8 m。

(二)受精卵的收集

受精卵的收集主要采用从亲虾产卵池先虹吸排水后,由排水管直接排水至 100 目的集卵网箱中的方式收集。

(三)洗卵

由于收集到的受精卵含有大量的残饵、粪便等污物,因此需及时进行洗卵处理。洗卵处理分两步进行:第一步是用纱布过滤处理,由于医用纱布吸附污物和渗透作用强于尼龙筛绢网,因此先用双层医用纱布对收集集中起来的受精卵进行过滤处理,在轻度冲洗过滤过程中可将受精卵全部滤入下面的接卵器中,残饵、粪便等污物则截留在纱布上。第二步是在 100 目以上筛绢网中用沉淀过滤处理过的干净海水冲洗 2~3 次,即可将受精卵投入高密度集约孵化容器中进行孵化。在受精卵的处理过程中,操作要迅速、轻快,以减少损失。此外,洗卵所用海水的理化环境条件必须与亲虾产卵及孵化所需的一致。

(四)孵化密度及管理

根据受精卵在胚胎发育过程中的耗氧量,再加之每个容器中放置 2 枚 80~100 号气石不间断充气,其孵化密度每立方米水体可放受精卵 8 000 万粒左右。然后再投放适量的 EDTA-2Na、$0.5\ g/m^3$ 抗菌素等,水温控制在

26℃～27℃,pH、盐度、氨氮等理化环境因子的控制应符合对虾育苗操作规程中的水质标准要求。另外,放受精卵要在玻璃钢桶消毒洗刷干净再加满水后进行。

(五)初孵无节幼体的处理

小水体高密度集约孵化出的无节幼体,经计数后,停止充气,选择上层的健康无节幼体进行培育管理。但应注意,集约孵化出的无节幼体密度大,不宜在玻璃钢桶中久置,以免造成损失。此外,无节幼体入池后,要尽快除去桶底的死胚胎和污物,并将玻璃钢桶彻底消毒洗刷干净后继续使用。

此对虾受精卵孵化技术,不仅可充分利用水体,而且具有操作灵活、机动性强、管理方便、劳动强度低等特点。

另外,有的育苗场家在以上方法基础上做了相应的改进,具体方法是:在孵化池中安装1～2只网箱,网箱由100目尼龙筛绢制成,网箱大小与整个孵化池相一致,进水1～1.2 m,升温后,将收集好的卵放入网箱中孵化。孵出的无节幼体经计数后,停止充气,先用虹吸法将一部分幼体移至培育池,然后通过收缩网箱的办法,将幼体移进培育池中进行培育。在转池过程中,操作应尽量小心,并预先准备好培育池,水温、盐度的差异不能太大。

初孵无节幼体入培育池前,要经过消毒处理。用2～3 mg/L的漂粉精消毒1分钟或1 mg/L的碘伏消毒1分钟,再经消毒海水冲洗1分钟后放于消毒海水中培育。

五、幼体饵料的准备

幼体培育的饵料可分为活体饵料和人工配合饵料两大类。活体饵料是指海水中天然生长或人工培养的微生物、浮游植物和浮游动物。饵料的营养成分、种类的搭配

投喂能否满足幼体的需要,是影响幼体成活的一个重要因素,因此,应针对幼体不同发育阶段对饵料的要求,提前将饵料准备好。

(一)单胞藻类的培养

单胞藻的种类很多,其中海洋微藻就达几万种,迄今在我国水产养殖上应用的海洋微藻已有20多种,最常见的有扁藻、中肋骨条藻、小新月菱形藻、牟氏角毛藻、三角褐指藻、塔胞藻、绿色巴夫藻、小球藻、微绿球藻、钝顶螺旋藻、湛江等鞭藻及球等鞭藻等。

1. 影响单胞藻生长繁殖的因子

影响因子主要有光照、温度、盐度、溶解气体、营养盐、pH和生物等因子,只有各种因子在其适宜的范围内,单胞藻才可能生长繁殖好。单胞藻和其他绿色植物一样,只有在光照条件下,同时光照强度高于补偿强度时,才能进行光合作用,不同单胞藻有不同的适光范围。单胞藻又有一定的温度、盐度、pH的适应范围和耐受限值,超过耐受限值就会引起死亡。对于营养盐,不同单胞藻所需要的种类和数量也有所不同,所以要根据藻类的不同,选择不同的营养液配方。微藻在光合作用中,对二氧化碳的吸收,以游离二氧化碳为主,水中的二氧化碳不足,会影响光合作用的效率。单胞藻的生长繁殖除受环境的理化因子影响外,还必须考虑生物之间相互关系的影响,要防止细菌、原生动物等污染生物的污染。

单胞藻在其生长中表现出一定的规律性,包括刚进行藻种接种的延缓期;接种后快速生长的指数生长期;随着培养液中营养的消耗,出现了生长相对下降的相对生长期;藻类生长达高浓度时,限制因素增加,转入静止期以及出现细胞数减少、细胞衰老死亡的死亡期。根据这一规律,在藻类的培养中必须注意选用指数生长期的藻类做藻种,接种量要大,以保持其生长优势,并选择晴天,避免温度、盐度等的差异过大。

2. 营养液的配制

营养液是由洁净的海水加入营养盐配制而成。营养盐有无机肥(化肥)和有机肥(例如人畜的尿粪、贝与鱼的汤汁等)。常用的无机氮肥有硝酸钠、硝酸钾、硝酸铵、尿素、硫酸铵;磷肥有磷酸二氢钾等;铁肥有柠檬酸铁等。若培养硅藻类,尚需加入硅酸钠等;培养金藻类加入维生素 B_1、B_{12} 等会促进其生长繁殖。

培养液的浓度(以氮元素浓度为标准)可分三级:低浓度培养液的含氮量为 5～15 mg/L,中浓度为 16～30 mg/L,高浓度在 80 mg/L 以上。氮、磷、铁三种元素的比例为 10∶1∶(0.1～0.5)。使用低浓度培养液,藻类早期生长繁殖效果好,但持续时间短,培养过程中需多次追肥;高浓度培养液对藻类早期生长有一定的抑制作用,但肥效期长,对藻类后期生长有促进作用,常用于保种培养;中浓度培养液介于前两者之间,在藻类的培养中最常用。

3. 单胞藻的培养技术

单胞藻的培养可按藻种培养、藻种扩大培养和生产性培养的次序来进行。应选择色泽鲜艳、无沉淀、无明显附壁的藻液接种,凡有原生动物或其他杂藻污染的皆不能作为藻种用。

(1)藻种培养:培养容器为 300～500 mL 的三角烧瓶,洗净并煮沸消毒,加入新配制的培养液 200～300 mL。接入经严格分离而得的纯种或保存的纯种,瓶口包以消毒纱布、棉花或滤纸,置于适宜的光照和温度中培养,及时摇动、充气。

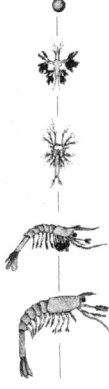

(2)藻种扩大培养：将培养好的藻种,逐步扩大接种入已消毒过的10 000～20 000 mL无色细口玻璃瓶中培养。同样置于适宜的光照和盐度条件下,及时摇动、充气。培养用的容器还可因地制宜地选用无色塑料瓶（桶）、塑料袋等,标准是结实、透光性好、易于操作。

(3)生产性大量培养：可在室内也可在室外,有封闭式培养和开放式培养两种类型。目的是为育苗生产提供饵料。培养用的容器为大型水泥池、大型玻璃钢水槽和大型塑料袋等。先将培养容器消毒,然后加入经沉淀、消毒处理过的海水,将营养盐按配方计算总量溶化后入池,最后按培养水体的1/2～1/5的量接入藻种。

4. 育苗池内直接培养单胞藻

人工育苗进入工业化生产规模后,全靠专门设施培养单胞藻类,不仅占用水体,耗资大,而且难以满足大水体育苗的生产需要。可在育苗池内通过施肥、接种来培养,进行定向的生态系育苗。

在育苗水体内施化肥的量一般为氮肥（如硝酸钠、硝酸钾等）2～5 mg/L,磷肥（如磷酸二氢钾）0.2～0.5 mg/L,对于硅藻类还需加施硅酸钠（钾）0.1 mg/L。1～2天施肥一次,几天后视水色或根据对藻类的实测密度来调整施肥量,使池内单胞藻的密度在孵化幼体时达到每毫升10万～20万个细胞。

未经过消毒处理的育苗用水,一般都会含有在自然海区繁殖生长的单胞藻类,根据检测看是否能作为幼体的饵料,通过施肥在池内繁殖起来。如果育苗用水中藻类组成比较贫乏,或者育苗用水经过消毒处理,就需向施肥的育苗池内接种藻种。

育苗池内藻类繁殖生长的好坏,除与营养盐、水温、盐度、光照强度等因子有关外,还与换水、充气有关。如果环境条件合适,充气均匀,换水适当,藻类就可能很快繁殖起来。但要注意控制藻类的过分繁殖,以防止水色过浓、pH过高,若遇这种情况,就应及时停肥,换去原水,添加新水,将池水的藻类密度调至适宜范围内。

(二)轮虫的培养与强化

轮虫是一种小型的多细胞动物,营浮游生活,具有生长快、繁殖力强的特点,它的大小、浮游速度、营养价值很适合凡纳滨对虾前期溞状幼体的需求。在轮虫培养时,以单胞藻、鲜(干)酵母、豆浆等作为其饵料。其适宜盐度为15~30、温度为25℃~30℃。目前轮虫的大量培养技术有了很大发展,可维持每毫升2 000个的密度和100%的增长率。可用250~300目筛绢网采收。

1. 轮捕轮养法(一次性培养法)

轮捕轮养法适合于20 m³以下的培养池,要求池子数量多,一般为6~8个。培养周期多为4天左右,接种密度为每毫升100~150个,采收密度可达每毫升200~300个,日增殖率达30%左右。该法的优点是培养密度较高,状态稳定;缺点是劳动强度大,必须每天都进行采收和接种操作。

2. 连续培养法(间收法)

轮虫的连续培养法适用于20 m³以上的水泥池,多在培养池体积大、数量少的情况下采用。一般来说,培养周期可达30天,密度可维持在100个/毫升左右,日采收率为20%左右。该法的优点是劳动强度低,每天只需采收所需要的轮虫和加入相应的藻类或淡水即可;缺点是培养密度低,稳定性较差,容易发生原生动物污染。

也可以把轮捕轮养法和连续培养法结合在一起培养

轮虫。

3. 室内培养

可采用间收法或连续接种培养法,也可以两种方法兼用。培养水池(槽)可采用 $1 \sim 6 \text{ m}^3$ 的小型水池(槽)和 $20 \sim 50 \text{ m}^3$ 的大型水池(槽)。有关单位应根据其培养方式、需求数量、培养时间等实际情况来决定采用水池的容量。另外也可以用虾、蟹育苗池培养轮虫。一般用连续接种培养法,此法培育密度高(采收密度在 $200 \sim 300$ 个/毫升),培养效率高,能维持较长时间的稳定培养,做到有计划生产。

间收法培养,多用大型水池(槽)。具体操作方法是:首先将含有小球藻的海水(含小球藻 2 000 万 $\sim$ 2 500 万个细胞/毫升)接种于培养池中,然后加入淡水和海水,调整海水密度至 $1.017 \sim 1.018$,小球藻密度达 1 000 万 $\sim$ 1 500 万个细胞/毫升,升温至 $20℃ \sim 28℃$。轮虫的接种采取连续接种法,开始密度为 $100 \sim 300$ 个/毫升,$2 \sim 9$ 天后增殖到 $200 \sim 600$ 个/毫升时,大部分采收,留下小部分作为继续培养的原种,再加水,加小球藻继续培养。当水池内小球藻被摄食、水色变淡时,可继续投喂小球藻,或投喂面包酵母和油脂酵母。投喂量控制在每 100 万个轮虫每天投喂酵母 $1 \sim 1.25$ g,分 $2 \sim 3$ 次投喂。

轮虫的采收可用位差虹吸法,用 $250 \sim 300$ 目尼龙筛绢网接滤,或用小功率水泵(0.25 kW,0.4 kW)抽取,用网接滤,或直接用 $250 \sim 300$ 目锥形网捞取。

4. 室外大面积培养

单胞藻培养池两个,每池面积 5 亩*以上,池深 1 $\sim$

---

* 养殖业习惯用亩表示面积。

1.5 m；轮虫接种池 3～4 个，每池面积 1～1.5 亩，池深 1.5 m 左右；轮虫培养池 4～5 个，每池面积 3～4 亩。每年 3 月上旬，清理单胞藻培养池中的杂藻，然后进水至水深 40～50 cm，施尿素 10 mg/L，过磷酸钙 5 mg/L，每周施肥两次，待水色增深后减少施肥量。

轮虫培养池的清池，可用浓度为 500 mg/L 的漂白粉全池泼洒，2～3 天后通过 250 目筛绢过滤网进水至水深 40～50 cm，然后施尿素 10 mg/L，过磷酸钙 5 mg/L，再接种轮虫。待轮虫大量繁殖后不再施肥，而从单胞藻培养池中抽取藻液经 150 目筛绢过滤到轮虫培养池中，使单胞藻的含量维持在 5 万～10 万个/毫升。培养期间要经常检查轮虫的生长情况，随时捞取水面上的漂浮物。采收时使用直径 40～50 cm 的锥形网（250 目）施捕或用小水泵抽取，用网接滤。

5. 高密度大量培养

用一般方法培养轮虫，其增殖密度只能达到 200～300 个/毫升，致使育苗饵料培养池所占的面积较大，影响了凡纳滨对虾育苗水体的有效利用。日本的科研人员吉村研治经研究发现，高密度培养轮虫时阻碍其增殖的主要原因是轮虫的饵料不足、溶解氧不足、氨氮毒性大，因此采取了增加投饵密度（用浓缩的海水小球藻、淡水小球藻）、强化增氧，在培养水体中加入盐酸调控 pH 用以抑制氨氮上升等措施，维持水温为 32℃、pH 值为 7.0 左右，每个轮虫小球藻的投喂量达到 2.5 万～5 万个细胞/天，使轮虫的生产效率显著提高。

在这个培养系统中，轮虫培养槽的底部呈圆锥形，内置直径 6 cm、长 30 cm 的特制氧气分散器进行充氧，与此同时增强氧气充气能力（50 L/min）。氧气分散器和氧发

生器相连,由氧发生器供氧。采用 pH 值控制调节器,由定量泵自动添加盐酸来调控培养水体中的 pH 值,以减轻氨氮的毒性。用定量泵 24 小时投喂小球藻,为防止小球藻在贮存器中沉淀,采取微充气活化藻液。用 1 kW 钛加热器和恒温器控制水温,并在加热器上装水量截止阀以确保安全。为了去除悬浊物,使用"梅林垫",以便每天进行冲洗和更换。使用这种培养装置培养轮虫,密度可以达到 2.2 万～2.6 万个/毫升,每天每吨水体的产量可达到 138 亿个左右。如用间收法培养,培养两天密度最高可达 1.7 万个/毫升,每天每吨水体的产量达 67.2 亿个。

6. 二次培养

轮虫的二次培养,目的是为了强化营养。可采用小球藻和油脂酵母,也可单独使用小球藻或油脂酵母。其培养时间和投饵量因各单位的采收时间和投喂方法不同而有所不同。在采收的当天,投饵培养时间为 2～6 小时;如第 2 天投饵,要培养 24～48 小时。油脂酵母的投喂量为每 100 万个轮虫投喂油脂酵母 0.25～1 g,亦可根据培养时间掌握投喂量。这样的轮虫采收后,仍需进行营养强化方可投喂。

7. 营养强化培养

营养强化的目的是为了使轮虫大量富集高度不饱和脂肪酸(主要是 EPA 和 DHA),以有效地提高苗种的生长速度、抗病力和成活率。

强化途径有两种:一是用富含 EPA/DHA 的海洋微藻,如三角褐指藻、等鞭金藻、小球藻、微绿球藻等投喂轮虫,其中以小球藻、微绿球藻使用最为普遍;二是用富含 EPA/DHA 的人工强化剂,如乌贼鱼油(日产)、BASF—Aquaran(日产)、比利时鱼油和 50DE(烟台产)、康克、裂壶藻、娅格马克等。

强化的方法是在强化用的容器中加入经消毒过滤的海水和经消毒处理的轮虫500～1 000个/毫升,水温以20℃、充气量以30～40 L/min为宜。然后加入市售的优质强化剂,其添加量依据厂家提供的指导浓度和饵料群体密度换算而定,可分数次投入。经6～12小时强化后即可采收投喂。

(三)卤虫卵的孵化

卤虫卵出产于高盐度的咸水湖或盐田。卤虫卵的孵化可在小型水泥池或底部为圆锥形的玻璃钢罐内进行。在安有充气装备的孵化设备中,每升海水可孵化1～3 g卤虫卵,水温控制在25℃～30℃,充气量宜大不宜小,经过18～24小时,就可孵化出卤虫无节幼体。

对于卤虫无节幼体与卵壳及未孵化卵的分离,通常采用的方法有:一是停止充气,一部分卵和卵壳浮于水面,另一部分则沉于池底,幼体则多居中下层,用胶管从中下层取水,经筛绢网过滤收集幼体。二是利用卤虫无节幼体的趋光性,把池子或孵化罐的一端或上端遮光,让其另一端或下端进光或加入人工光源,经一段时间后幼体从遮光处游到有光处,吸取后将水滤去,收集幼体。这两种方法在实际生产中,一次分离都不甚彻底,要想分离彻底,在增加分离次数的同时,还应选择纯度高、孵化率也高的产品。也可以采取卤虫去壳卵孵化。

卤虫去壳卵处理:去壳后的卤虫冬卵,其孵化率可以提高,并且去壳冬卵孵出的幼虫,其所含能量较之未去壳孵出的要高10%。凡纳滨对虾的糠虾Ⅰ期幼体可直接摄食卤虫去壳卵,并能正常地完成变态,顺利地进入仔虾期。

卤虫卵外壳的主要成分是脂蛋白和正铁红素,这些物质可以在一定浓度的次氯酸盐溶液中溶化(即化学去壳)。

(1)去壳液配制:使用次氯酸钠(钾)配制 100 g 卤虫卵去壳液的组成是:次氯酸钠(钾)液 500 mL(有效氯含量按 10%计)、海水 800 mL,氢氧化钠 13 g,充分搅匀,静置沉淀,取上清液待用。若用漂白粉,用量为 250 g(有效氯含量以 20%计)、海水 1 300 mL,加碳酸钠 100 g,充分搅和后静置沉淀,取上清液待用。

(2)去壳过程:称取卤虫卵 100 g,在海水或自来水中浸泡 1 小时,用筛绢网捞出冲洗干净(卵呈浅咖啡色),投入备好的去壳液中,卵色变为灰白,继而变成鲜橙色,至此去壳完成。上述去壳过程最好能在 15 分钟内完成,因去壳过程中水温有时会上升很快,超过 40℃卵粒孵化会受到影响。为此,必要时要采取降温措施。

(3)中和残氯:去壳完毕后,即可用 150 目筛绢将卵粒捞出,用海水冲洗后放入 1%~2%的硫代硫酸钠(大苏打)溶液内,除去残氯。卵粒也可直接投喂。

(4)去壳卵保存:用不完的去壳卵,置入饱和食盐水中保存(每升水加食盐 300 g)。为避免紫外线杀伤卵胚,最好避光贮存。

值得注意的是,卤虫去壳卵孵化时,最好使用专用孵化设备,加大充气量,防止去壳卵沉底,影响孵化率。

(四)人工配合饵料

在生产中,各个场家根据本地的具体资源条件,选择制备了适合凡纳滨对虾育苗的多种饵料,主要有虾片类、黑粒类、微粒类及藻粉类等。凡纳滨对虾的人工育苗全程可以使用人工配合饵料,并能顺利培育出健康苗种。

六、幼体培育

（一）幼体的选优

由于凡纳滨对虾在未交配情况下也可产卵,而产出的卵子不能孵化,不久即腐烂会滋生大量病菌。为了提高幼体培育存活率,必须将健康幼体与死卵及不健康幼体分开。选取健康幼体培育,通常是利用幼体的趋光性,在不充气的条件下,待死卵及弱质幼体充分沉底,用塑料勺或筛绢网捞取上浮性及趋光性好的表层及上层幼体进行培育。为了收集到尽可能多的健康幼体,上述选优过程可重复多次。为减少对育苗池的污染,收集到的幼体必须进行充分的清洗以去除污物并进行药物消毒处理。

（二）饵料

凡纳滨对虾无节幼体阶段不摄食,靠自身的卵黄进行营养。进入溞状幼体阶段开始摄食微小的浮游植物等。与斑节对虾相比,凡纳滨对虾的溞状幼体个体相对较小,摄食大个体浮游植物的能力较弱。单胞藻类中的小型硅藻、绿藻和金藻类的一些种类,是溞状幼体的理想饵料。溞状幼体后期,可以摄食一些小型的浮游动物,如轮虫、贝类幼虫等。进入糠虾幼体之后,以动物性饵料为主,应增加轮虫及卤虫无节幼体的投喂量。在人工育苗中,单胞藻、轮虫及卤虫无节幼体等活饵料系列是培养健康虾苗的重要条件,应尽量满足供应。在活饵料不足时,可适当补充代用饵料如藻粉、虾片、各种微囊饲料及豆浆、蛋黄等。投喂代用饵料时一定要充分充气,并根据勤投少喂的原则,掌握合理的投喂量。

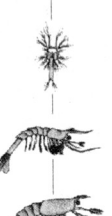

（三）水温

幼体培育阶段适宜的水温为27℃～30℃,水温降至

25℃以下时幼体发育缓慢。变态至仔虾阶段后可适当降低水温以配合虾苗的放养。

(四)水质

适宜的盐度为 25~33,仔虾期后可根据需要逐渐降低盐度;pH 以 7.8~8.6 为宜。

(五)光照

凡纳滨对虾育苗对光照无严格要求。一般无节幼体阶段保持相对较弱的光照强度,这样有利于幼体的均匀分布。而进入溞状幼体阶段以后,适当提高光照强度,有利于生物饵料的繁殖。

(六)病害防治

虽然凡纳滨对虾对病害有较强的抵抗力,但是条件不适时也能够感染虾病,虾病的发生是导致育苗失败、产量下降的主要原因。虾病应以防为主,防治结合,以下措施应认真落实:

(1)选用活力强,不带病原体、不带病毒(如桃拉综合症病毒、白斑综合症病毒)或抗病毒品系的健康种虾。

(2)切实做好清池消毒工作,保证池底清洁。

(3)保证蓄水池存水时间达到 2~3 天,必要时使用漂白粉消毒处理,杀灭病原体。

(4)投喂添加高稳定性维生素和其他微量元素的优质配合饵料,以增强幼体的食欲或抗病力。

(5)保证池水理化指标正常、稳定,必要时投放水质保护剂,如沸石粉、活体有益菌等。

(6)不随便使用药物。对病害情况要勤观察、经常进行病原体检测,根据需要使用合适的药物。

1. 病毒性疾病

近几年在凡纳滨对虾的苗种生产中,经常出现不明原因的虾卵孵化率低和幼体死亡率高的现象,幼体表现为不摄食、活力下降、趋光性差甚至消失,幼体不蜕皮、不变态,甚至身体挂脏,久之成批死亡。勉强培育出的仔虾体质较弱,体形纤细,有的肠道变红,难以养活。王克行等对此作了初步研究,发现在亲虾卵巢、畸形胚胎及患病幼体内存在着一种球状病毒及一种质型杆状病毒,在仔虾体内还观察到支原体的寄生。

防治此病的方法是除对卵子进行洗卵与消毒外,还必须对无节幼体进行选优及消毒,排除带病毒的不健康幼体及灭活死卵排于水中的病毒,避免病毒对Ⅰ期溞状幼体的感染。用2～3 mg/L的漂粉精消毒1分钟或1 mg/L的碘伏消毒1分钟,再经消毒海水冲洗1分钟后放于消毒海水中培育。

2. 支原体及立克次氏体病

(1)病原:支原体及立克次氏体。

支原体呈卵形或条状,近卵形支原体直径为90～250 nm,弯条状支原体直径为90 nm,长度为450～1 400 nm。该病原有两种繁殖方式,一种是丝状分枝支原体,以其分枝末端形成球状膨大,然后出现缢痕,脱落母体;另一种是个体较大的球状支原体,以其自身细胞膜内侧为子一代个体生长附着基点,向内出芽生长,繁殖后代。

立克次氏小体有四种细胞类型:①原体,直径100～400 nm;②中始体,是个体最大的球状体,直径500～700 nm;③中间体,是原体与中始体之间的过渡型,直径300～400 nm;④繁殖体,大部分为典型的哑铃状或棒槌状的二分裂体,也常出现不均等多分裂点的马蹄形、环形和多分枝的繁殖体。

(2)症状:幼体变软,肌肉白浊,肝胰脏及肠道呈微红或粉红色,肠呈粗细不均的结节状。停止摄食,胃蠕动减缓或停止,肝胰脏腹面白膜向后侧扩延,呈黄白色,包至肝胰脏后下半部。

(3)诊断方法:由于该病常与白斑综合症病毒病并发,外观症状也与 WSSV 病有许多相似之处,确诊时需通过电镜超薄切片观察。

(4)防治方法:除按对虾病毒病常规预防措施实施外,可在饲料中添加0.1%~0.2%的恩诺沙星或红霉素,连续投喂3天。

3. 菌血病

(1)病原:主要为鳗弧菌、副溶血弧菌、溶藻胶弧菌等。除弧菌外,假单胞菌和气单胞菌也会引起症状与弧菌病相同的疾病。

(2)症状:患病幼体游动不活泼,趋光性差,消化道内无食物,病情严重者在静水中沉于水底不久就死亡。有些病情进展缓慢的幼体,在体表和附肢上往往黏附许多单胞藻类、原生动物和有机碎屑等污物。

(3)诊断方法:诊断时不活泼或下沉水底的幼体在400倍显微镜下进行观察,可看到细菌在幼体体内各组织间的血淋巴中活泼游动,在身体比较透明的地方最容易看到。当幼体个体较大、透明度差时,可将幼体压破后观察。

(4)防治方法:育苗池使用前应彻底干燥,认真清刷,并以杀菌药物消毒。消毒时应将含30 mg/L 以上的漂白粉(有效氯含量为30%)池水放满浸泡24小时。育苗用水要经沉淀、过滤及消毒。采集的受精卵要采取洗卵及消毒措施。饵料投喂要适量,并采取少量多次的投喂方式,定期检查池水中的饵料量,增加活体生物饵料比例。

注意充气与换水,保持水质良好。每天要多次检查幼体发育及池水水质状况,发现问题及时采取相应措施。

治疗要及时。全池泼洒1～2 mg/L 吡哌酸等抗菌素,一天1次,连泼3天;盐酸土霉素全池泼洒,使池水呈3 mg/L 的浓度,连续使用3天。在幼体饵料中加0.05%～0.1%吡哌酸投喂,连喂3～5天。

4. 幼体发光病

(1)病原:主要为发光弧菌和哈维氏弧菌。在我国南、北方育苗场均有此病发生,在南方虾类育苗中此病危害较大,常常会造成整池虾苗死亡。此病的发生多在溞状幼体Ⅲ期以后,与水质不良有很大的关系。

(2)症状:患病幼体不活跃,摄食不好,死亡率较高。夜间关闭育苗室电灯,可见育苗池水发光,病情较严重者可观察到幼体体内有发光亮点。

(3)诊断方法:取育苗池水在400倍显微镜下观察可见水中有数量较多的短杆状细菌。取身体内有白点的病虾镜检,可以看到血淋巴中有细菌活动。

(4)防治方法:同对虾幼体弧菌病的防治方法。另外,可使用山东省海水养殖研究所研制的"祛光散"全池泼洒,使"A型"在池水中浓度达2～3 g/m³,每日1次,连用3天。"B型"在对虾溞状幼体期使池水达到0.4～0.5 g/m³ 的浓度,每日2次。对糠虾幼体、仔虾期使池水达0.8～1 g/m³ 的浓度,每日2～3次。

5. 对虾幼体肠道细菌病

(1)病原:病原为一种革兰氏阳性杆菌,无鞭毛,无动力。分类地位尚未确定。

(2)症状:从外观症状看与对虾幼体弧菌病相同。镜检可看到消化道内无食物,只有淡黄色的菌团,有时充满

消化道。见图 1-5。

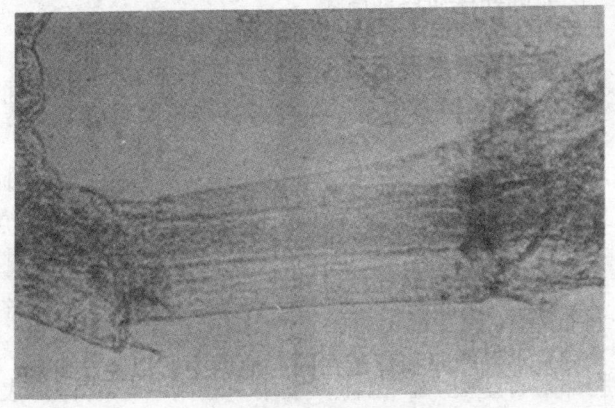

图 1-5　幼体肠道细菌病(战文斌,2004)

（3）诊断方法：将患病幼体做成水浸片进行镜检。疾病的初期，在低倍镜下首先发现在幼体的胃部有成团的淡黄色菌落。在高倍镜下可看到菌落内的细菌排列整齐、不动，菌落的外围有一层薄膜。以后随着病情的发展，菌落逐渐增大，伸至中肠内。将幼体压破后菌落也不散开，相连成片状。在疾病后期，幼体的中肠内或组织中有时有细菌游动，估计是继发性感染的其他细菌。

（4）防治方法：预防措施是做好育苗池、器具及育苗用水的消毒工作。

治疗方法 A：吡哌酸加水溶解后全池泼洒，使池水浓度为 $1\ g/m^3$，每隔 24 小时泼 1 次，连泼 3 次。同时按 0.05% 的比例加入鸡蛋中做成药饵，连续投喂 3 天。

治疗方法 B：青霉素和链霉素合剂，各占 50%，加水溶解后全池泼洒，使池水中合剂的浓度为 $2\sim3\ g/m^3$，每 12 小时泼一次，连泼 3～5 天。同时投喂上述吡哌酸药饵,连投 3～5 天。

6. 对虾幼体屈挠杆菌病

(1)病原:病原初步鉴定为屈挠杆菌,菌体细长,大小为 $(17.6～35.3)\mu m \times (0.8～1.0)\mu m$。有 3～4 个弯曲,革兰氏染色阴性,能滑行运动。

(2)症状:患病幼体活动能力很差,附肢及体表上附有大量细菌,在静水中下沉于水底,会造成幼体死亡。患病幼体消化道内无食物,但体内未发现细菌。

(3)诊断方法:选活动能力较差的幼体做成水浸片,在显微镜下可以看到幼体附肢、体表上附着屈挠杆菌,在头胸部附着量更大。菌体一般用一端附着于幼体体表,另一端游离,有时脱落后在水中滑行。

(4)防治方法:预防此病的主要方法是幼体培育密度不要过大,投饵量要适当,保持池底清洁和水质优良。治疗时全池泼洒吡哌酸使池水的浓度达到 2.0 g/m^3,泼 1 次 24 小时后就可痊愈。

7. 真菌病

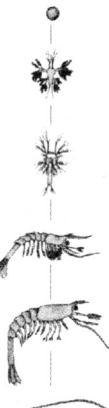

(1)病原:病原为链壶菌属、离壶菌属和海壶菌属的真菌。链壶菌的菌丝有分枝,偶有分隔,全实性,细胞壁薄,直径为 $7.5～40 \mu m$。菌丝成熟后从菌丝上长出细长的排放管,穿过虾外壳,伸到宿主体外。排放管长 $37～500 \mu m$,直径为 $4～10 \mu m$,顶端形成一个直径为 $22.5～72.5 \mu m$ 的顶囊,顶囊内有许多大小为 $10 \mu m \times 12.5 \mu m$ 的肾形游动孢子。游动孢子排出后附着到新的宿主上长出新的菌丝。链壶菌生长的适宜温度为 $25℃～35℃$。离壶菌、海壶菌大致与链壶菌相似,但均不形成顶囊,游动孢子在孢子囊内已充分形成,通过排放管端的开孔直接排放于水中。

(2)症状:受感染的卵很快就停止发育,不会孵化。受感染的幼体开始时游动不活泼,逐渐下沉于水底,不动,仅附肢或消化道偶然动一下。一般在发现疾病后24小时以内,卵和幼体就会大批死亡,在死亡的宿主体内充满了菌丝。见图1-6。

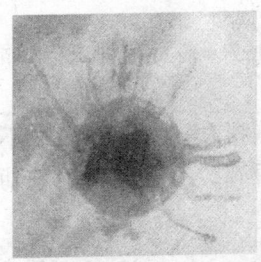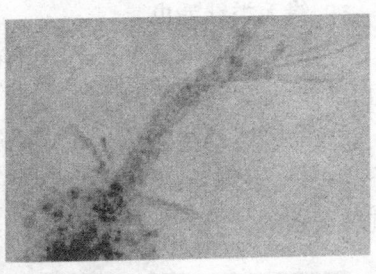

图1-6 感染真菌的虾卵、溞状幼体(俞开康,2000)

(3)诊断方法:将卵或游动不活泼的幼体做成水浸片,用显微镜检查很容易看到菌丝,特别是在比较透明的甲壳边缘和附肢部分。如果要鉴定真菌的属名,必须通过观察孢子的形成方法和排放管的形态。

(4)防治方法:育苗池及用具在使用前要彻底消毒,孵化及育苗用水要严格过滤消毒,收集的受精卵及幼体要经过清洗及消毒后方可布池。

全池泼洒氟乐灵使池水的浓度达到 $0.01\sim0.1$ g/m^3。全池泼洒克霉灵使池水的浓度达到 $1\sim2$ g/m^3,连用3天。制霉菌素 $8\sim10$ g/m^3 全池泼洒,连续用 $1\sim2$ 次。

8.丝状细菌病

(1)病原:以毛霉亮发菌为多见。

(2)病状:该菌附着后,使卵子不能继续发育,幼体活力减弱,停止发育,蜕皮困难,最终沉底死亡。镜检时可看到大量菌丝附生于幼体体表或鳃丝上。

(3)防治：投喂适量的、营养丰富的饲料，适当调节水温，保持水质清净，加大换水量促使幼体尽快发育蜕皮。此外，全池泼洒 0.5 g/m³ 漂粉精或 0.5~0.7 g/m³ 的高锰酸钾也有一定的疗效。

9. 缘毛类纤毛虫

(1)病原：原生动物缘毛类纤毛虫，主要有钟虫、聚缩虫、单缩虫、累枝虫等。

(2)病状：幼体游泳迟缓，影响摄食，生长减慢，蜕不下壳，最终下沉死亡。镜检时可看到大量虫体寄生于幼体体表或鳃丝上。见图1-7。

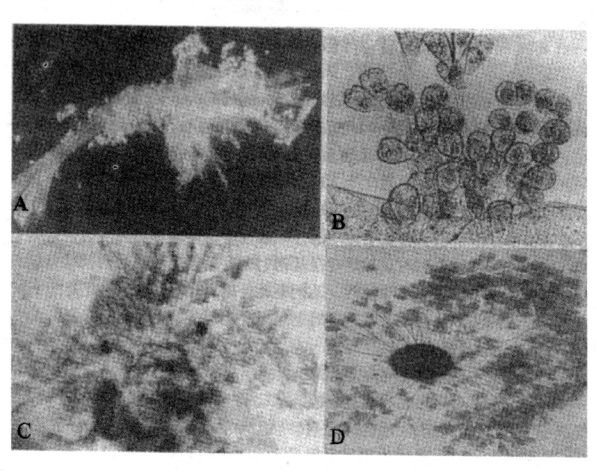

A. 体表布满聚缩虫的糠虾幼体呈绒毛状
B. 对虾体聚集的聚缩虫
C. 对虾溞状幼体头胸部上附生的聚缩虫
D. 卤虫卵上的聚缩虫

图 1-7　对虾聚缩虫病(孟庆显，1993)

(3)防治：保持水质清新，早期发现时，迅速更换新水；卤虫及其他活饵料投喂时要消毒杀灭纤毛虫；投喂适量的、营养丰富的饲料。

可根据幼体的不同期别使用甲醛（20 mL/m³ 水体）、硫酸奎宁（5 g/m³ 水体）、制霉菌素（500 万 U/m³ 水体）。

10. 黏污病

发病的育苗池一般密度过大，幼体发育缓慢，投饵量大，水中污物多，水质浑浊。镜检患病的幼体附肢及尾部刚毛上黏附大量的有机碎屑，呈淡黄色，并有单胞藻和鞭毛虫类的原生动物附着，或鞭毛虫类的原生动物在体表活动。黏污病见图1-8。

图1-8 对虾溞状幼体黏污病

可用 0.8 mg/L 高锰酸钾全池泼洒，3～4 小时后大换水。一般泼洒 1 次或第 2 天再用 1 次可治愈。

11. 气泡病

幼体身体表面、循环系统、消化系统等出现气泡的病症，皆称气泡病。该病起因于溶解氧过饱和，死亡率比较高。

该病多发生在高温,强光照,饲育水中藻类浓度过大、pH过高的条件下,由于氧气突然呈过饱和状态,多余氧气难以立即从水中逸散所致。因而,当估计到可能发病时,应立即加强换水、通气、遮光、降温等。以上措施是目前生产中防止气泡病最有效的手段。气泡病见图1-9。

图1-9 患气泡病的对虾溞状幼体

12.畸形症

孵出的幼体出现畸形,主要有头胸甲的刺或缺或短小,或颚足外肢的游泳毛发育不全。在静水条件下,畸形个体很难上浮,应进行淘汰。畸形症见图1-10。畸形的出现,可以认为有以下原因:①亲虾捕捞、运输及以后管理中有问题,比如亲虾培育和暂养期间水温变化较大可导致畸形。②水中重金属离子超标也可引发畸形,此原因引起的畸形可在水体中保持 2～5 g/m³ EDTA-2Na 防治。

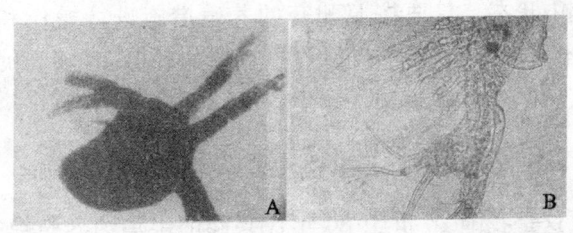

图 1-10　对虾幼体畸形
A. 无节幼体,附肢无刚毛　B. 溞状幼体,腹部扭曲缢缩

第三节　凡纳滨对虾健康养殖技术

一、养殖技术

根据当前我国凡纳滨对虾的养殖状况,采用的养殖模式主要有以下几种。

(一)生态型养殖模式

虾塘面积较大,一般 50～100 亩,平均水深较浅,设施简陋,低管理强度,是一种广种薄收的养殖方式。这种模式在集约化程度上虽属粗养,但与我国 20 世纪 70 年代的大型渔港的生态系养殖迥然不同。养殖的关键技术是:养殖池保持 1.5 m 左右水深,养殖池底氧化处理,投放健康虾苗,降低投苗密度(一般 4～8 尾/平方米),繁殖天然饵料为主,较少使用人工饵料。生态型对虾养殖虽不能避开白斑综合症病毒（WSSV）等病毒病的感染，但是由于该系统养殖环境较好，对虾摄食大量的天然饵料，致使对虾处于良好的营养状态，减轻了对虾的胁迫因素，从而减轻了病毒在对虾体内的扩增，WSSV基本上处于潜伏感染状态。只要按照配套的养殖措施进行操作和管理，不违规操作，仍然可以养殖成商品虾，具有较高的养殖成功率。该方式投入较少，目前在我国仍然有推广价值。

（二）半精养

这是我国20世纪80年代兴起的半集约养殖模式，是1993年前我国对虾养殖的主体模式，其基本原理是建立一个适合对虾生长的生态环境。现在虾塘面积一般为30~50亩，产量一般为50~100千克/亩。在具体运作中，要增大蓄水面积，适当加高水位至1.5~2.0 m，减少换水量，投放健康虾苗，控制放苗量（一般15~30尾/平方米），严格清池，适度肥水，努力发挥基础生物的生态调控作用和饵料效果，提高投喂饵料的质量，严格控制投饵数量，科学规范进、排水（使进、排水严格分开、循环利用等），严格水质管理，综合运用势能、机械（如增氧机）、化学、生物等行之有效的水质调控手段，抓好健康管理和综合防病的诸项措施。

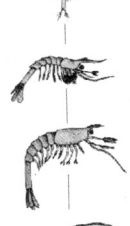

（三）精养

精养为较先进的养虾模式，要求养殖池水环境适合对虾的养殖参数，主要依赖人工技术措施调控养殖池的环境。对虾所需的能量主要来源于人工配合饲料。投入较高，为获得高的经济效益，必须有较高的产出，放苗密度大，产量高。应建设废水处理设备。

1. 高位池塘养虾模式

高位池养虾,投喂人工配合饵料,且对饵料质量有较高的要求。池塘面积较小,一般为2~15亩,要求虾塘能够完全排干,水深2 m以上,设有进、排水系统,具排污及增氧设备,建蓄水池,池底铺地膜。精养虾塘的放养密度较高,一般为30~75尾/平方米,产量300~600千克/亩,高者可达1 000千克/亩以上。

2. 工厂化养殖

虾池一般为在陆地修建的圆形或跑道式水泥池,面积一般为300~1 000 m^2,能自动排污,充气,常流水,每日用100%~300%的新水进行换水。此方式的放养密度大,一般250~400尾/平方米,产量一般可达3~5 kg/m^2。德国Mega Fisch公司室内高密度养虾产量可达13 kg/m^2以上。我国的广西、海南、山东等地也进行了工厂化养虾,王克行(2001)在3个0.7亩水泥池中养殖凡纳滨对虾,平均产量2.57 kg/m^2,最高产量为3.86 kg/m^2,取得了较好的经济效益。

2002年山东省海水养殖研究所进行了"封闭式、循环水、健康养虾新模式的研究",平均产量为1 376千克/亩,80%以上的养殖用水循环利用,所排废水达到国家二类水质指标要求。不过,此种模式,投资成本高,技术含量高,风险也大。

在我国的华南地区凡纳滨对虾每年可养殖2~3茬,甚至4茬,浙江以北地区年养殖1~2茬。近几年养虾投入加大,养殖方式由粗养向精养、集约式发展。投喂配合饵料,饵料系数低的为0.9,一般为1.1~1.3,每亩利润达数千元甚至1万元以上。高产、高效益刺激了凡纳滨对虾养殖面积和投苗量大幅度增长。

二、池塘养殖

(一)场地的选择

1. 养殖场地的选择

养殖场地应选择风浪小、潮流畅通、海水交换好、容易排灌的中潮区,并且不受暴雨、台风及工厂排污影响的海区。场地环境符合 GB/T18406.4—2001 的要求。水源应符合 GB11607 的要求。养成水质符合 NY5052 的要求。

同时还应注意苗种与饵料资源较丰富,技术、劳力、物力充裕,通信、交通方便,电力、淡水供应充足,建场省工省料。

养殖密度大,已超过海区的负荷能力,使海水富营养化,生态平衡遭到破坏的地区不能继续建场。

2. 场区总体布局

一个规模化的养虾场,在规划设计中应以虾池为主体,还要充分考虑进排水系统、扬水站、蓄水沉淀池、虾苗中间培育池、供电设施、冷藏保鲜车间、饵料加工车间、贮存车间、化验室等。总的原则是:各类设施应相对集中,便于管理,又互不干扰;合理利用自然条件,力求节约能源和劳力,降低养虾成本。

一个虾池群体应该有独立的进排水系统,进、排水应严格分开,其出、入口的间隔越大越好。虾池的总体排布多呈"非"字形。

在水源的供给上应力求利用潮差纳水以降低能耗,所以半精养虾池多建在潮间带,并根据各地的地形和海况特点,正确处理节约能源和保证虾池安全的关系,合理选定在潮间带的具体位置。养虾池的位置不应建在靠近低潮线或面向外海,应留出一定缓冲地带,以防大坝受到

风浪的侵蚀。在南方地区,这种缓冲地带上的红树林不应清除,有条件的地方,还可种植红树林,以增强缓冲效果。为提高产量,减少污染和疾病发生,并保证虾池安全,国内外养虾者还选择在潮上带建造小型精养虾池,完全依靠机械提水。我国琼、粤地区称之为"高位池塘养虾"。

在同一海湾内,养虾场不能过于集中,有人对半精养对虾养殖区养虾期间排水量和区域海水净化量进行了初步测算,认为养虾区面积一般不应超过海湾可养面积的10%。超负荷养殖必将带来区域的富营养化,破坏生态平衡,使虾病频发,养殖效率下降。

(二)养成池的建造

1. 池塘建设

(1)半精养虾池的建造:目前我国半精养虾池多系20世纪80年代开始相继建成,结构基本合理,在发展对虾养殖业中,起到了不可磨灭的作用,在今后对虾养殖业的发展中也不失为较好的模式之一。

池型和规格:鉴于多数对虾类有沿池边环游和分布的习性,建池时在相同面积条件下,应适当增加其边长,以避免对虾过于集中,故半精养虾池多取长方形。且流水畅通,建设施工也较容易。

池面积以 30~50 亩为宜,一般不应超过 100 亩。池水深以 1.5~2 m 为宜。因半精养虾池多无充氧设施,水深超过 2 m,易影响风力充氧的效果。池水过浅(小于 1.2 m),水体理化因子如水温、盐度受外界干扰过大,影响对虾生存和生长,且减少了水体,降低了土地的利用率,提高了建池成本。

堤坝、水闸和环沟:在潮间带尤其在中、低潮区建起的虾池群体,为了保证不受风浪袭击,必须修建防潮大坝,并在合适的位置上修建进、出水大闸,作为供排水的通道。

防潮大堤,也称主堤,应设在能保证堤内养殖水面可以充分纳潮的合理位置。其高度要求为:坝顶不允许越浪,一般取平均高潮位以上 1 m。坝顶宽度应根据坝的结构、施工条件及交通要求(坝顶可通车辆的大小)来确定,一般为 5~6 m。大坝的坡度,迎海外坡一般为 1:(2~3);内坡 1:(1.5~2),大坝迎海外坡一般以插条石护坡。

虾场总进、排水闸是虾池群体进排水的咽喉,是关键工程之一,应选在压缩性小、承载力大的坚实的地基上。进、排水口应远离分设,力求水源少受自身污染。总排水闸应建在养殖场最低处,闸底低于总进水闸底 0.3~0.5 m,但不低于历年最低潮位。总进水闸应建在方便进水,又远离排水闸处。

作为单个半精养虾池,池堤一般为土质。顶宽 2~3 m,坡比 1:2。有的用水泥板护坡。堤顶一般高出虾池正常水位 0.5 m。

长方形(或长条形)的虾池进、排水闸各 1~2 个,相对分设在短边上。进排水闸的闸宽应一致,一般为 1.2 m。

池底多设环沟,沟宽 6~8 m,深 0.3~0.5 m,沟壁坡度为 1:(1.5~2)。环沟距池堤坡脚应大于 10 m。环沟不但增加了养殖水体,还为对虾提供了避暑、避寒的场所。同时,环沟挖出的土可作为建坝的土料。

提水和输水设施:半精养虾池多采取潮差纳水和机械提水相结合的方式。建在潮上带的虾场,完全采用机械提水。

用扬水站的水泵,将海水从引潮沟抽入蓄水池或进水渠渠首的出水池内。水泵宜采用低扬程、大流量的轴流泵或混流泵。水泵的安设位置以长远、安全、水质好、汲水时间长为宜。水泵日提水量应达到养殖池总蓄水量

的10%～20%。

为保护水源,保证养殖用水质量,预防病原传播,在集中的对虾养殖区,需要建设进、排水渠道,协调各养殖场、养殖池的进、排水。进水口与排水口应尽量远离。新建虾场的排水口不得设在已建虾场的进水口或扬水站附近。根据水力学原理设计进、排水渠道的断面,避免因流速过大冲损渠道,或因水量过大溢出渠外。排水渠除考虑正常换水量需要外,还应考虑暴雨排洪及收虾时快速排水的需要,所以排水渠的宽度应大于进水渠,其渠底一定要比各相应虾池排水闸闸底低30 cm以上。

(2)精养虾池建造:对虾精养虾池,单池面积一般在20亩以下。因对虾密度大、池小、水深(2.0～3.0 m),对虾分布相对均匀。从池水合理流动及除污的角度考虑,池形宜为正方形(四角成弧形),也可为圆形。池壁铺设平面板或混凝土结构。池底平坦,铺设地膜或混凝土结构,不设环沟,底四周略向中央倾斜。排水孔宜设在池中央,由铺设在池底面以下50 cm左右的多条直径15 cm硬质塑料管道排水。排水管在池中央处连接有多个筛孔的盲管,对虾小时可以筛绢网封住,以免对虾逃逸。

排水管出口以连通器形式设在池堤之外,以控制水位,排出池底污物(图1-11)。

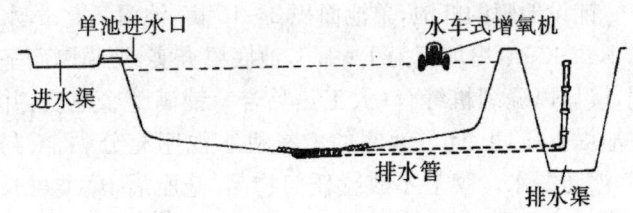

图1-11　排水孔设在中央的小型精养虾池(仿孙颖民)

长方形的虾池可以用设在短边上的排水管或排水闸门排水。池底倾斜方向不在池中央而在排水管(闸)的一边,以便于池水全部排出。

增氧机是精养虾池必备设施,具增氧和动水双重作用。其布设位置应与池形配合,以使池底尽可能大的面积无污物,并避免搅起已沉积的废物。一般每池设4台功率1~2 kW的水车式增氧机,分设在四个池边距斜坡3~5 m处,环形排列,车轮动水方向与池堤平行,向同一方向顺时针或逆时针转动,以搅动池水,使污物向池中央聚集,以便于排出。养殖场必须设置备用发电机,以保证全天候不断电。在无电源地区可选用柴油机带动的增氧设备。

增氧机还可取钢梳式、叶轮式、充气式、喷水式等。但不同的增氧机动水方向不同,应根据虾池构造及相应排水方式合理选用。

底质差,如池底污染或酸性土质,或池水渗漏的虾池,可在池底面铺上地膜。这种方法在泰国、印度尼西亚等东南亚国家采用较多。我国海南省1998年采用地膜养虾面积达10公顷以上,每公顷生产斑节对虾4 500~9 000 kg。现在海南、广东、广西及其他凡纳滨对虾养殖省份皆开展了地膜养虾。

铺设地膜的虾池,单池面积2~15亩,池深2.5 m,水深1.8~2 m,堤坡度为1∶1.5,池底要夯实,地膜厚而坚固,接口以缝纫机缝合(人工热黏合),铺满整个池底,并在池堤上压固,且与池底的增氧机水泥座充分黏合、封闭,严防漏水。膜上不放置任何物品,施肥后,藻类可长在膜上,形成藻床,使对虾生长良好。地膜式虾池排水可以虹吸法将老水连同污物排出。

精养池的进水要经过严格处理。应设蓄水池,蓄水池具蓄水、沉淀、生物净化等多种作用。蓄水池对控制虾池环境十分有利,在水质不稳定或间歇供水的地方尤其重要。精养蓄水池蓄水量应达到全部养殖所需水量的30%以上。提水设备的功率要求能在4~6小时内把蓄水池注满。设置较大的蓄水池是预防病毒性虾病的重要措施之一。

供水渠道容量宜大些,可使水在供水渠道里得到沉淀、净化,浮游生物在其内繁殖生长,化肥或生石灰等也可在渠道中使用。尤其是当蓄水池水情有变,不宜使用时,水渠可起到临时蓄水池的作用。也可铺设大口径水泥管道,从低潮区将海水引入岸边的大口贮水深井,再用水泵将海水提到进水渠道。供水渠道的高程应适当高些,以使海水自流入虾池。排水渠道应比虾池最低点低30~50 cm,以便自流排水。废水最好经过处理后再排出虾场。可建废水处理池,其面积一般为养殖池面积的8%~10%。

2. 虾池改造

近年来病毒性虾病的大量蔓延,使我国已经开发的大量虾池及所确立的面积30~50亩、每亩产虾100 kg左右的半精养模式经受严峻的考验。虾农根据各自的情况,在原建的虾池上调整了养虾技术,创造了新的经验。有的保留原虾池设施不变,适当降低了集约化程度,采取少放苗,少换水,少投饵,乃至人工生态系的养殖方式,降低成本,提高了效率,减少了病害的发生;有的走集约化的路子,把大池改小,以充氧代替部分换水,加大投入和管理,高投入、高产出。

在虾池改造中多采取以下措施:一是适当减少实有

养虾面积,在原建的虾池中增大蓄水面积,拿出部分虾池作为蓄水池,蓄存、稳定和净化水质,供养虾使用。二是将原来的虾池分隔改造,大改小,浅改深,增设充氧机,变半精养为精养。三是改善虾池周边环境,进、排水进一步分开,并增大储水面积。有条件的要做好排污处理。将排出的污水集中,沉淀消毒处理后排出场外。水源缺乏的地方,废水经处理后可引入蓄水池,建立封闭式循环水养虾模式。四是充分挖掘淡水水源,利用一次提前储存的海水或盐碱地地下渗出的高盐水,加淡水逐渐淡化,以供养虾使用。淡水可利用河水、水库水或地下井水。使用前必须进行严格勘查分析,避免造成污染。

3. 蓄水池

蓄水池为存储养殖用水之用,经沉淀、净化,降低病原微生物及病原体数量,改善水质的物理、化学和生物因子参数,使其达到对虾需要的养殖池用水标准。当水源水质经常发生变化,如水源水质较差,水源水供应较为困难,需要调配盐度或采用循环用水,蓄水池更是必需设施。通常蓄水池水容量为总养殖水体的1/3。为处理水方便,3～5个养殖池可配备一个蓄水池。蓄水池尽量采用纳潮方式进水,以节约能源。但也应有提水设备,这是为了增加可纳水的时间,尽可能多纳入水质较好的水,提高水位。蓄水池内可放养少量滤食贝类、鱼类,适当繁殖水草、挺水植物等。在疾病流行期,蓄水池进水后应先用消毒剂处理。蓄水池必须有排水闸,保证能完全排干,以利每年清污消毒。蓄水池应设渠道或管道与养殖池相通,用水泵向养殖池供水,水泵的功能应与渠道或管道配套。

4. 养殖废水处理池

如果采用循环用水方式,养殖池的水排出后,应先进入处理池,经过净化处理后,再进入蓄水池。采用有限水交换系统用水,养殖后的废水,应经处理池净化处理后,排入排水沟。

5. 设置防蟹屏障

在滩涂蟹类比较多的地区,为防止携带白斑综合症病毒的蟹类进入养殖池传染病毒,可在每个养殖池堤上,围置高 30~40 cm 的光滑塑料膜或薄板或密网,作为防蟹隔离墙。

(三)养殖用水及养殖程序

1. 养殖用水

现在一般养殖模式是放苗前向养殖池注满清洁的基本上没有病原的或经消毒清野处理的养殖用水,在放苗后的养殖过程中不再进行大水量交换。养殖用水流程为:水源——蓄水池——消毒过滤——养殖池——废水处理池——海域。养殖前期、中期不换水,为保持水位,只添加水、不排水。力求使用水质调控技术,如使用增氧机、水质改良剂、有益微生物和调控单胞藻类等措施,保持良好稳定的水质。如水环境恶化,必须换水时,使用蓄水池储存的水,少量添加,少量排放,每天换水不超过 10%。养殖排、换水最好是和处理池、蓄水池相配合,循环使用排出的养殖池水。养殖用水要经过蓄水池沉淀、净化处理,或根据养殖使用水源状况作物理、化学等不同方式处理后,循环使用。经济简单循环式用水模式的流程为:水源——蓄水池——消毒过滤——养殖池——沉淀池——生物净化——消毒——过滤——养殖地。

在盐度较低的海区,可利用冬季病原微生物比较少的时候储存海水,在蓄水池长期沉淀净化。放虾苗前,如盐度不超过32可作为养殖用水。如养殖水源的海水盐度在30以上,为预防长期储存盐度升高,可在养殖对虾放苗前一个半月,将蓄水池清池后,纳满海水,经过两周以上净化,供养殖池使用。在地表淡水丰富的地区,可利用淡水调节养殖用水盐度。在养成期使用低盐度水,有利于预防对虾白斑综合症。

2. 养殖程序

对虾养殖周期一般需要5个月左右。基本养殖过程为:水进入蓄水池,经沉淀、消毒、过滤后,进入已消毒的养殖池,首先肥水繁殖基础饵料,然后放苗,经过70~120天养殖,即可收获。收获时排出的养殖废水,经沉淀净化处理达到排放的水质标准后,排入海区。准备进入下一个养殖周期,首先将收虾后的养殖池内积水排干,然后封闭,清除养殖场、虾池的污物及杂物,维修堤坝、渠道、闸门等,清洗虾池底表泥沙并翻晒池底,进行养虾池消毒后,再开始养殖。

(四)放苗前的准备工作

1. 池塘的清整

(1)清淤:除新建池外,所有虾池(包括蓄水池)都要清淤。在收虾结束后将水排干,普查池底情况,曝晒一段时间后(表层干硬龟裂即可),采用机械或人力将淤泥清走。

(2)清理池底:清淤后用人工方式将池子耙一遍,然后进一层水(盖过全部池底),放置3~5天后放掉。随后采用边进边排并同时用人工耙底土的方式进行清理作业,使池底剩余的污物随水流出(有条件的地方也可采用放开闸门,自然潮汐冲洗的方式,可节省人力)。同时,进行池坝、投饵台及进、排水口处的整修工作。池底清理完

毕后,放水晒池,直至放苗前一个月。

对于酸性土或潜在酸性土的池底,必须对土质进行改良。

(3)药物清塘:经修整后的池塘,还必须进行清塘消毒,以杀灭凡纳滨对虾养殖的病原体和敌害生物:①捕食性动物,如凶猛鱼类及大型甲壳类等;②竞争性生物,如争食性鱼类、小型甲壳类及争夺养分和生存空间的丝状藻类、水草等;③致病性生物,如细菌、真菌、病毒及病毒的中间宿主等。

药物清塘的时间一般在放养前30~40天进行。

目前,生产中常用的清塘药物有生石灰、含氯消毒剂(漂白粉、漂粉精和次氯酸钠等)、茶籽饼、鱼藤酮等。水草特别多的池塘,也可采用除草剂清塘。

1)生石灰清塘:生石灰不仅能杀死杂鱼、杂虾、病菌及寄生虫,而且可改良池塘底质,是一种很好的清塘药物。清塘时使池塘水深保持在5~10 cm,每立方米水体用优质石灰375~500 g,可干撒,也可用水化开后趁热全池泼洒,凡在最高水位线以下的池堤处都要泼到,并要泼得均匀。最好在泼后第二天再用耙子将塘泥和石灰搅和一遍,以充分发挥石灰的作用。休药期为7~10天。

2)含氯消毒剂清塘:含氯消毒剂对于原生动物、细菌有强烈的杀伤作用,故可预防疾病,并可杀死鱼类等敌害生物。使用时加水溶解,然后全池泼洒,泼洒方法同生石灰。使用用量为15~20 mg/L(有效氯)。休药期为1~2天。

3)茶籽饼清塘:其主要杀伤鱼类及贝类等,使用时将茶籽饼粉碎后用水浸泡数小时,按每立方米水体15~20 g的用量连水带渣全池泼洒,1~2小时即可杀死鱼类。

休药期为2～3天。

4)鱼藤制剂清塘:鱼藤制剂内含有的鱼藤酮对鱼类有强烈的毒性,对甲壳类毒性却甚微。

A. 鱼藤酮乳油,又称鱼藤精,清池一般用含鱼藤酮5‰的鱼藤精,每立方米水体施药1～2g。但由于该药有效成分不稳定,陈旧药品药效下降,因此,使用前应进行药效试验,然后决定用量。

B. 鱼藤根粉,其含4％～5％的鱼藤酮,清池时每立方米水体用干粉4～5g,稍经浸泡后连水带渣一同撒入池中。本品价格便宜,保管及使用都较方便,是较理想的清池药物。同时,鱼藤的鲜根也可用于清池,并且效果比干根还要好,小根比大根效果好。使用时应将根切成小块,在水中浸泡,边泡边砸,砸过再泡,使鱼藤酮尽量浸出,1～2天后把溶液洒于池中。每立方米水体用量,鲜根比干根要酌情增加。

药物清塘还应注意以下事项:①先进水30～40 cm深,放置3～5日,使池底存留物质(包括处于休眠保护状态的动植物)被海水充分浸润;②清池应选择在晴天上午进行,可提高药效;③清池前要尽量排出池水,以节约药量;④在虾池死角、积水边缘、坑洼处、洞孔内亦应洒药;⑤清池后要全面检查药效,如在1天后仍发现活鱼,应加药再清,注意药性消失时间,并经试验证实池水无毒后再放虾苗。

2. 进水及饵料生物的繁殖

清塘药性消失后,就可开闸进水。为防敌害生物入池,需用80目筛绢滤水。注入塘内的水,应未受污染,不含有害元素,盐度为16～34,pH值为7.8～8.6,溶解氧在5 mg/L以上,进水水深为70～80 cm。有条件的应对入

池后池水,用含氯消毒剂等消毒处理,以杀灭水中病菌。

池塘进水后,还需施肥培育饵料生物。实践证明,施肥培养饵料生物并在池塘中移植桡足类、端足类(如蜾蠃蜚)、藻钩虾、拟沼螺、伪才女虫、卤虫等,可大大提高凡纳滨对虾的苗种成活率,并可降低养殖费用。因此,饵料生物的繁殖是凡纳滨对虾养殖中一项重要技术措施。

基础饵料生物是指养虾池内自然生长以及人工移植后繁衍的各类对虾饵料生物的总称。通过采取向池中施肥、添换水、投喂一定食物等手段,创造有利条件,促进这些生物不断繁殖、生长,通常称为基础饵料生物的培养。在基础饵料生物移植前,需对饵料生物进行检测,检测呈阴性的物种再移入池中培养。在养虾池中提早培养基础饵料生物,是充分利用池塘的生产力,解决对虾前期饵料,降低生产成本,促使对虾快速生长和减轻水质污染,预防虾病发生的一项十分重要的技术措施,也是养虾生产中不可缺少的工艺环节。基础饵料生物可分为浮游生物和底栖生物两大类。前者主要是浮游植物、滤食性桡足类、卤虫、各类无脊椎动物幼虫、箭虫等;后者主要包括多毛类(如沙蚕)、端足类(如蜾蠃蜚)、有孔虫和微小型底栖生物群落等。

繁殖饵料生物的时间一般从放苗前1个月左右开始,也可根据当地水温高低、水体的"肥瘦"情况及饵料生物的繁殖特点等灵活掌握。目前采用的方法一般是在清池后首先进水60~80 cm深,而后向水中施肥,促使单胞藻类及桡足类等浮游生物迅速繁殖。放苗时,使池水透明度稳定在30~40 cm,水色呈黄绿色或黄褐色等。肥料有发酵的鸡粪、牛粪等有机肥和硝酸铵、磷酸二氢钾等无机肥。新建的虾池,以施有机肥为主,每亩可施20~30

kg。宜分2～3次投入(施前需经过充分发酵,以免污染池底)。老虾池则以施化肥为主,每平方米每次施氮肥为2～4 g、磷肥0.2～0.4 g,前期每2～3天施肥一次,后期7～10天施肥一次。当池水透明度小于30 cm时,停止施肥。有机肥具有肥效发挥慢,但肥效期较长的特点。无机肥虽然肥效快,但肥效期较短。因此,为了保持池内水色的稳定,可采用有机肥与无机肥相结合的施肥方法。

值得指出的是,虾池中繁殖的单胞藻类有些可被对虾直接摄食利用,同时在养殖过程中也始终起着非常重要的作用。其好处至少有三:首先是单胞藻类可直接利用太阳能进行光合作用,将营养盐等无机物转化为有机生物被浮游动物等所食,而这些动物又是对虾的优质饵料;其次是可吸收氨氮和二氧化碳等代谢产物,放出大量氧气,增加池水的溶氧量(通常虾池水中溶氧含量的90%左右是由单胞藻类产生的),改善池水环境,这是对虾赖以生存和旺盛生长的重要保证;第三是减少池水的透明度,为对虾的栖息与生长创造比较安静的隐蔽环境等。陈马(1992)报道,金藻还可抑制弧菌的生长。因此可以说,进行光合作用的单胞藻类,是养殖池内维持生态平衡、改进环境质量和提供其他饵料浮游动物营养所必需的,池水中维持一定密度的单胞藻类对养殖有利。一般认为透明度保持在40～50 cm比较适宜。但在不少海域,由于富营养化等原因,海水内单胞藻类的组成和比例发生了很大变化,有时候有毒的赤潮种类——甲藻类的裸甲藻、膝沟藻等会占有优势,它们对养殖对虾有毒害作用。因此在纳水时,特别是首次纳水时一定要提前做好海水生物构成的监测,防止盲目进水。一旦它们在池内形成优势,必须将其排掉,重新纳水施肥,培养有益种类。

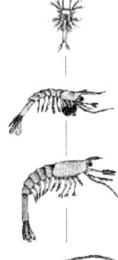

池水的颜色和透明度常作为反映浮游生物组成和生物密度以及海水质量的标志,例如硅藻类为优势种时,水体常呈褐色或黄褐色;绿藻类为主时呈鲜绿色或黄绿色;金藻类为主时则呈金黄色。这些颜色通常被认为是较好的水色,应通过施肥和添换水等措施加以维持。施肥量和进水量的大小及次数,生产中主要根据水色和透明度适当加以调节,一般宜少量多次。不同的单胞藻类的生长繁殖速度与水体内的氮、磷比例有密切关系。如一般认为氮磷之比为(20～30):1时能促进硅藻类的大量繁殖,而1:1时则能促进鞭毛藻(包括有毒甲藻)的繁殖。为了防止后一种情况的出现,在施肥时磷的比例不宜过大。如果施肥繁殖后正常的水色突然变清,或出现异常水色,可能是由于繁殖过度,环境变恶,有些单胞藻类死亡下沉所致,此时应彻底更新池水,重新施肥繁殖。也可从邻近水色较好的池塘分水接种以缩短培养时间。

对于凡纳滨对虾的淡水养殖,应选用淡化至盐度为1～3甚至盐度为1以下、体长1 cm左右的虾苗,对池水最好进行矿化处理适当调节盐度。且放苗前最好试水。

3. 底质改良

养虾先养水,养水先养土。众所周知,只要养虾,虾的排泄物、残饵和生物尸体就不可避免地积聚池底。随着工业污水、生活污水的排放,养殖海区的富营养化,也使池底容易污染。加上长期的养殖,抗生素类药物和各种消毒剂的广泛使用,也容易造成污染。以上污染源的存在,以及养殖时间的延长,底质污染就越来越严重,养虾就越来越困难。新开挖的虾塘,往往第一年养殖成功,但到了第二年,或以后的时间,发病率就越来越高,底质污染是重要原因之一。

20世纪90年代初以前,养虾的水是采用大排大灌的方法,只要有潮水进塘,每天都实行排水和进水,投喂的饲料也是鲜杂鱼虾之类饲料,养虾也取得成功,虾病流行危害程度小。但至今天,情况却完全不同,如果现在养虾也是采用以上方法,多是要失败的,因为现在的底质和水质等与当年完全不同。

以改良底质为中心的水质管理,是当今养虾的最关键技术之一。虾池水质的变化,通常由底质变化引起。水质变坏,首先表现在池水中有毒物质,如氨氮、硫化氢和亚硝酸盐等含量的增加,pH值和生物耗氧量超出正常范围,溶解氧下降,饵料生物数量减少,有害生物如夜光虫、鞭毛藻数量增加。产生以上现象的根源是池底有机物沉积过多,因得不到充分氧化而产生有害物质。换水只能改善池水,而不能改善底质和消除产生有害物质的根源。改善水质首先要减少有机物的沉积,增加溶解氧,逐步消除沉积物。

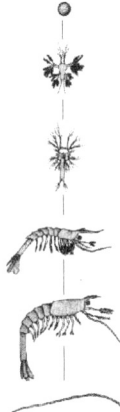

以往改良底质的方法通常是使用各种消毒剂和抗菌素药物,而且用药量越来越大,但对改良底质和防治病害发生,作用不大。这是因为这些药物不仅将有害的病毒病菌杀死,而且会把有益微生物杀死。因为虾在健康状态时,在其内外环境中存在着一个相对稳定的微生物优势种群,组成正常的微生物群,既参与宿主的"生理系统"活动,又能很好地促进有益菌的生长,抑制有害菌的增生,形成抵御致病菌的第一道防线。此种状态的"合理共存",同时又受生态环境中诸多理化因子和致病因素的影响。在常态下,虾、微生物和生态环境三者构成一个"动态平衡",在一定的范围内,此种平衡有相对

稳定性，虾不易发病。而使用上述药物后，水体、虾体表及体内有益微生物遭到破坏，降低或失去免疫力，病原体便突破这道"防线"，侵入体内，导致虾发病。

随着科学技术的不断发展，现代改良底质的方法，多是利用微生态学原理，使用新型的微生物制剂。目前在市面上使用最多的是光合细菌和微生物制剂。光合细菌放在虾塘中，能迅速消除水体中氨氮、硫化氢、有机酸等有害物质，改善水体质量，平衡酸碱度。微生物制剂包括枯草芽孢杆菌、地衣草芽孢杆菌、蜡状芽孢杆菌、巨大芽孢杆菌、多黏芽孢杆菌、乳酸杆菌、乳链球菌、假单胞杆菌、亚硝化单胞菌、硝化杆菌、硫杆菌等，是能利用有机物而对对虾无病原性的有益细菌。有益性细菌进入虾池以后，发挥其氧化、氮化、硝化、反硝化、硫化、固氮等作用，把虾的排泄物、残存饲料、浮游生物残体等有机物迅速分解为二氧化碳、硝酸盐、磷酸盐、硫酸盐等，为单胞藻类提供营养，促进单胞藻类繁殖和生长，同时自身迅速繁殖而成为优势菌种，抑制病原微生物的滋长。单胞藻类的光合作用又为有机物的氧化分解、微生物的呼吸、虾的呼吸提供氧气。循此往复，构成一个良性的生态循环，使虾池的菌相与藻相达到平衡，维持稳定水色，营造良好的水质条件。

有益细菌进入池塘中形成优势种群才能发挥其独特功效。一般在肥水时开始投第一次，每次一般为每亩施 1 kg，以后每隔 15～20 天投 0.5 kg，在收虾前 15 天停止投放。在投放时应注意的是，它是有生命力的活性微生物，若池塘消毒时，应在施消毒剂后 5～7 天再投放。在特殊情况下，例如虾有病，需要施消毒剂，在使用消毒剂后 5～7 天补施一次，以维持池中有足够的有益细菌,维持水中的生态平衡。有益细菌使用时应开动增氧机搅水 2～3 小时,以使其均衡分布,利于培养优势菌种。

(五)放苗

1. 放养密度

凡纳滨对虾全年可以育苗,因此可以根据当地气候条件选择合适的放苗时间。放养密度因池塘条件而异。通常如下:

中间培育池的放养密度为 1 cm 的虾苗 300 尾/平方米。

半精养池的放养密度为 2 cm 的虾苗 9～15 尾/平方米。

精养池的放养密度为 2 cm 的虾苗 50～60 尾/平方米。条件好池子放养密度可适当提高,可达 75～90 尾/平方米。

放养密度与养殖成活率和产量关系密切。Willams 等(1996)在室内半封闭的循环系统水槽中研究了放养密度对凡纳滨对虾成活和产量的影响,见表 1-7。结果表明,凡纳滨对虾的放养密度与生长呈负相关,其出池时的体重(Y)与放养密度(X)间的关系式为

$$Y = -0.00717X + 7.39$$

式中,Y 单位为 g,X 单位为尾/平方米。

表 1-7　不同放养密度下的凡纳滨对虾的生长、成活和产量

密度 (尾/平方米)	凡纳滨对虾			
	末体重(g)	增重率(%)	生物量(g)	成活率(%)
28.4	7.28	5 968.5	34.8	95.0
56.8	6.97	5 710.5	64.4	92.5

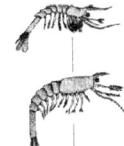

(续表)

密度 (尾/平方米)	凡纳滨对虾			
	末体重(g)	增重率(%)	生物量(g)	成活率(%)
85.2	6.57	5 372.5	63.9	95.0
113.6	6.75	5 524.8	127.9	95.0
170.4	6.09	4 974.3	163.2	89.0
227.3	5.78	4 717.8	188.5	81.3
284.1	5.38	4 382.8	222.0	82.5

凡纳滨对虾初体重为 0.12 g,饲养时间为 49 天,水流速为 2~3 L/min。引自王吉桥等(2003),略修改。

2. 虾苗质量

应挑选体长 1 cm 以上、活力强的健康幼虾作为苗种。在选购虾苗时,可从以下几个方面对虾苗的质量做简单的鉴别:

(1)选用不带病毒的虾苗。据张吕平等(2004)报道,2001 年 2 月至 2002 年 6 月,华南沿海凡纳滨对虾虾苗带 WSSV 病毒率 31%,带 TSV 率为 46.7%,因此,最好能将虾苗送有关部门进行检测,选用不带病毒的虾苗。

(2)发育状况。品质好的虾苗大小均匀,身体粗壮,无畸形。品质差的虾苗大小差异悬殊,身体消瘦或明显弯曲。

(3)活力情况。健康的虾苗活力强,沉底性及附壁性好,无侧倒现象,流水状况下自主性好。不健康的虾苗活力差,有侧倒现象或游动异常,自主性差。

(4)体色。健康的虾苗身体透明,体表光洁,肝胰脏颜色淡黄。不健康的虾苗体色异常(发红或白浊),肝胰脏颜色苍白或深黑。

(5)摄食情况。健康的虾苗肠道粗壮,无间断。不健康的虾苗肠道较细,有间断。投放少许饵料时,健康的虾苗反应敏捷,有抢食现象,不健康的虾苗反应不敏捷。

(6)耐干力情况。从育苗池内随机取出若干尾虾苗,用拧干的湿毛巾将它们包埋起来,10分钟后取出放回原水,如果虾苗存活,则是优质苗。

一般育苗场出售的商品虾苗均为小苗,最好经过暂养使其体长达到2～3 cm后再放于养殖池中进行养殖。

3. 虾苗运输

短途采用敞口帆布桶,桶内装育苗用消毒海水1/3深,可加入1～2 g/m³的抗菌素。一个0.1 m³容量的帆布桶,在不充气时可装1 cm体长的虾苗10万尾,如果充气可以加倍。水温约23℃时,6小时内成活率几乎达100%。

长途运输用聚乙烯薄膜袋。一个容量10 L的袋内装消毒新鲜海水2 500 mL(占容积的1/4),可加抗菌素0.5～1 mg/L,充氧7 500 mL(占容积的的3/4),放0.8～1.0 cm的苗种5 000～10 000尾,扎紧。气温23℃上下,10小时成活率几乎达100%。

4. 虾苗计数

(1)带水容量计数法:将虾苗集中在已知容量的大桶内,加水至预定刻度,将虾苗搅匀后迅即用已知容量的烧杯自水中层(或不同位置)取样3杯计数,根据容器与取样水量之比求出全桶的虾苗总数。

(2)无水容量计数法:利用带有小孔的专用计数杯计数。方法是先将虾苗集于网箱或小水槽内,计数时用捞网捞取一杯虾苗,计数其虾苗数,为准确可连取三杯,求出每杯的虾苗数,再以此杯为量具,量出所需的虾苗数。

我国南方多采用此法。

(3)带水重量计数法:定量前先取 10 g 左右的虾苗,计数计算出每克的虾苗尾数。计数时可用容量 10 kg 左右的水桶带水称取 5~8 kg,再用捞网捞取虾苗,沥去水分,倒入桶内,称取重量,减去桶及水重即为虾苗重量。根据所取样标数,计算出全桶内虾苗数。

(4)无水质量计数法:先称取一定质量的虾苗,用湿毛巾吸去水分,计数。然后用同样方法称出全部虾苗的质量,计算出虾苗总数。此法多用于较大个体的虾苗计数。

5. 虾苗入池

凡纳滨对虾的幼虾从高温向低温、从低盐向高盐突然转移的适应能力较弱,因此要提前调节水温和盐度。购苗单位应提前向育苗单位提出购苗计划,提供欲放苗池的水温、盐度和 pH 等情况,育苗单位应据此在仔虾期逐渐调节。由于育苗单位与购苗单位的地区差别,育苗单位对水温、盐度的调节不能够完全满足购苗单位的要求,所以运苗时也要注意调节温度,运到目的地后可以采用逐级换水法调节。最后,海水养殖放苗时温差不超过 2℃,盐度差不能大于 5,pH 应相对稳定。

对于淡水养殖,育苗场要杜绝在凡纳滨对虾出售的 3~5 天内以每天 5~8 甚至更高的梯度递减盐度至 1~2 后,便作为淡化苗出售给养殖业户,因为这种苗的放养成活率较低。通过凡纳滨对虾的苗种淡化试验得出,幼体淡化盐度幅度不宜过大。盐度在溞状幼体期不应低于 25,糠虾期不宜低于 20,仔虾期盐度以每天 3 的幅度淡化效果较好。在淡化过程中,凡纳滨对虾在盐度 5 向 1 的过渡过程中,淡化幅度宜低不宜高,否则死亡率很高。养殖业户在选购淡化虾苗时,应选择在盐度 1 以下水中稳定培育 3 天以上的虾苗用于养殖。否则,必须在暂养池或养殖池中加入出盐前的卤水或海水素(精)调节适宜的盐度。

放苗时要选择风和日暖、水温高于 18℃ 的天气,在上风方向使虾苗缓缓进入池水中。

(六)中间培育管理

用于中间培育的虾池应配备足够的充氧保温设施,管理技术参照养成期并采取比养成池严格的管理方式。具体为:

(1)放苗前的消毒要注满水进行,加入漂白粉,使其浓度为 50 mg/L,浸泡 2~3 天。

(2)消毒后用 80 目筛网进水。有条件的可在进水口处设置消毒装置,用碘消毒剂或含氯消毒剂对海水进行消毒,经监测药效消失后接种单胞藻。

(3)移植饵料生物时要注意选择品种,不要带入个体较大的动物和鱼卵。如果当地此时自然海水中无合适种类应该人工繁殖一些放入,饵料投喂前必须进行严格的检疫。

(4)投喂优质饵料。每日 6~8 次,日投喂量(以鲜重计)为对虾体重的 150%~100%。凡纳滨对虾的幼虾对饵料的蛋白质要求高于成虾,因此要投喂专为幼虾制造的配合饵料和确定无病毒感染的鲜活饵料。

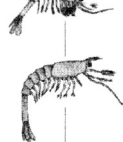

(5)加强水质管理,根据水质监测报告和池内生物组成情况及时调节水质。采取的方式包括换水、充气、投放水质保护剂和益生菌等。

(6)中间培育池出苗后应重新清池消毒,才可用于继续培养虾苗。

（七）养成期管理

1. 水质管理

（1）水质监测。在良好的水质条件下，凡纳滨对虾摄食旺盛，发病率低，生长快；而不良的水质致使凡纳滨对虾摄食量下降，甚至停止摄食，并助长细菌繁殖和有毒物质的积累，引起虾病发生。水质严重恶化时还能造成凡纳滨对虾大量死亡，导致养殖失败。因此，水质管理是凡纳滨对虾养成不可忽视的一项重要工作，是养殖产量高低和成败的关键。

1）池塘的补偿深度：由于光照强度随水深的增加而迅速递减，水中浮游植物的光合作用及其产氧量也随之减弱，至某一深度，浮游植物的光合作用产氧量恰好等于浮游生物（包括细菌）呼吸的消耗量，此深度即为补偿深度，此点的辐照度即为补偿点。补偿深度以上的水层称为增氧层，补偿深度以下的水层为耗氧层。补偿深度的日变化与空气辐照度有密切关系，晴天补偿深度最大，阴雨天最小（浅），精养池塘的补偿深度一般不超过 1.2 m。在未有垂直动水设备的池塘，从光线在水中的透光率和补偿深度的观点来看，池塘过深是没有益处的。

2）池水的上下运动和分层：池塘海水有混合和对流的运动。由于这种运动，促使水的上下交换，有利于池塘的物质循环和水生生物的生存，可防虾的缺氧浮头。引起海水运动的能源主要是风力和温度。温度使池塘海水产生上、下层的密度差，形成池水的对流。风力除了产生波浪向池中充氧外，还可使池水上、下层混合，把上层丰富的溶解氧传向底层。其混合作用的大小与风力、池向、池塘大小、堤坝高低等因素有关。

在海水池塘中，由于某些物理或化学因素，有时降雨后会出现池水分层(呈层)现象,即雨水在上层,海水在下层,混合很慢,甚至两种水之间出现明显的界面,阻碍了水的混合。这种情况是很危险的,常会因底层缺氧而使水中生物死亡。无风地区和小池塘容易发生此情况,应严加注意。为了加强池水的上下对流,防止池水分层,在池内使用增氧机搅水是非常必要的。

3)水温:凡纳滨对虾最适宜的水温范围是 25℃～32℃,为了能保持合适的水温,必须根据当地季节特点,合理安排好养殖的生产季节。一年养两茬的话,第一茬可以在 3～4 月份放苗,6～7 月份收获;第二茬在 7～8 月份放苗,10～11 月份收获。一年养一茬的话,可以在 5～6 月份放苗,8～9 月份收获。水温低于 15℃时,凡纳滨对虾不摄食,不生长。在养殖过程中,注意天气预报和天气变化,要做好水温的调控,并于每天的上午 6～7 时和下午 4 时各测量水温一次,如发现异常应及时采取措施。

当虾池出现高温时,可采取以下措施进行调节。一是提高虾池水位至 1.5 m 以上,保持虾池底层较低温度。二是增加排水量,并使池水流动,以扩散热量,每天应换水 1/3 以上。在水温高峰期,应及时交换池水,并将虾池排水闸的底闸板提起 5～10 cm,使之一边进水,一边少量排出底层水。这样既可以使虾池底层保持较清洁水环境,又可以通过池水的流动达到散热降温的目的。三是准确掌握投饵量。投饵后,应注意观察和检查,尽量做到投饵量适当,以免投饵过多,造成池底积累残饵,使水质受污染。

当水温降至对虾忍耐力以下时,也应早采取措施进行调节。一是提高虾池水位至 1.5～1.8 m,减少气温的影响,提高虾池保温能力。二是如果虾池水质较好,在满

足对虾生长需要的前提下,尽量降低排水量,减少池水散热,力求保持恒温。三是注意观察对虾摄食情况,确定合适的投饵量,防止投喂过剩。

4)溶解氧:池塘中溶解氧的来源是通过换水、空气溶入及浮游植物的光合作用三个途径取得的。在半精养池塘中主要是靠植物光合作用供应,晴天时,浮游植物光合作用产生的氧可以占半精养池塘一昼夜氧总收入的90%,空气溶入仅占10%左右。在水温较高的晴天,光合作用所产生的氧气常使水中溶解氧达到200%的饱和度,所以白天不仅空气中氧进不到水中,而水中过剩的氧气还要向空气中逸散,只有到夜间光合作用停止时,水中耗氧因子消耗了水中的氧气,空气中的氧气才能溶入水中,而且在静水中仅溶于表层水中。换水也是只有海水中溶解氧高于池塘含量时,才具有增氧作用。但是,现在许多养殖海区的溶解氧含量比池内还低,在此情况下换水只能减少池水的溶解氧。

池塘中溶解氧消耗的因素主要是水中浮游生物、细菌和水中有机物氧化分解,亦称"水呼吸",一般可占水中溶解氧总支出的70%左右。如前所述,白天水中溶解氧过饱和时有一部分氧气还要逸散到空气中。再就是池底淤泥中有机物分解也要消耗大量的氧气,而虾所消耗的氧气所占的比率却很低。一个虾池在夜间各种耗氧因素所耗氧的比例是:凡纳滨对虾8.6%,其他虾类0.5%,各种鱼类6.7%,池底泥沙有机物分解14.8%,水呼吸69.4%。其中后两者在夜间12时的耗氧量高达85%,而凡纳滨对虾仅消耗8.6%。可见海水池塘虾所消耗的氧仅占很少的比例,大部分的氧气是被水呼吸消耗掉。

掌握池塘中溶解氧的变化规律是搞好对虾养殖的基

础。主要包括溶解氧的水平分布、垂直分布及昼夜的变化规律。溶解氧的水平分布与风向、风力有密切关系。风所形成的波浪和水花增大了空气与水的接触面积，促进了空气与水的气体交换，在水中氧气比空气中多时，风可促进水中氧气的逸散，又可促进上、下水层氧的传递。相反，当水中氧气不足时，风又可增加空气中氧向水中的溶散。所以，池塘中各处受风力影响不同，溶解氧的含量也不同，在一般情况下是下风处的氧气条件好于上风处，虾浮头首先出现在上风头附近。

池塘中溶解氧具有显著的垂直分布。主要是因为水中辐照度和浮游植物都有垂直的梯度变化，浮游植物主要集中在 1 m 以上水层，更加阻碍了光在水中的穿透，所以光合作用主要在 0.5 m 以上水层进行。因此，白天池水表层氧常常是过饱和，而底层由于光照不足及存在大量消耗氧气的有机物，所以氧气常很少，甚至接近于零。池塘中溶解氧的这种强烈的垂直分布，对属于底栖生物的虾类是很不利的。从这一角度来看，在静水池塘水过深是有害而无益的。但是，水浅，环境容量低，又不可能多放苗，产量难以提高，是一个矛盾。为了解决这一问题，加强换水和上下动水既可降低浮游植物密度，又增强底层光的辐照，并减少水中有机物的含量，是提高虾池产量的有效途径之一。

池塘中溶解氧的昼夜变化也是很显著的。随着光线的增强及辐照时间的延长，池中溶解氧在白天逐渐增多，夜间光合作用停止时则由于水呼吸及虾的呼吸，溶解氧又迅速下降，至黎明前往往降至很低，甚至造成虾窒息死亡。图 1-12 是 4 个养虾试验池的溶解氧昼夜变化曲线。

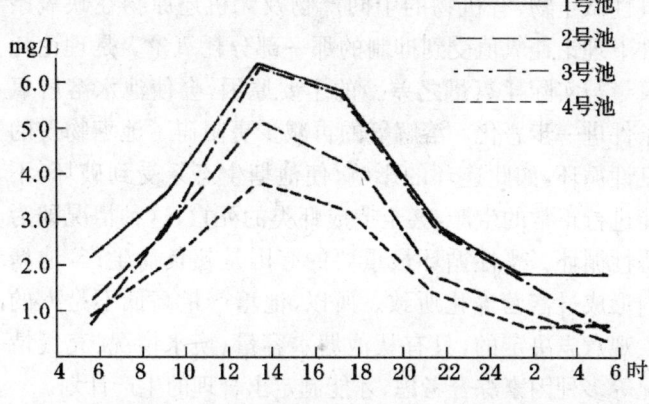

图 1-12　养虾池内溶解氧的昼夜变化（黄海水产研究所，1978）

　　水中溶解氧是虾类赖以生存的首要条件，它不仅影响对虾摄食率、饵料利用率和增重率，严重缺氧时还会引起缺氧死亡，造成对虾养殖的重大损失。在溶解氧不足时，水环境理化条件差，对虾体质下降，致使一些流行病暴发。

　　池塘溶解氧是促进池塘物质循环和能量流通的重要能源。池塘有机物分解成无机物主要靠好气性微生物，溶解氧条件好，好气性微生物才能大量繁殖，有机物的氧化分解也就随之加速。有机物分解的营养盐类又可促进浮游植物的大量繁殖，大量的浮游植物又可产生大量的氧气，再次加速了有机物的分解，促使了池塘能量流通和加快物质循环，这种循环称为良性循环，对池塘生产有利。反之，当池塘物质循环的某一环节受阻，如浮游植物因过量繁殖而大量死亡时，池塘中失去造氧因素，溶解氧降低，大量的有机物被厌氧微生物还原（发酵），产生大量中间产物，如有毒的有机酸等，它们对水生生物包括虾类都产生不良影响，而且许多中间产物也是形成氧债（指好气性微生物、有机物的中间产物及无机还原物在缺氧条件下理论耗氧值受到抑制的那一部分耗氧量。是理论耗氧量与实际耗氧量之差。)的主要原因,会使池水溶解氧条件进一步恶化。溶解氧的再减少更阻碍了池塘物质的良性循环,如此连环的影响,使池塘生态系受到破坏,不能进行正常的生产,甚至造成虾类的死亡,这种情况即为恶性循环。恶性循环最重要的起因是超负荷生产,池塘内形成过富营养化所致。所以,池塘产量高低不是人的主观意志决定的,只有从池塘水容量、换水情况、充气情况等多种因素综合考虑,才能制定出合理的生产计划。

凡纳滨对虾正常生长的池水溶解氧一般在 4 mg/L 以上。当水中溶解氧为 3 mg/L 时,凡纳滨对虾不会窒息死亡,但饱食之后会因溶解氧不足而吐出胃含物,污染水质。凡纳滨对虾窒息死亡与水温有关系,当水温为 25℃,溶解氧为 1.67 mg/L 时,虾尚无危险。当水温为 27℃,溶解氧为 1.6~2.0 mg/L 时,便会出现死亡。水温升至 30℃,溶解氧为 1.84 mg/L 时,死亡率可达 30%。而在多种因素影响下的虾池,其溶解氧的临界点更高,在夜间溶解氧降到 2.7 mg/L 时,也曾发生全池虾死亡的事故。

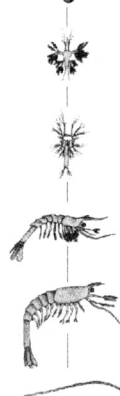

为了确保凡纳滨对虾生长过程有足够的溶解氧,必须采取下面的相应措施:一是合理安排放苗密度;二是根据放苗数量和虾的大小以及其他相关的因子,合理确定投喂饲料的数量,防止残饵过多而增加耗氧量;三是加强换水,通过灌入新鲜海水增加溶解氧,放养密度较大的虾池,中后期每天应换水 1/3~1/2;四是在多雨季节防止池水出现分层现象,若发现池水分层现象,可使用水车或其他工具搅动池水以消除;五是配置增氧设备,尤其是进行高密度精养时,虾池中一定要配置增氧机,一般的原则是

每亩配1台1.5 kW的增氧机,并最好安装水车式增氧机;六是使用增氧剂救急。当养殖池缺氧出现对虾浮头时,除了采取停止投喂饲料,增加换水量,使用增氧设备增氧等措施外,还可以使用增氧剂进行救急。

5)盐度:凡纳滨对虾最适盐度范围为10～35。在养殖中后期,如盐度过高,不利于对虾的蜕壳。而盐度骤降,也会对凡纳滨对虾造成不利的影响。在阴雨天,大量的降水使淡水浮于表层,常会出现池水分层现象,造成底层严重缺氧。因此,在养殖过程中,应加强观测,注意盐度的变化。每天上午和下午在测量水温时,应同时测量盐度。在养殖过程中应根据实际情况采取适当的措施来调节盐度。

要注意收听天气预报,做好天气预测。在暴雨到来之前,先将池水灌满,防止在暴雨时,因池水过浅,大量雨水把池水冲淡,导致池水盐度骤降。大量的雨水也会使虾池和进水渠道甚至海区的中上层水变淡,影响养殖池中对虾生长。进水时可以利用进水闸板截住中上层淡水,不让其进入虾池。排水闸则只开启上层闸板,让中上层淡水排出,而让下部闸板截住虾池下层盐度较高的水,不让其流出。也可发挥水车或其他搅水工具的作用,使上、下层水对流,达到消除盐度跃层的目的。

6)pH值:即酸碱度,是表示溶液酸碱性强弱程度的一个指标。pH值等于7为中性,大于7为碱性,小于7为酸性。大洋海水的pH值相当稳定,大都为8.15～8.25。但从事海水养殖的池塘,pH值变化较大,多为7.5～9.0,在特殊情况下可低于2或高于11。

在生物呼吸及有机物分解过程中,有CO_2的生成和积累,水的pH值将随之下降。所以,海水池塘由于浮游植物密度大,白天表层光合作用强烈,pH 值迅速上升,夜间由于浮游生物及养殖生物的呼吸作用而使池中 CO_2 增加,使 pH 值下降,形成较大的昼夜差。图 1-13 是 4 个精养池 pH 值的昼夜变化图。

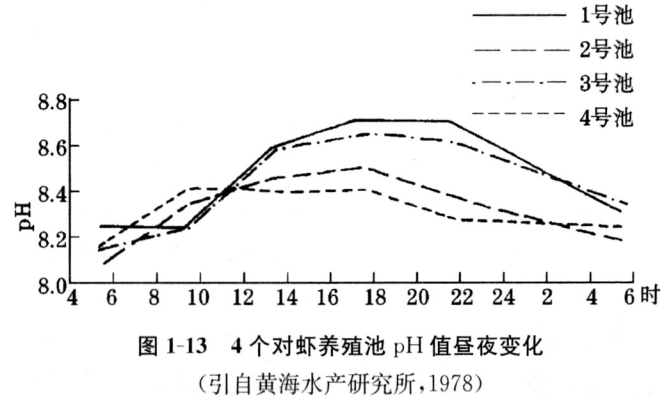

图 1-13　4 个对虾养殖池 pH 值昼夜变化
(引自黄海水产研究所,1978)

由图 1-13 中可看出:第一,不同池子的变化幅度不一样,主要是因为浮游植物密度不一样所致。第二,不管哪个池 pH 值的昼夜变化规律,其最低 pH 值出现在早上日出之前,最高 pH 值出现在下午日落之前,白天 pH 值逐渐升高,晚上逐渐降低。可以推知,由于浮游植物光合作用主要在中、上水层中进行,表层的 pH 值要高于底层。很显然,池水的碱度越小,水中光合作用与呼吸作用越强烈,则 pH 值的昼夜变化越剧烈。

底质也可以影响池塘 pH。如潜在酸性土壤在建池时含有 FeS_2 的土层,由其氧化生成的硫酸会不断溶入池水中,使池水 pH 值下降到 4 以下。另外池底有机物过多(如残饵、排泄物、生物尸体等)时,在分解过程产生有机酸而使 pH 值下降,特别是底泥和底层水,这对对虾也是

一个很大的威胁。

pH 是一个重要的水化及生态因子，对水质及水生生物有多方面的影响，可概括为两类。一是影响水中物质的存在形式及迁移过程。pH 的改变会使一些有毒物质变为无毒物质，也会使一些无毒物质变为有毒物质，而影响生物的生存。例如 pH 值升高，可使无毒的 NH_4^+ 向有毒的 NH_3 转化；反之，pH 值下降又可使无毒的 HS^- 生成 H_2S 而具有毒性。pH 变化还可以使 Cu^{2+}、Pb^{2+} 等重金属离子转以络合物存在或被胶粒吸附絮凝，减弱对海洋动物的毒性。二是 pH 超过一定范围时，也会直接危害凡纳滨对虾，例如酸性虾池，当 pH 值降到 6.5 以下时，会影响饵料生物褐苔和绿苔的发育。pH 值高于 8.7 时，会使对虾无节幼体死亡。在酸性水中虾类不爱活动，新陈代谢慢，摄食量减少，消化率降低，生长受到抑制，降低成活率。同理，pH 值高于 10 也会影响虾类生长。因此，在生产中为了使养虾用水的 pH 稳定在适宜范围，常需加 CaO 或 $NaHCO_3$、石灰石、珊瑚石粉等，加强池中缓冲系统的缓冲能力。

对池底土壤 pH 值较低的虾池，在放苗前应对养殖池底进行整治，使池底土壤 pH 值达到 7.5 以上，养殖过程中要勤换水，将池底浸出的酸性盐及时通过排水闸排掉。并视池水 pH 情况及时投放生石灰，一般每次用量为 20~25 g/m^3，混水后施用为宜。

7）水色和透明度：池水水色是水中浮游生物种类和数量及悬浮物质等的反映，虾池水质的优劣可根据其水色和透明度来判断，而虾池水色又是多种多样的，不同地区、不同底质、不同饵料，水色不同，即使同一虾池其水色也随季节不同而不断变化。有的水色对对虾养殖生产有利,有的则有害。因此,养虾者只有了解其产生变化的原因和规律,才能采取有效措施,调节好水质,以确保生产的顺利进行。

养殖池水要求水质和透明度相对稳定。水质应新鲜清澈,无异味,水质肥而不老、活而有度、爽而适宜。池水透明度养殖前期应控制在 30～40 cm,中、后期应控制在 50～60 cm。

好的水色有茶褐色、浅褐色、黄绿色和淡绿色。水的茶褐色主要是硅藻的大量繁殖所形成的,而浅褐色水含硅藻量比茶褐色水少些。在黄绿色水的养殖池中,含有较多的硅藻和绿藻;而淡绿色水中以绿藻为主。

不良的水色有黑褐色、酱油色、乳白色、清澈或浑浊。黑褐色、酱油色这类水色主要是由于投喂饲料过量,残饵太多,其溶出物使褐藻、裸甲藻等大量繁殖所致。尤其是大量投喂杂鱼的虾池,更易发生这样的情况。在这类水中,对虾常发生疾病,严重的可造成死亡。这种水的透明度越低,危险性就越大。乳白色是由于池中藻类突然死亡,细菌大量繁殖造成的。其分解产物是有毒的,透明度越低,对对虾危害就越大。清澈是由于浮游生物已经死亡,池水透明度高甚至可见池底,而浑浊是因泥浆和有机碎屑较多,这两种水色都不利于对虾生长,并容易使对虾患病。

8) 氨氮:氨及其衍生物是水中一重要生态因子。它们对水生生物既有有害的一个方面,又有有益的作用,养殖者的责任是在掌握其变化规律的基础上,因势利导,把生产搞得更好。

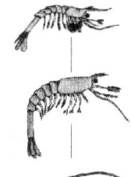

池塘中氨的来源有四个方面:含氮有机物分解产生;水中缺氧时含氮化合物被反硝化细菌还原;水生动物的

代谢产物一般以 NH_3 的形式排出；池塘施尿素后分解。氨易溶于水,在水中生成分子复合物 $NH_3 \cdot H_2O$,并有一部分离解成离子铵 NH_4^+,形成如下化学平衡：

$$NH_3 \cdot H_2O \rightleftharpoons NH_4^+ + OH^-$$

分子氨与离子铵的总和称为总氨。它们在水中可以相互转化,其比例数量取决于池水的 pH、水温和盐度。当 pH 值升高时,NH_3 增多。水温升高,NH_3 也相应增高,盐度升高,NH_3 含量略有下降。分子氨对水生生物是极毒的,而离子铵不仅无毒,还是水生植物的重要营养盐类。这主要是因为分子氨不带电荷,不受细胞膜电荷的排斥,很易穿透细胞膜进入细胞中发生直接的毒害作用。有报道,水中积累的氨(NH_3)会对养殖动物产生结构性和功能性的不良影响,损害气体交换作用,抑制基础代谢过程,使养殖生物生长速率下降,降低动物对环境的适应力、对污染的耐受力及减弱对疾病的抵抗能力,造成养殖对虾的死亡。邢殿楼(1998)曾介绍 1994 年 6~8 月,大连普兰店湾养虾示范区因纳进严重超标的高氨氮海水,导致病毒病爆发流行,对虾死亡。

不同温度、pH 及盐度情况下相当于 $NH_3\text{-}N\ 0.1\ mg/L$ 的总氨浓度,作为对虾养殖中对总氨的控制浓度,见表1-8。

氨与溶解氧相似,也有昼夜与垂直变化,这种变化在晴天尤为显著,这主要与池水溶解氧、水温、pH 有关。晴天中午前后表层非离子氨增多,底层由于有机物分解使 pH 值下降,分子氨达最低值,夜间由于表层 pH 值下降及对流等原因,上、下层水中非离子氨差大大缩小。所以,白天中午前后开机搅水也是避免氨中毒的一个有效措施。

表 1-8 不同温度、pH 及盐度中相当于 0.1 mg/L 非离子态氨的总氨值

盐度	24		27		30		33	
温度(℃) 总氨 pH	20	28	20	28	20	28	20	28
7.0	29.9	16.5	30.6	16.9	31.2	17.2	31.8	17.6
7.6	7.6	4.2	7.8	4.3	7.9	4.4	8.1	4.5
7.8	4.8	2.7	4.9	2.8	5.0	2.8	5.1	2.9
8.0	3.1	1.7	3.2	1.8	3.2	1.8	3.3	1.9
8.2	2.0	1.1	2.0	1.2	2.1	1.2	2.1	1.2
8.4	1.3	0.8	1.3	0.8	1.3	0.8	1.4	0.8

控制氨氮毒性主要有以下方法：

A. 合理放苗，适量投喂饵料。养虾池中的氨大部分由生活在虾池中的生物所产生的代谢废物及残余饵料所形成。对虾及其他生物密度越大，其产生的代谢废物或残余饵料越多，则池中氨的产生和积累也就越多。因此，要降低养虾池中氨的浓度，必须做到合理放苗，适量投喂饵料。

B. 适宜繁殖浮游植物。在浮游植物大量繁殖的养虾池，由于二氧化碳被大量吸收，池水的 pH 值常达到 9 以上，这就加剧了氨氮的毒性。因此，当浮游植物繁殖过多而透明度较低时，应采取措施进行控制。

C. 保持较高的溶解氧。当溶解氧降低时，硝酸氮会被还原为氨氮，从而增加氨氮的浓度，同时，溶氧量的降低也增加了非离子态氨的毒性。因此，保持池水中充足

的溶氧量,是减少氨的毒性的重要措施之一。

D. 加大换水量。按照养殖前、中、后期的基本要求进行换水,尤其是放养密度较大的养虾池,中、后期每天应换水1/3～1/2。对氨氮浓度已超标的养虾池,则应加大换水量。

9)硫化氢:硫化氢(H_2S)是在缺氧条件下,含硫有机物经厌氧细菌分解而产生的。在富有硫酸盐的水中由于硫酸还原菌的作用,使硫酸盐变成硫化物,再变成硫化氢。

硫化物和硫化氢都有毒性,而后者毒性更强。在酸性条件下硫化物大多以硫化氢的形式存在。在池底污染较重的夏季,池底不仅缺氧并有大量有机酸存在,使底层水缺氧并呈酸性,所以含硫有机物分解产物主要是硫化氢。

硫化氢在氧气充足时被氧化而消失,如底质或底层水中含有一定数量的活性铁,硫化氢会被转化为无毒的硫及硫化铁而沉淀。

硫化氢对虾类的毒性很大,但毒理作用尚不清楚,茂野(1975)研究证明,当水中硫化氢的浓度为0.1～2 mg/L时,日本囊对虾失去平衡,达4 mg/L时立即死亡。所以,养虾池内最好不存在硫化氢,为防止硫化氢的产生,应保持池底少受污染,保持池底有充足的氧气是一个重要条件。在池底污染的情况下,经常加入氧化铁能减少硫化氢的产生。养虾池中的硫化氢(H_2S)是由于池底积累了水生生物尸体、残余饵料和其他有机碎屑等有机物质化学还原而形成的。当硫化氢积累到一定数量时,底泥变成黑色,严重时还会散发出一种腐臭的气味。由于凡纳滨对虾主要生活在池底层,因此底泥或池水中积累的硫化氢对凡纳滨对虾有严重影响。

控制硫化氢毒性的主要方法有:

其一,合理放苗,合理投喂饵料,加大换水量,可以减少对虾池底部的污染,从而减少硫化氢的生成和积累。

其二,施用沸石粉、白云石粉或含铁的矿渣,减少硫化氢的生成。沸石粉、白云石粉可按 $20\sim30$ g/m³ 全池投放。

其三,使用高效优质饵料,减少水质污染,保持良好底质。

对于养殖池中的有机物污染问题,可向池内均匀泼洒一种或几种有益的微生物进行处理。近年来,我国山东等地进行用光合细菌净化养虾池水的试验,证明在虾池中以适当的方式投适量的光合细菌,对净化水质有明显的效果。

10)营养盐类:池塘中的营养盐类是池塘生产力的基础,生态系养殖主要是依靠池塘中或池水交换所带进的营养盐类。所以,池塘生产力的高低主要决定于该池塘及近海海水中营养盐含量的高低,营养盐含量高,生产力也强。但以投饵为主的精养池塘则主要靠人工投饵,天然生产力也就显得微不足道。投饵及养殖生物代谢产物会造成池水过肥,在此情况下,海洋环境中的水越瘦,也就是说营养盐越少越好。

营养盐种类较多,包括氮、磷、钾、钠、硅、钙、铁、碳以及微量的锰、锌、铜、钴、镁、铂等,其中氮、磷是限制因子。因此,氮、磷的含量是决定池塘生产力高低的一个重要条件。

氮是构成生物体蛋白质的主要元素之一。水中含氮化合物包括有机态氮和无机态氮两大类。有机态氮主要是氨基酸、蛋白质、核酸和腐殖酸等物质中所含的氮,可被某些藻类和某些生物直接利用。无机态氮主要有溶解氮气(N_2)、铵态氮(NH_4^+)、亚硝态氮(NO_2^-)和硝态氮

(NO_3^-)。溶解于水中的分子态氮(N_3),只有被水中的固氮菌和固氮蓝藻通过固氮作用才能转化为可被植物利用的 NH_4^+ 和 NO_3^-。一般浮游植物最先利用的是铵态氮,其次是硝态氮,最后才是亚硝酸氮。亚硝酸氮是不稳定的中间产物,它和氨氮对水生动物都有一定的毒性。所以,含氮化合物是池塘中不能缺少的物质,但过多又是一个不利因素。

磷酸盐是池塘中不可缺少的物质。磷是生物体不可缺少的重要元素,生物体内的核酸、核蛋白、磷脂、磷酸腺苷和很多酶的组成中都含有磷,它对生物的生长发育与新陈代谢都起着十分重要的作用,是重要的营养盐类。池塘中的磷的存在形式有溶解的无机磷、溶解的有机磷和颗粒磷三种形态。溶解的无机磷主要以 $H_2PO_4^-$ 和 HPO_4^{2-} 的形式存在。溶解的有机磷,如卵磷脂等,在水中可水解为磷酸甘油,进而再水解为无机磷酸或磷酸盐。颗粒磷酸是指悬浮于水中、颗粒状的各种磷酸脂,如多聚磷酸盐、羟基磷酸钙、浮游生物体内的有机磷以及被泥沙颗粒吸附的磷酸盐等。以上三种磷总称为总磷。但植物能直接利用的是溶解的无机磷酸盐(少数种类能利用多聚磷酸盐),故无机磷酸盐称为有效磷。

池塘中的磷主要由施肥、投饵、换水、动物排泄、生物尸体分解和淤泥中释放而来。水中磷的消耗除了植物吸收外,主要是土壤黏粒吸附、有机物质的螯合以及与水中钙、镁、铁、铝生成难溶于水的磷酸盐。水中有效磷的含量约为总磷含量的 0.16%。在水中磷的循环中,生物排泄起着重要作用,浮游动物每日摄取食物中的磷,有 54% 以活性磷的形式又排泄到水体中。

海水中的植物既吸收无机磷,同时也通过磷酸酯酶的作用吸收有机磷,植物细胞内的磷通过食物链传递给植食性动物和肉食性动物。通过动物的代谢活动,一部分直接以无机磷形式排入水中,另一部分可溶性有机磷和以粪块、外壳、尸体所组成的颗粒有机磷以及一部分植物死亡所形成的碎屑,它们经过水解及细菌的作用逐渐降解为无机磷又被植物利用,形成池塘中的磷循环。但是也有部分磷与钙结合形成永久性的沉淀,离开了磷循环。

碳酸盐类包括碳酸氢盐与碳酸盐。由于碳酸盐溶解度低,所以水中主要是碳酸氢盐。碳酸盐不仅是水中的营养要素,也是保持水环境平衡的一个重要因子。

对于地下卤水养虾,应注意钾、镁等离子含量是否适宜对虾养殖。王淑生(2001)介绍钾离子含量达到正常海水的1/4以上时可以进行对虾养殖。据生产实践,控制钾离子的含量为正常海水的1/3～2/3为好。根据海水常量组成恒定性原则(即不论海水中所溶解的盐类浓度如何,其中常量成分浓度间的比值几乎保持恒定),为减少调节钾、镁离子比值时的药品用量,可采取加注淡水降低池水盐度的办法。

11)植物组成及水色:池塘中的植物主要是浮游藻类和底栖藻类,有些海区的池塘还有刚毛藻、浒苔、石莼、沟草等,河口地区的池塘中甚至还有芦苇等淡水生物。优良的池塘是以浮游藻类为主体的。由于所处的地理位置不同,特别是温度、盐度、水深的差别,其优势种的组成不尽相同。

以微型蓝球藻类为优势种的蓝绿色或黄绿色池水。如直径仅2～3 μm 的蓝球藻、节球藻及平裂藻等为主体的池水,每毫升细胞高达数百万个。该类群生物在繁殖盛期,对养殖的虾类尚看不出不良的影响,但是当繁殖过盛,发生藻类竭败时,常引起对虾的发病和死亡。近年已证明节球藻具毒性。

以硅藻为优势种的黄褐色或褐绿色池水。常发生在高盐度的池塘中,如以角刺藻属的远距角刺藻及柔弱角刺藻等,有时菱形藻也可成为优势种。这种水色也较稳定,有利于对虾的生长。

以金藻为优势种的褐或黄褐色池水。因金藻具有群聚习性,使水色多变或在水中呈云雾状,该种群也有利于对虾的养殖。

以隐藻等鞭毛藻为优势种的池水,其水色有时与金藻水相似,呈褐色、红褐或褐绿色,有时也聚集为云雾状。在精养池塘中有机质较多时,有利于兼性营养的鞭毛虫类的繁殖。

以甲藻为优势种的呈黄褐色、褐绿色不等的池水。有时以原甲藻为优势种,有时以多甲藻或裸甲藻为优势种。也会形成云雾状,由于甲藻的聚集会使水色多变。甲藻中某些种类具有毒性,如原甲藻、漆沟藻、裸甲藻类等,是一种不利于养殖的类群,应特别注意。

实际上池塘中浮游生物组成是多变的,在一个养殖周期随着环境条件的变化,会有相适应的种类取得竞争的优势,成为池塘中的优势种。当其繁殖发育到一定阶段,有的也自行衰落。当这些生物败落时,沉于池底腐烂分解,引起水质和底质变坏,常常也影响到对虾的健康,造成对虾发病或死亡。

养殖期间池水透明度应维持在 25~40 cm。透明度小于 15 cm 时不仅藻类密度过大,也是藻类老化的一个预兆,这种水体很脆弱,很易发生藻类死亡沉淀。一旦产生这种情况,对池中的养殖虾是很危险的。

(2)水质调控:水质是影响对虾生长发育,决定对虾产量及经济效益的重要因素之一,科学地调节和控制水质是对虾养成中的一项重要的生产技术措施。水质调节的主要措施有:

1)添、换水控制水位:在养殖前期,即投苗后的20~30天内,可使用60目锥形网添水,逐日向池内添水,每天可添加5 cm左右,待池塘水位提高到1.5~2.0 m,可根据水质情况适时换水。在7~8月高温季节,要加深池水,并根据水质状况,每2~3天换水10~20 cm,改用20目锥形网换水。养殖后期池底污染加重,可根据水质状况,维持或增加换水量,改用网目为0.5~1.0 cm的聚乙烯合股线锥形网进水。通过添、换水,还可调节盐度,促进对虾蜕壳和生长,并能补充一些饵料生物。

换水时,要事先检查进水网是否破损,网框是否松动。排水闸门安装16~18目平板网及半径为6~10 m的半圆形围网,后者在排水闸内侧,以防排水时对虾被逼到网上。换水时,应先排出部分陈水,再行进水,也可边排边进。水质太差的虾池,一次排水量不能太多,以免水太浅时含氧量下降,造成对虾死亡。应注意水源水质状况,当水源水质恶化,赤潮生物大量涌来,要停止换水。在目前病毒性虾病尚无有效对策的情况下,池内虾体携带病毒(但未发作)生存的可能性较大,若换水过于频繁,或一次添换水量过大,使环境变化对虾类的胁迫作用增强,加大了其应激反应的频率和强度,从而减弱了对虾的免疫功能和抗病力,极易诱发病毒病。因此,虾农往往大大减少换水量。有的投苗前一次加满水,整个养成期不再换水。有的一次纳水后,在病毒病易发期不换水,相对

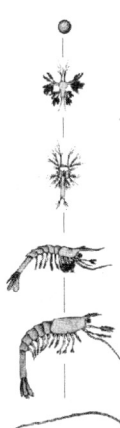

安全期间换些水。

在充气精养虾池之中,换水量也较正常时大为减少,但由于充氧的替代作用,也能维持较高的密度和产量。

2)机械增氧:机械增氧是精养式养殖中增加水体溶解氧,改良水质的重要措施之一,常用机械为增氧机。目前采用的增氧机,有充气式(即在电动鼓风机上接上送气管、散气筒或散气头)、水车式(也称搅水机,即以电动机带动直立的叶轮,以搅动表层水,达到增氧和对流的目的)、叶轮式(即电动曝气机)、钢梳式(刷子式)、旋浆式、喷水式(浮式曝气筒)、射流式增氧机及增氧船等(如图1-14)。

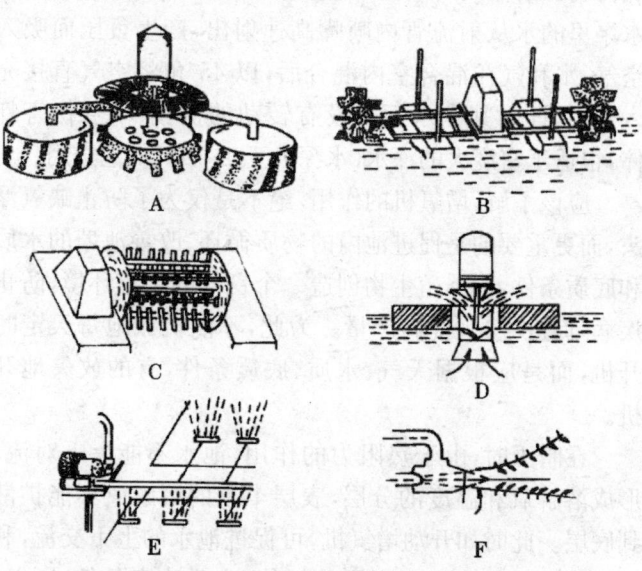

A. 叶轮式增氧机 B. 水车式增氧机 C. 钢梳式增氧机
D. 旋浆式增氧机 E. 充气式增氧机 F. 射流式增氧机

图1-14 几种常用的增氧机(仿孙颖民)

充气式增氧机是在排出的气泡上升过程中,一部分溶入水中,适合较深的虾池塘使用。喷水式增氧机使喷出的水呈降雨状落下,与空气接触达到增氧目的,只适于水浅的池塘。水车式增氧机适用于较浅水(水深 1.5 m 以内)的虾池,因水流具有方向,易将废物集中于池中央以利排污,且不会将池底污物泛起,故适于正方形(或圆形)对虾精养池。叶轮式增氧机增氧效果好,动力效率高,适于较深的池子,工作时靠叶轮旋转,搅动水体,促使水层上下对流,使整个水体的溶解氧趋向均衡,但水流不定向,对中央排污的池子不适宜,且浅水中使用易搅起池底污物。射流式增氧机由潜水泵和射流管组成,工作时,水泵里的水从射流管内喷嘴高速射出,产生负压而吸入空气,水和气在混合室内混合后,以 45°角将空气直接充入水中,且因其在水面下没有转动的机械,不会伤害虾体,很适于密度大的深水(水深大于 1.5 m)虾池选用。

应该了解,增氧机的作用,绝不是仅为了防止缺氧浮头,而更重要的是促进池内的物质循环、改善池塘的水质和底质条件,为养殖生物创造一个良好的生态环境,防止疾病,促进生长,提高产量。为此,不能机械地每天定时开机,而是应根据天气、水质、底质条件,有的放矢地开机。

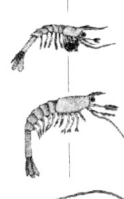

在晴天时,由于热阻力的作用,池水不能上下对流,形成溶解氧和温度的分层,表层丰富的溶解氧不能扩散到底层。此时如开动增氧机,可促进池水的上下交流,利用表层的氧盈去抵还底层的氧债,改善池底条件,所以,在光合作用较强的中午前后开机是非常必要的。同理傍晚开机,使上、下水层提前对流也是无益的,它会增加耗氧水层和耗氧量。所以,一般应在午夜以后或黎明前开

机增氧。阴雨天,由于浮游植物光合作用减弱,造氧减少,加之气压低,减少了空气中氧向水中的溶解,池塘容易缺氧,此时,应及早增氧。当然,在虾浮头时更应及时开机。在池塘施肥后,特别是施有机肥及大量投喂活饵料时,都应增加增氧时间。在高温、浮游生物大量繁殖后死亡、池塘施药或换水困难等极易引起缺氧的情况下,运转时间要延长,甚至全天候运行。一般在投饵后对虾集中摄食时间,停止运行。以清理池底为目的时,一般在夜间开启。

综上所述,开机的原则是:晴天中午开,阴天清晨开,连绵阴雨半夜开。傍晚不开,浮头早开,无风多开,有风少开,高温多开,低温少开或不开。

3)化学方法:向虾池内投入某些化学物质,可达到改善水质和池塘底质的目的。这些化学物质被称为水质保护剂。目前市售的水质保护剂类型很多,常用的水质保护剂有:

A. 生石灰:又称氧化钙(CaO),除具有清池消毒和改良底质的作用外,尚具有较好的改善水质作用。氧化钙遇水后生成的氢氧化钙($Ca(OH)_2$)可提高和稳定海水的pH,减少水中硫化氢的含量,促进厌氧菌群对有机物的矿化作用。氢氧化钙与水中的二氧化碳作用生成碳酸钙($CaCO_3$),是一种比较好的海水缓冲剂。生石灰还能与某些金属如铜、锌等络合,从而减少其在水中的毒性。

养成期用生石灰改良水质、底质时,其用量为 5~10 g/m^3,并视水的 pH 值的高低,合理调节。

B. 沸石:沸石是一种含碱金属或碱土金属的铝硅酸盐矿石,含有硅、铝、铁、锰、钾、钠和氧等多种元素。沸石内含有很多大小均一的腔隙和通道,具特殊的理化特性,其用途十分广泛。在水产养殖中,能有效地改良水质和保护池底环境。其优点为:对铵氮(NH_4^+-N)、有机质和重金属离子等有明显的吸附和选择性离子交换能力;能有效地降解池底 H_2S 的毒性影响;CaO 含量较高的沸石可调节水的 pH;能增加水体中的溶解氧。

对虾养殖中作为水环境保护剂时的用量(指 100～150 目粒度)一般为 20～35 千克/亩,严重污染池底为 50～500 千克/亩。撒布区以池底黑化较重或虾群集中处为主。注意不要与化肥或药物混合使用。还可在饵料中添加 1%～2%,能促进消化,吸收代谢的毒物,有利于对虾生长和增强抗病力。

C. 麦饭石:麦饭石是一种以氧化硅为主,含多种元素和金属氧化物的矿石,它与沸石一样,含有众多的腔隙和孔道,质地较松软。它能调节机体代谢,吸收消化道内的毒素,促进酶的活力。作为水环境保护剂,在海水中有吸附杂菌、有机质、氨、硫化氢和调节 pH 的作用。用于对虾养殖生产,改造池底每亩可投 100～200 kg;净化水质每亩可投 50 kg,每 10～15 天投 1 次,可连续使用。加工粒度应在 100 目以上。

D. 膨润土:又称斑脱岩,属黏土类矿物盐,主要由 28 面体型蒙脱石组成(含量达 75% 以上)。其理化特性为高铝、低铁、富含氧化物。分散性能和成胶性能都很好。透气性好、具强烈的吸水性,入水后能迅速溃化成微小颗粒(体积膨胀 10～30 倍),在水中呈悬浮和凝胶状,能吸附和凝集水中的悬浊物,使其沉淀和覆盖池底,减弱池底底泥的耗氧量,控制营养盐类的溶出速度。兼有良好的阳离子交换性能和黏结力,可用于净化水质和改善养殖水环境。在养殖生产中,主要是降低池水富营养化程度和

沉淀悬浊物，最终达到防止池内赤潮和解救浮头对虾的作用。所以投放要选准时机。提早或定期投放的效果优于应急投放。每亩一次用量为50～100 kg。

E. 钢渣：钢渣指炼钢厂平炉余渣，含多种金属氧化物，主要成分是二氧化硅、氧化亚铁、氧化铁、氧化钙等。氧化铁含量一般占25%左右。在养殖水体中可作为水质改良剂，可用以消毒池水，除掉硫化氢等。在高温期间，污染严重的池底，每平方米池底可施1～2 kg。

F. 活性炭：用煤、木屑、椰子皮壳等经高温炭化和活化而成的疏性吸附剂，具有良好的吸附性能。活性炭具物理吸附、化学吸附及离子交换吸附等作用。在水处理中可吸附水中胶体、悬浮体、溶解态的有机物、有毒气体及某些离子。于过滤器内使用，由于其表面附着的矿化和脱氮细菌的存在，可降低海水的化学耗氧量(COD)及硝酸盐等，所以具机械过滤、化学过滤和生物过滤三大作用，是过滤和净化水的理想材料。在对虾养殖中多用作过滤器中的过滤材料，循环水槽的滤水层。在紧急状态下向水中撒泼，可急救因中毒和缺氧出现的对虾险情。饱和后的活性炭可用高温或酸、碱处理，以恢复其活性，再次使用。

G. 过氧化钙(CaO_2)：白色或淡黄色结晶性粉末，粗品多以$CaO_2 \cdot 8H_2O$的形式存在。其化学性能不稳定，入水后可缓慢地释放出氧和氧化钙。初生态氧具很强的杀菌力，氧化钙又是生石灰的主要成分，所以，过氧化钙有供氧、杀菌、缓解酸毒和平衡pH的多种作用。在对虾养殖中作为环境保护剂，在水质不佳时当晚使用10～15 g/m^3，可预防浮头。当发生浮头时，立即用10～20 g/m^3，1～2小时后再追施半量，可防止对虾死亡，方法为直接撒施。为改善池塘底质,每天施用 5～10 g/m³,效果很好。作为强氧化剂,不可与药饵、维生素 C 等还原性物质混用。

H. 双氧水(H_2O_2,过氧化氢溶液):无色透明液体,含过氧化氢 2.5%～3.5%,浓者含 26%～28%。由于可形成氧化能力很强的自由羟基,可破坏蛋白质的基础分子结构,从而具抑菌和杀菌作用。其制剂可用于改良池塘底质,降低 COD,产生氧气,作为虾浮头的急救剂。使用时可利用特殊的水底喷洒器,喷撒于水底。

I. 其他:如腐殖酸、腐殖酸钠煤矸石、三氯化铁等净水剂,高锰酸钾、漂白粉等氧化剂,过二硫酸铵[$(NH_4)_2S_2O_8$]等生氧剂。

4)生物净化:

A. 有益细菌制剂:有益细菌在对虾养殖上的应用,是无公害养殖的重要技术手段。在集约化精养对虾系统中,残饵、对虾新陈代谢产物等严重地污染着养殖水体,从而也为滋生病原体微生物繁殖创造了条件。单纯的使用物理化学方法处理水质,不但成本高,预防疾病的效果也并不理想。过多的依赖化学药品,有时还会产生二次污染问题及食物安全问题。根据目前的技术投入,对虾在一个没有微生物的环境中,或者由于破坏了对虾周围的正常微生物群落,反而会影响对虾的生理状态,对虾不可能正常生长。大量的事实证明,养殖过程中,使用微生物制剂,保护养殖水环境的正常生态功能,可以使对虾健康生长,有益微生物正常繁殖生长,可以有效地防止底质恶化,预防病原微生物增加。

当前在我国经常使用的作为环境保护剂的有益的微生物制剂有两大类,一类是利用光能的光合细菌,另一类

是有益的化能异养细菌。

a. 光合细菌:是一类能进行光合作用的原核生物的总称,它们的共同特点是体内具有叶绿素及胡萝卜素等光合色素,能在厌氧和有光条件下进行光合作用,从太阳光中获得能量,但不产生氧气。目前,在水产养殖生产中应用的是红螺菌科的种类,它们兼有三种获能方式,既能在无氧有光条件下由光合磷酸化取得能量,又能在有氧、无光条件下由氧化磷酸取得能量,还能在无氧、无光条件下以发酵或脱氮的方式取得能量(有部分种类)。红硫菌和绿硫菌在硫化氢浓度很低时,也能利用硫化氢作为供氢体。总之,它们是利用小分子有机物作为供氢体和供碳源,可以利用铵盐、氨基酸或氮气,有的也利用硝酸盐和尿素为氮源。因此,光合细菌投入虾池中,能迅速消除水体中的氨氮、硫化氢、有机酸等有害物质,平衡酸碱度,改善池水质量。光合细菌蛋白质含量高,并富含维生素B族、叶绿素及胡萝卜素等,可以作为虾类的饵料,并有改善对虾体色和增强机体抗病力的功能。

虾池使用的光合细菌,应该使用培养基的盐度和养殖池盐度接近的光合细菌,活菌量不低于 $10\times10^8 \sim 15\times10^8$/mL。光合细菌在养虾生产中作为水环境保护剂使用,多采用拌砂法,即在养殖中、后期按每公顷 15~75 kg 的用量,与海砂搅拌,泼洒于池中。也可在污染严重的池底集中投放(每隔15天左右投放一次)。也可将菌液加入配合饲料中,做营养成分投喂,或与饵料搅拌后趁鲜投喂。

投放光合细菌要注意,多菌种混合比单菌种投喂好,有机物腐败程度越高、污染越严重的池底投放效果越好,可与麦饭石、沸石等合用,效果更佳,不能与消毒剂联用,以免光合细菌被杀灭。

b. 化能异养细菌：人们常称化能异养菌为微生物制剂或微生态制剂，是一些能利用有机物而对对虾无病原性的有益细菌，能弥补光合细菌不能直接利用大分子有机物，不能分解生物尸体、残饵粪便等不足。我国目前市场上常见的菌种有芽孢杆菌属 Bacillus、乳杆菌属 Lactobacillus、假单胞杆菌属 Pseudomonas、硝化杆菌属 Nitrobacter、亚硝化单胞菌属 Nitrosmonas 等一些菌株。这些细菌是从自然界筛选、纯化培养而来的，经过强化、复壮培养，菌株具有强大的生命力和旺盛的繁殖能力，能适应各种不良环境条件。这些细菌有好氧的、厌氧的、兼性厌氧的，能分泌多种胞外酶，利用蛋白质、糖类、脂肪等大分子有机物、酚类、氨、有机酸等，分解为小分子，再由细胞吸收利用，一部分合成细菌细胞物质，一部分通过生物氧化用于产生细菌生命活动所需的能量，使得有益细菌不断繁殖，同时把有机物质矿化生成硝酸盐、磷酸盐、硫酸盐等无机盐。

有益性细菌进入虾池以后，发挥其氧化、氮化、硝化、反硝化、硫化、固氮等作用，把虾的排泄物、残存饲料、浮游生物残体等有机物迅速分解为二氧化碳、硝酸盐、磷酸盐、硫酸盐等，为单胞藻类提供营养，促进单胞藻类繁殖和生长，同时自身迅速繁殖而成为优势菌种，抑制病原微生物的滋长。单胞藻类的光合作用又为有机物的氧化分解、微生物的呼吸、虾的呼吸提供氧气。循此往复，构成一个良性的生态循环，使虾池的菌相与藻相达到平衡，维持稳定水色，营造良好的水质条件。

有益细菌制品使用方法应按生产厂家规定的使用方法使用。如以枯草芽孢杆菌 Bacillus subtillis、地衣芽孢杆菌 Bacillus licheniformis 为主要菌种的一种环境改良

剂——利生素,综合了厌氧、好氧两种代谢机制。每克产品(干)含菌量达20亿个。对虾池在投放虾苗后3～5天开始使用,首次,养虾池每立方米水体施用1.5 g,以后每半月至20天再施用一次,用量减半。需要注意,使用活菌制剂,不能同时使用消毒药品和抗菌药品。

B. 单胞藻的定向培养:通过合理施肥繁殖对虾池内的单胞藻类,使之维持合理的种群密度和旺盛的生长状态,是进行生态调控、保证水体正常的物质循环和能量流动的关键环节。按一般规律讲,绿色、黄绿色较之黄褐色的单胞藻容易培养。随着单胞藻的繁殖、生长,其颜色逐渐加深,在某些情况下,甚至由绿变褐。一般在低盐(盐度小于20)情况下,单胞藻种类较多,颜色为绿色。在较高盐度(盐度大于25)情况下,组成种类较少,易呈褐色。在养成早期,单胞藻大量死亡的主要原因是缺乏营养或二氧化碳,死亡后水面呈现大量的、稳定的泡沫,池底废物积累,水色透明(有时也保持一定的水色)。养成中后期单胞藻类的大量死亡主要是由于繁殖过密,水色过深,缺乏光照而引起。水质的突然变化,大雨过后或大量换水,也会引起突然死亡。合理施肥,适量换水,适时投入石灰等水环境保护剂,保持正常的浮游生物密度,是避免其大量死亡的关键措施。施肥应注意少施、勤施,以调水为目的的施肥应以化肥为主,且注意肥料种类。当水池内单胞藻种群结构不合理时,还可采取换水后临池接种繁殖的办法。

2. 凡纳滨对虾的营养需求与投饲饵

充足优质的饲料不仅可满足凡纳滨对虾快速成长的需要,而且还具有健体防病的功能。凡纳滨对虾对食物营养的需求是全面的,对蛋白质的需求量研究者报道的数值并不相同,Colvin 等(1997)报道需 30%以上,Smith 等(1985)报告是 36%以上,国内李广丽等(2001)研究指出饲料中适宜的蛋白质含量为 42.37%~44.12%,且在能量蛋白质比为 33.0 kJ/g 时,凡纳滨对虾生长最快,饵料系数最低。在粗养或半精养池塘基础饵料一般都比较丰富,凡纳滨对虾对动物性饵料的需求并不十分严格,可以利用植物性原料来代替价格比较昂贵的动物性原料,从而节省饵料开支。但对于生长期较短的北方及缺乏甚至无天然饵料的精养、工厂化养殖池,必需投喂优质饵料以促进其生长。Akiyama 等(1991)指出凡纳滨对虾对脂肪的需求量是 6%~7.5%并建议最高水平是 10%。与其他虾类一样,凡纳滨对虾对糖类的消化利用能力很低,因此,当脂肪含量不足时,虾类需利用蛋白质做能量消耗,这是很可惜的。维生素 C 对提高凡纳滨对虾的抗逆力及存活至关重要,He Haiqi 等(1993)报道,凡纳滨对虾对维生素 C 需求随着长大逐渐减少,当体重达 12 g 时其自身合成的维生素 C 就能满足其最低需要,因此,对虾早期时向饲料中添加维生素 C 非常需要,其添加量为 3~10 g/kg 饲料。凡纳滨对虾对维生素 E 的需求量为 25~100 mg/kg 饲料,由于与硒有协同作用,饲料中需含硒 0.5 mg/kg 饲料。

准确地投饵是养好虾的技术关键,但是,投饵量的确定比较复杂,虽然有一些养殖专家提供了参照投饵量和投饵公式,大多数配合饵料的制造商也提供了一个参考用量,但有许多因素影响着投饵量确定:池内对虾的存活数量、密度、体质,不同生长阶段对虾的组成比例,池内饵料生物和竞争生物的数量,饵料本身的质量,天气情况,池水水质状况、底质状态和管理方式等等。因此,在生产中应该结合对虾生长测量仔细观察对虾的摄食情况和池底残饵情况等及时调整投喂量。正常情况下对虾饱胃率达到60%~70%为宜。如太低或太高应酌情增减。对虾的摄食情况反映了投放饲料是否适当,底质和水质是否正常,这些都直接影响对虾的生长和健康情况。选用适宜的优质饵料可以在保证对虾生长迅速的前提下降低饵料成本,获得更好的经济效益。同时,适当地控制蛋白质的含量还可以控制氨氮的形成,保护水质。

观察对虾的摄食情况,可以在池内设4~6个四边形小吊网,投放饲料按平均量也投到小吊网中。如果饲料很快被吃光,说明所投放饲料不足,应增加投喂量。在虾池环境正常的情况下,投喂1小时以后,如2/3以上的虾达到饱胃和半饱胃,说明饲料量充足;如果投饵后1.5小时没有残余饲料,说明投饵量适当;如果投喂后1小时,饱胃和半饱胃虾达不到总数的1/2,则说明投饵量不足,应适当增加投饵量;如果投喂1.5小时后仍有很多剩余饲料,则说明饲料太多,应认真进行检查和分析,找出原因,并采取相应的措施。

不同规格凡纳滨对虾的饵料参考日投喂量见表1-9。

表1-9 不同规格凡纳滨对虾的饵料参考日投喂量

体重(g)	投饲率(%)	饲养种类与数量(千克/万尾)		
		鲜贝肉	鲜杂鱼	配合饲料
0.1	30	0.30	0.40	0.10
0.5	30	1.50	2.00	0.50
1	25	2.50	3.33	0.83
2	25	5.00	6.66	1.66

(续表)

体重(g)	投饲率(%)	饲养种类与数量(千克/万尾)		
		鲜贝肉	鲜杂鱼	配合饲料
3	25	7.50	10.00	2.50
4	20	8.00	10.64	2.64
5	20	10.00	13.30	3.30
6	18	10.80	16.00	4.00
7	18	12.60	16.76	4.16
8	18	14.40	19.15	4.75
9	18	16.20	21.55	5.35
10	17	18.00	23.94	5.94
11	17	18.70	24.87	6.17
12	17	20.40	27.13	6.73
13	16	20.80	27.66	6.86
14	16	22.40	29.80	7.39
15	15	22.50	29.33	7.43
16	15	24.00	31.92	7.92
17	15	25.00	33.92	8.42
18	14	25.60	24.05	8.45
19	14	16.60	35.38	8.78
20	12	24.00	31.92	7.92

投饵管理要做到相对合理，既要保证对虾吃饱，吃

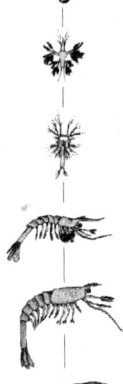

好,又要兼顾养殖环境和节约成本,投饵的技巧在于:

(1)养殖凡纳滨对虾的日投喂次数,多数人主张昼夜均投食,坚持勤投少喂(每天投饵次数不少于6次),一日多餐的投喂方式在生长速度方面远比一日1~2餐的投喂方式要快得多。但其摄食行为受饲料的近距离刺激影响较大,所以应根据虾群分布状况在池内均匀投饵。叶乐、李卓佳等(2005)报道了投饵频率对体重0.24 g凡纳滨对虾生长、成活率和饲料效率等的影响。通过7周的饲养,结果是投喂频率每日1~4次时,随着投喂频率的增加,对虾增重率显著增加;投喂频率由4次增至5次时,对虾增重率略有下降,但差异不显著。成活率与投喂频率也有关系,每日1次投喂的成活率最低,两次者最高,2~5次的随频率增加而降低。投喂频率还与饲料系数和饲料效率有关,日投喂3次者饲料系数最低,蛋白质效率最高。但是水中氨氮和亚硝氮随投喂频率的增加而升高。见表1-10。

表1-10 喂频率与凡纳滨对虾生长、成活率、饲料系数之关系

投饵次数/日	1	2	3	4	5
初始体重(g)	0.24	0.24	0.24	0.24	0.24
终末体重(g)	0.86±0.50	1.31±0.02	1.87±0.04	2.04±0.03	2.07±0.13
增重率(%)	258.33±18.80^a	446.60±9.94^b	679.50±16.70^c	750.82±12.15^d	763.35±56.02^d
成活率(%)	86.67±2.94^a	98.52±1.28^b	95.93±3.39^b	92.22±1.11^{ab}	91.85±6.12^{ab}
饲料系数	1.46±0.03^c	1.25±0.03^b	1.11±0.02^a	1.18±0.01^{ab}	1.21±0.11^{ab}
蛋白质效率	1.59±0.04^a	1.86±0.04^b	2.09±0.04^c	1.98±0.02^{bc}	1.94±0.18^{bc}

注:同行数据上标字母不同者之间表示存在显著差异($P<0.05$),取自叶乐等(2005)

(2)一日中黎明及傍晚应多喂,中午及午夜应少投。

(3)投饵1.5小时后,空胃率高(超过30%)时应适当增加饵料。

(4)水温低于18℃或高于33℃以上时少喂。

(5)风和日暖时多喂,大风(7级以上)、暴雨及寒流侵袭(降温5℃以上)时少喂或不喂。

(6)对虾大量蜕皮的当日少喂,蜕皮1天后多喂。

(7)池内竞争生物多时适当多喂。

(8)水质良好时多喂,水质变劣时少喂。

(9)池内生物饵料充足时可适当少喂。

3. 日常管理

养殖池的管理人员要每天坚持巡池,巡池应在黎明、白天、傍晚和午夜进行。黎明是对虾最易浮头的时间,此时为一天中溶解氧最低、pH最低、氨氮最高的时间,傍晚则正相反。因此每天两次的水质常规化验也在此时取样。如果对虾在傍晚有异常情况,必须及时采取措施,因为进入夜间会更加严重。对虾有在日出前夕和日落后沿着池边巡游觅食的习性,因此早晚巡池也是观察对虾健康和摄食情况的机会。如果水质有问题,池中的其他生物也会在池边活动。白天可以观测水色、透明度和池底情况,水中的一些特殊气味或浮起物在水温最高的午后也更易于被察觉。白天也比较容易发现鱼害和鸟害。午夜要特别观察对虾有无浮头迹象。另外,巡池时还应对闸门、网具、堤坝等注意检查,遇上换水时要注意观察闸门附近情况。机械设备包括机械提水设备、搅水设备、增氧设备等,应经常进行检查、保养和维修。

每5~10天取虾50~100尾进行一次生物学测量,内容包括:体长(从眼柄基部到尾节末端)、胃饱满程度

(分饱胃、半胃、残胃、空胃)、对虾健康情况(活力、体色、有无病灶、蜕皮情况)。

生物学测量结合巡池是判断对虾生长趋势、决定下一步管理措施的主要手段,测虾记录应妥善保存、及时分析。

4. 防病防害

凡纳滨对虾在条件不适时会感染虾病,虾病的发生是导致养殖对虾死亡,产量下降的主要原因。防治虾病应以防为主,防治结合。凡纳滨对虾从放大苗到收获养成期只有短短的3~4个月,只要防病措施得当,完全可以保证安全度过。以下措施应认真实行:放养不带病原体、活力强的健康无病毒或抗病毒品系虾苗;切实做好放苗前的清池消毒工作,保证池底清洁;保证蓄水池存水时间达到2~3天,必要时使用漂白粉消毒处理,使病原体失活;投喂添加稳定性维生素和其他微量元素的优质配合饵料,以增强虾体的食欲或抗病力;保持水环境稳定,保证充足的溶解氧,不使对虾受到惊扰;落实水质管理措施,保证池水理化指标正常稳定,必要时投放水质保护剂,如沸石粉、活有益菌等;不随便在养殖池中使用药物;对虾病情况要勤观察、经常进行病原体检测,根据需要使用合适的药物;及时杀灭清除虾池中的有害动植物。

(1) 白斑综合症病毒病。

病原:病原为对虾白斑综合症病毒(WSSV)。电子显微镜负染色观察,WSSV呈短杆状,外面包有一层囊膜,头部略圆,另一端稍尖,常具有一较长的"尾"。病毒粒子的宽度为70~150 nm,长度为250~380 nm,密度为1.18~1.25 g/mL,核酸为环形超螺旋双链DNA,分子量很大,约为300 kb以上。病毒在宿主细胞核中进行复制,但不形成包涵体。见图1-15。

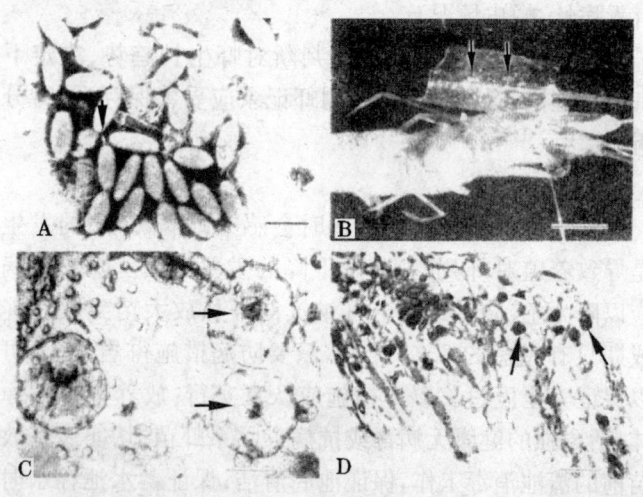

A. 白斑综合症病毒病的负染电镜,示病毒颗粒为椭圆杆状,粗箭头示有囊膜病毒在一端有一尾,细箭头示无囊膜的核衣壳,bar=300 nm
B. 患病对虾,箭头示头胸甲上的白斑,bar=1 cm
C. 病虾头胸甲上的白斑的显微观察,箭头示具放射线的同心圆状的白斑,中心厚,边缘薄,bar=0.5 mm
D. 患病对虾的鳃,粗箭头示肥大的细胞核,细箭头示正常的细胞核,H&E染色,bar=20 μm

图1-15　白斑综合症病毒病(战文斌,2004)

症状:患病对虾不摄食,空胃。反应迟钝,游动无力,常缓慢浮游于水面或向池边游动。体色发暗或呈微红色,甲壳内表面有白色或淡黄色斑点,头胸甲尤其明显。甲壳易剥离,用手捏住对虾额角轻轻向后掀起,头胸甲很容易脱落,且不粘连上皮组织。

诊断方法:病虾出现外部症状,并很快见数量较多的病、死虾,即可初步诊断发生 WSSV 病。确诊的方法现在也有多种,电镜观察法、T-E 染色法、多抗及单抗 ELISA 法、核酸探针技术、原位杂交技术及 PCR 技术等。这些方法中,有的需要操作者必须有丰富的实践经验,有的需用较昂贵的仪器设备,有的技术较烦琐,有的实验周期过长。目前使用较多的是核酸探针技术和 PCR 技术,这两种技术目前都有了商品化的检测试剂盒,它们以其特异、快速、灵敏、适于早期和大量样品的检测等优点,成为当今病毒诊断中最有应用价值的方法。

防治方法:目前还没有有效的治疗方法,仅能尽量做好预防措施延缓或防止疾病的发生。主要预防措施有:虾池及池水严格消毒,池水深度要达 2 m 以上,使用增氧机,尽量保证水环境良好与稳定;使用高健康苗种;投喂优质配合饲料,适当添加 Vc、葡聚糖、肽聚糖等增强对虾的抗病能力。

(2)桃拉综合症病毒病。

病原:由桃拉病毒感染引起。见图 1-16。

症状:体形消瘦,甲壳变软,红须、红尾,体色变暗、变红,镜检发现红色素细胞扩散变红,部分病虾甲壳与肌肉容易分离,消化道特别是胃不饱满,肠道发红,并且肿胀;发病初期大部分病虾在水面缓慢游动,且靠边死亡,头胸甲出现明显的白色斑点。死亡率高达 80%~90%。

防治措施:以预防为主,预防措施基本同对虾白斑综合症病毒病。

每 100 kg 饵料添加板蓝根 50 g 加三黄粉 200 g,内服,连喂一周。外用溴氯海因 0.3 g~0.5 g/m^3 全池泼洒,第二天停药一天,第三天再泼洒一次。

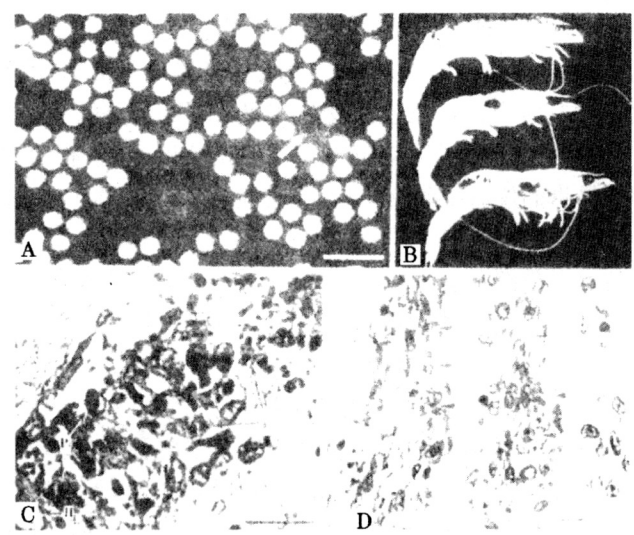

A. 提纯 TSV 的透射电镜观察,示大量的完整和少量空的(箭头指)二十面体的病毒粒子,直径为 31～32 nm,bar=93 nm
B. 患桃拉综合症病毒病的凡纳滨对虾,示虾体表损伤部位
C. 凡纳滨对虾腹肢上表皮中的 TS 病灶的显微观察,箭头示"胡椒粉状"或"散弹状"的病灶,bar=15 μm
D. 患 TS 的凡纳滨对虾幼虾的组织切片,示"胡椒粉状"或"散弹状"的病灶,bar=15 μm

图 1-16　凡纳滨对虾桃拉综合症病毒病(K. W. Hasson 等,1995)

(3)对虾红腿病。

病原:主要为副溶血弧菌、鳗弧菌与溶藻胶弧菌。

症状:病虾附肢变红色,特别是游泳足最明显;头胸甲鳃区呈淡黄色,体色发暗黑色。血淋巴变稀薄,血细胞减少,凝固慢或不凝固。血淋巴、肝胰脏、心脏、鳃丝等组织器官内均可看到细菌。见图 1-17。

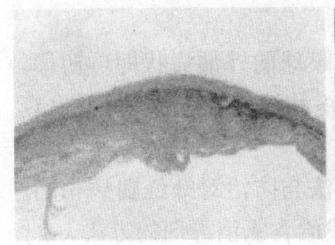
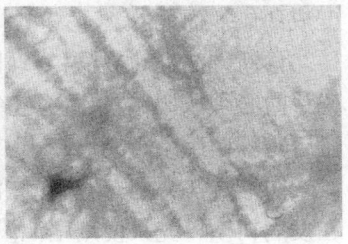

图1-17 患红腿病的对虾示游泳足变红、游泳足红色素细胞扩张(俞开康,2000)

诊断方法:一般靠外观症状就可初诊,可简单进行血淋巴凝固时间观察。对虾在环境不良或受到刺激时附肢也会暂时发红,但鳃区不变黄色,在条件改善后附肢很快会恢复原状。确诊必须在显微镜下检查到血淋巴中有细菌存在。

防治方法:虾池要彻底清淤,放苗前要严格消毒。在高水温期要提高水位、延长增氧机开动时间、定期适量泼洒生石灰(5～15千克/亩)和含氯消毒剂(有效含氯量达$0.5 g/m^3$)。

抗菌素如吡哌酸、盐酸土霉素混入饲料中,含量达0.1%～0.2%连续投喂5～7天。在投喂药饵的同时向池水中泼洒含氯消毒剂,使池水中有效氯含量达到$0.3～0.6 g/m^3$的浓度(视池水中有机物含量的多少而定)。在收虾前两周应停止投喂抗生素。

(4)烂眼病。

病原:为非01群霍乱弧菌。

症状:病虾伏于池边水底,反应较迟钝,有时浮于水面旋转翻滚。发病初期眼球肿胀,逐渐由黑变褐,以后溃烂。溃烂一般从眼球前部开始,严重者眼球脱落只剩眼柄。还有一种症状,眼球上先出现一个白色斑点,斑点逐渐变黄再变褐色,最后溃烂穿孔。当细菌侵入血淋巴后变成菌血症而死。

诊断方法：肉眼观察对虾眼球的外部症状即可初诊。确诊时必须取眼睛的溃烂组织和液体，在显微镜下检查是否是细菌感染。

防治方法：预防与治疗方法与防治对虾红腿病相同。在发病初期可先只使用全池泼洒含氯消毒剂的方法。

(5)烂鳃病。

病原：有弧菌属，也可能有假单胞菌属和气单胞菌属细菌。

症状：外观病虾鳃部呈黑褐色，病虾浮于水面，游动缓慢，厌食，最后死亡。鳃丝呈灰色、肿胀、变脆，从尖端向基部溃烂。溃烂坏死的部分发生皱缩或脱落。有的鳃丝在溃烂与尚未溃烂组织的交界处形成一条黑褐色的分界线。镜检溃烂处可看到有大量细菌游动，严重者血淋巴内也有细菌。见图 1-18。

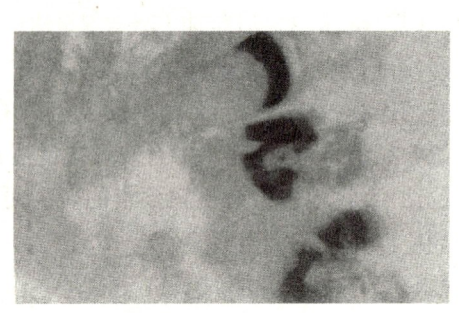

图 1-18　患烂鳃病对虾的鳃组织，示烂鳃和黑色素沉淀（俞开康，2000）

诊断方法：剪取一小部分鳃丝，先用灭菌海水冲洗干净，用镊子分散后做成水浸片，在低倍镜下观察溃烂情况，再用高倍镜观察鳃丝内的细菌，以免与因其他原因引起的黑鳃相混。

防治方法:同对虾红腿病的防治方法。

(6)甲壳溃疡病。

病原:病原多种,弧菌、假单胞菌、气单胞菌、螺菌、黄杆菌等。

症状:病虾的体表甲壳发生溃疡,形成黑褐色的凹陷,周围较浅,中部较深。溃疡多数为圆形,也有长形或不规则形。溃疡在体表各处都可发生,以头胸甲和第一至第三腹节较多。溃疡的深度未达到表皮者在对虾蜕皮时随之蜕掉,如溃疡已深达表皮层之下,蜕皮时溃疡处的新壳与旧壳往往发生粘连,造成蜕皮困难,严重者细菌侵入甲壳以下的内部组织引起对虾死亡。见图1-19。

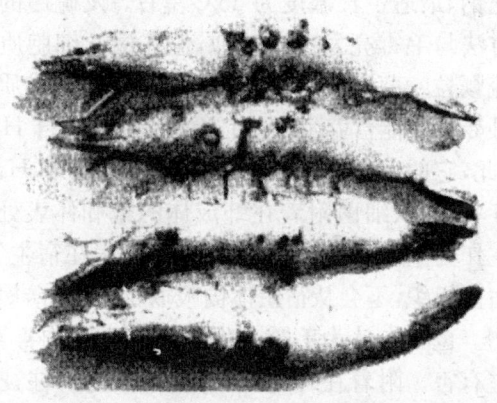

图1-19 患甲壳溃疡病对虾(俞开康,2000)

诊断方法:一般目视外观症状即可初诊。但确诊必须取褐斑处物质用高倍显微镜检查细菌,以免与别的疾病混淆。

防治方法:亲虾入室时操作要仔细认真,防止亲虾受伤,严格对亲虾及用水的消毒工作。

全池泼洒吡哌酸使池水达 $1.5\sim2\ g/m^3$ 的浓度;或泼洒盐酸土霉素使池水浓度达 $2.5\sim3\ g/m^3$。每 24 小时泼洒 1 次,连续 $5\sim7$ 天。在全池泼洒药物的同时,将吡哌酸或盐酸土霉素混入饲料中投喂,每千克饲料用药 $0.5\sim1\ g$,连续投喂 $1\sim2$ 周。

(7)丝状细菌病。

病原:最常见的病原为毛霉亮发菌和发硫菌。毛霉亮发菌体头发状,不分枝,基部略粗,一般基部直径为 $2.5\ \mu m$,尖端为 $1.5\sim2\ \mu m$。菌体长度从几微米一直到 $500\ \mu m$ 以上。菌丝无色透明。毛霉亮发菌的繁殖方法是产生分生孢子散入水中,遇到适宜的基物时就附着上去,发育成为新菌丝。毛霉亮发菌革兰氏染色阴性,绝对需氧及氯化钠,最适生长温度为 $25\ ℃$ 左右。发硫菌的外形和繁殖方法与毛霉亮发菌很相似,但在菌丝细胞质内有许多含硫颗粒。菌丝有横隔,菌丝外有一层纤维质鞘。它是一种专性化能营养生物,所需的能量是来自 H_2S 的氧化,因此,它的生长发育必须依存于 CO_2、O_2 和 H_2S。

症状:丝状细菌附着在虾成体的鳃和体表处。它仅以宿主作为生活基地,用黏液样物质黏附在宿主上,并不侵入宿主组织,不会从宿主体内吸取营养成分,属于体表附着物。也有人认为毛霉亮发菌内有一种内毒素,可能对宿主有害。附着在虾鳃上时危害性最大,往往附生的数量很多,成丛的菌丝布满鳃丝表面,菌丝之间还往往黏附着许多原生动物、单胞藻类、有机碎屑等污物,使鳃的外观呈黑色。这些菌丝和黏着物阻碍了水在鳃丝间的流通,隔绝了鳃丝与水的接触,妨碍了呼吸,同时细菌和黏附物也消耗氧,造成虾缺氧死亡。尤其在虾蜕壳时需氧量比平时大,此病造成蜕壳困难,引起死亡。见图 1-20。

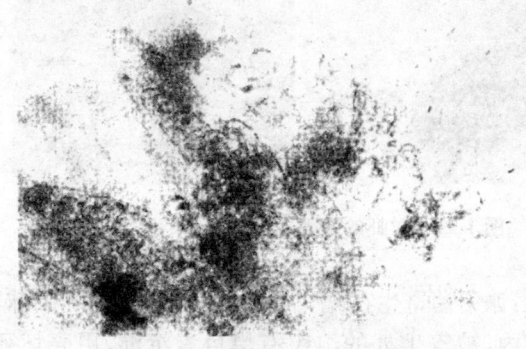

图 1-20 对虾鳃上的丝状细菌,卵形的为固着类纤毛虫(战文斌,2004)

诊断方法:养成和越冬期的虾患病时,需剪取部分患病虾的鳃丝做成水浸片镜检,一般在低倍镜下就可以观察到菌体。但要确诊必须在高倍镜下仔细观察菌丝的构造。

防治方法:预防措施主要是保持水质和底质清洁,放养前要彻底清淤消毒。放养密度且勿过大。投喂优质饲料、掌握适宜的投喂量,尽量减少残饵量。保证一定的换水量。

可全池泼洒茶籽饼使池水的浓度达到 $10 \sim 15 \text{ g/m}^3$,促使对虾蜕皮,蜕皮后要大量换水。越冬期间可用 25 mL/m^3 的福尔马林药浴,24 小时后换水。

(8)对虾的镰刀菌病。

病原:病原为镰刀菌。镰刀菌的菌丝呈分枝状,有分隔。生殖方法是形成大分生孢子、小分生孢子和厚膜孢子。镰刀菌属包括的种很多,同一种的形态变异较大,所以分类鉴定比较困难。见图 1-21。

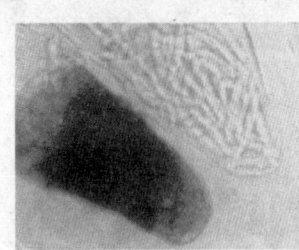 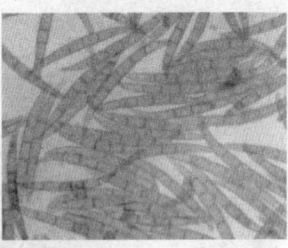

图 1-21 对虾的镰刀菌病（俞开康，2000）

症状：镰刀菌寄生在鳃、头胸甲、附肢、体壁和眼球等处的组织内，被寄生处的组织有黑色素沉淀，甲壳坏死、变黑、脱落，如烧焦的形状。在组织切片中可以看到变黑处是由许多浸润性的血细胞、坏死的组织碎片、真菌的菌丝和分生孢子组成的。上表皮一般完全被破坏。病虾游动缓慢，反应迟钝，濒死的个体侧卧于池底。

诊断方法：从病灶处取受损组织做成水浸片，在显微镜下检查发现有镰刀形的大分生孢子才能确诊。有时只看到菌丝，可通过对菌丝培养形成大、小分生孢子。注意不要与褐斑病、黑鳃病相混淆。

防治方法：对虾养殖池要严格消毒，日本学者报告用二氯异氰尿酸钠浓度为 6.2 g/m^3，10 分钟内可将分生孢子全部杀死。

在感染初期，尚未出现明显症状时，用制霉菌素每立方水体 2000 万单位，可以抑制镰刀菌的生长发育，降低死亡率。

(9) 微孢子虫病。

病原：微孢子虫。孢子呈梨形、卵形、椭球形或茄形等，孢子小，长 2~10 μm。内部构造必须在电镜下才能看清楚。对对虾危害较大的有微粒子虫、特汉虫及匹里虫等。见图1-22。

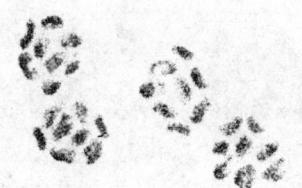

图1-22　微孢子虫（战文斌，2004）

症状：微孢子虫主要寄生在虾的肌肉中，使肌肉呈乳白色、不透明、组织松散柔软。在鳃和皮下组织则出现许多瘤状白色肿块。患病对虾消瘦，活动迟缓。

诊断方法：从外观症状可以初诊，但还有其他疾病也会使病虾肌肉变白，因此，确诊时还必须取病变组织在高倍显微镜下检查病原体。

防治方法：目前尚无有效的治疗方法。主要是加强预防措施，养殖池要彻底清淤消毒，养殖过程中保证池水清新、定期消毒，发现病虾及时捞出并销毁。

（10）固着类纤毛虫病。

病原：病原种类较多，在养殖生产中出现最多的是聚缩虫、累枝虫、钟虫等。这些纤毛虫的构造大致相同，都呈倒钟罩形。前端为口盘，口盘的边缘有纤毛。虫体后端有柄，用柄的基部附着在基物上。见图1-23。

症状：一般认为固着类纤毛虫是以水中的细菌或有机碎屑为生，并不侵入宿主的器官或组织。但也有人观察到，聚缩虫基部主柄穿过甲壳，并在其内表面形成一个直径为 $12\sim 20~\mu m$ 的圆孔。但在体表大量附着时，患病对虾似遍生绒毛，头胸甲、附肢、鳃部甚至眼球上都大量寄生纤毛虫。由于纤毛虫的大量寄生影响了宿主的活动、摄食、呼吸、蜕皮，会造成患病幼体的大量死亡。

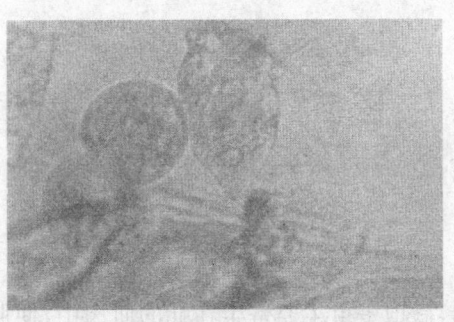

图 1-23 聚缩虫的显微结构（俞开康，2000）

诊断方法：从外观症状基本可以初诊，确诊时必须取病灶部分在显微镜下观察，看到虫体，并确认以纤毛虫类寄生为主。

防治方法：对于固着类纤毛虫疾病预防胜于治疗，保持水质清新、有机质含量少，底质洁净、残饵及虾代谢产物积累少，是不发生固着类纤毛虫病的基本保证。在饲养过程中要保证饲料新鲜及不携带病原体。

可使用茶籽饼使池水达到 $10 \sim 15 \ g/m^3$ 的浓度全池泼洒，待对虾蜕皮后再大量换水。对于亲体可用 $25 \ mL/m^3$ 的福尔马林药浴 24 小时或 $100 \ mL/m^3$ 浓度的新洁尔灭药浴 5 分钟。浓度为 $35 \ g/m^3$ 的制霉菌素对治疗固着类纤毛虫病也有较好的疗效。

(11)其他生物寄生性疾病。壳吸管虫、莲蓬虫、楔形藻、菱形藻、颤藻、浒苔等都会附生在对虾的体表和鳃上，对对虾或幼体的游动、摄食、呼吸等造成影响，使其体质下降，引发疾病。这些疾病的发生都与水质、底质不良有关，优化养殖环境可避免或减轻疾病的发生。

(12)对虾白黑斑病。目前病因不详,病虾腹部每一节两侧的侧叶上出现一个白斑,随着疾病的进展逐渐变黑。此病感染率和死亡率可达90%以上。改善水质、投喂鲜活饵料及在饲料中添加0.1%~0.2%维生素C可对疾病起缓解作用。

(13)对虾肌肉坏死病。该病主要由不适宜的环境因素引起,如水温过高、盐度过高或过低、溶解氧量低、放养密度过大、水质受化学物质污染等。对虾腹部肌肉,特别是靠近尾部腹节中的肌肉,局部变白,不透明,与周围正常肌肉有明显界限。以后变白区域迅速扩大到整个腹部,这样的虾一般在24小时内便可死亡。发现此病后要尽快找出并消除致病因素,改善环境条件,可使症状较轻的对虾恢复正常。

(14)对虾痉挛病。病因尚未完全清楚,一般认为在水温过高时对虾受到刺激后容易发生此病。病虾腹部向腹面弯曲,身体僵硬,侧卧于水底。病轻者尚可游动,但腹部也呈驼背状。此病在沿海常有发生,可造成对虾死亡。在高温季节不要去惊动对虾,尽量避免此病的发生。

(15)对虾黑鳃病。此处所指的黑鳃病是由非生物引起的外鳃丝组织坏死变黑。镉、铜、高锰酸钾、臭氧、原油、氨、亚硝酸盐等物质的污染,均可引起黑鳃病。鳃丝坏死,失去了呼吸机能,轻者影响对虾的摄食和生长,一般在蜕皮时就会死亡。重者在水中溶解氧量不足时会大批死亡。在为了治疗疾病使用硫酸铜、高锰酸钾时切勿过量与长期使用。对利用地下海水的养殖池,必须注意水中镉、铜、锰等离子含量。

(16)营养不良及环境不良还会引发多种疾病,如浮头与泛池、蓝藻中毒症、黄曲霉中毒症、维生素C缺乏症、畸形、软壳病等。

三、工厂化养殖

工厂化养虾就是利用工业手段,控制池内生态环境,为对虾创造一个最佳的生存和生长条件,在高密度集约化的放养情况下,投放优质饲料,促进对虾的顺利生长,提高单位面积的产量和质量,争取较高的经济效益。具体讲,就是在保温、控光的室内水泥池或塑胶池内,通过太阳能或其他热能把水温控制在养殖生物最适温度;通过充气甚至充氧,保证池内有充足的溶解氧,不仅供养殖对象呼吸,更可改善池内水质条件;通过适量换水,去除残饵、粪便及水中有害物质,供应和补充有益物质,保持优良的水质条件;通过化学或生物手段,建立一个优良的生物群落,抑制有害生物,避免严重疾病的发生;以优质的饲料保证对虾生长发育的需要,促进生长和提高抗病力,从而提高对虾的成活率和生长率,提高产品质量和数量,达到优质、高产和高效之目的。工厂化养虾的优点是产量高、多茬养殖和拓宽上市时间,尤其是疾病容易控制。

(一)工厂化养虾的基本设施

简易工厂化养虾厂的基本设施有供水和水处理设施、养殖池及保温升温设施、供气增氧及动水设施,在进行封闭式循环水养虾时,还应建设废水净化设施。

1. 水源和水处理设施

有地下咸水资源的地区可采用地下咸水,其最大的优点是病原体少。但应事先对地下咸水的化学组成进行分析,根据分析结果,进行适当调整。使用海水养虾时,海水必须经过严格的过滤和消毒后方可使用。

海水循环利用时需对养虾废水进行物理、生化及生物的净化处理,即废水首先经过过滤或沉淀去除大的固体物质;第二步由微生物将水中有机物分解为无机盐类;第三步由浮游植物吸收掉营养盐类;第四步由滤食生物吃掉浮游生物;第五步由微生物进一步分解,水生植物进一步吸收无机盐类;第六步消毒后再利用。其中第二至第四步可以同步进行,也就是废水经过滤或沉淀后进入养贝池,在此池中既有微生物的作用,也有繁殖浮游植物的作用和贝类的净化作用。此种方式占地较多,但可做到物尽其用,不仅避免了养虾废水对近海的污染,又使肥水得到了综合利用,具有经济和生态学双重价值。

2. 养虾池及暖棚

工厂化养虾池多种多样,但使用效果较好的有两种,即圆形(或近圆形)和环道式养虾池。其共同的特点是池水可以环行流动,不仅可使池水条件均匀,而且可将虾的粪便等废物及时排至池外,保持池内清洁。养殖池面积一般在 $300\sim1~000~m^2$。

为了提高水温,延长养殖期,还可建塑料大棚或具有透明屋顶的温室。

3. 动水及增氧系统

养殖池内水的流动及增氧是高密度养虾的必需条件,它不仅可使池内水质条件均匀,还可把虾的排泄物集中于排污口排至池外,保持池内水质清洁。动水有 3 种方法:较大的池子以使用水车式增氧机为佳,具有动水及增氧双重效果,每亩水面早期使用 1 台 1 kW 的增氧机,中后期增至 2 台;小型虾池可使用拐咀气举泵动水兼增氧,利用罗茨鼓风机或其他无油鼓风机送气,每分钟的供气量应达养殖总水体的 1% 以上;水源充足者也可利用喷水推动池水流动,喷水管由水面以上斜向喷入池内,推动池水流动,并可将空气带入水内,流水养虾法的日供水量应达养殖总水量的 4~5 倍。也可根据已有条件,以上两种或三种方法并用。

有工厂余热和天然热源的地方,可利用该热能提高水温,进行多茬养殖,提高虾厂的利用率,增加经济效益。

(二)工厂化养殖技术要点

工厂化养虾可分为如下几种方式:①无保温、升温的露天池在北方地区每年只可养殖 1 茬虾;②有塑料大棚且采暖条件较好的池子每年可养殖 2 茬;③有保温和供热的池子,每年可养殖 3 茬以上。为了提高池子的利用率,还可进行三级养殖,即一级养殖 5 cm 以前的仔幼虾,二级养殖 5~10 cm 的中虾,三级养殖到商品虾,每级养殖约 1.5 月,每个池子 1 年可养 5 茬虾,单位面积产量可大幅度提高。

1. 用水处理

水源必须清净,无病原体,特别是应不含白斑综合症病毒病及其携带生物。海水需经砂滤池或砂滤井严密过滤,再经消毒后方可使用。海水消毒可撒漂白粉(浓度为 15×10^{-6}~30×10^{-6}),撒药后应经充分搅匀,做到彻底消毒。

盐碱地区可利用地下渗水或咸井水,地下水必须经充分氧化后才可使用。某些地区地下水化学组成不适宜直接放养虾苗,必须根据化验结果进行适当的调节,否则会影响虾苗的成活率,甚至导致死亡。

2. 浸池与消毒

新建水泥池必须经过 10 天以上浸泡时间,溶出碱性物质及其它有害物质。使用过的虾池,也应浸泡数日,经刷洗后撒漂白粉（30~50 g/m³水体）消毒，并开动增氧机将药物搅匀，做到彻底而严格消毒。

3. 繁殖饵料生物

繁殖基础饵料生物是促进虾苗快速生长、降低饲料用量的有效手段。工厂化虾池可于放苗前1个月施肥繁殖浮游植物，每立方米施尿素5 g，过磷酸钙2 g，以后每天施肥量为前一天的1/2，使透明度达30 cm左右，再投入经检测不带病毒等病原体的活卤虫或卤虫卵等。

4. 放苗

(1)虾苗选择：虾苗选择的关键是选用无病和不带白斑综合症病毒病的及桃拉综合症病毒病虾苗，肉眼观测大小整齐，体长0.6 cm以上，越大越好。虾苗应活泼健壮，无病弱苗和死苗，溯水能力强，体色透明，不发红，肝心区黑褐色。取虾苗试养1~2天，死亡率不应大于5%。有条件者可取50尾虾苗，送有关部门进行病毒检测，选用不带白斑综合症病毒病及桃拉综合症病毒病之虾苗。最好选用夏威夷购进的第1代SPF亲虾繁育之虾苗。

(2)放养时间：最好水温升至22℃以上放苗，或者先在有供热的池中暂养，以延长养殖期，养殖大规格的商品对虾。

(3)放养密度：每平方米放苗250~400尾，暂养后的大虾苗放养密度可减少20%~30%；实行三级养殖时第一级每平方米可放养虾苗1 000~1 200尾，二级每平方米放养500~800尾，三级每平方米放养250~300尾。

(4)虾苗的淡化：在低盐度或淡水中养殖凡纳滨对虾时，必须对虾苗进行淡水驯化。在育苗室淡化速度每日盐度降低不超过5，降至5时便可直接向微盐池塘中放苗。在淡水池养殖，应选择在盐度1以下水中稳定培育3

天以上的虾苗,亦可先向池塘内加入 20~30 cm 的淡水,再用出盐前的卤水或海水素(精)调节至适宜的盐度放养虾苗,经数日暂养后,再逐日加入淡水。

(5)虾苗的中间培育:除直接放养外,尚可对幼小的虾苗进行中间培育,其好处是放养大规格虾苗的成活率较稳定,便于养成期的管理,而且可以延长养殖期,在露天池尚达不到放养水温时,可先将虾苗放在有塑料大棚或其他升温条件的池内暂养一个时期,待露天池水温上升后再分池养殖以延长养殖期。中间培育的放苗密度可是养殖池的 3~5 倍。

5. 投喂

工厂化养殖池放养虾苗密度大,基础饵料生物较少,必须投喂充足优质的饲料以满足凡纳滨对虾快速成长的需要。投饵时间视池内饵料生物多少确定,池内活饵料近吃完前即应投饵。早期最好投喂经检测不带病毒等病原体的淡水水蚤及卤虫,或优质的 0 号配合饲料。投饵尽量做到少投勤喂,一般工厂化养殖在仔虾期每日投饵 10~12 次,中后期每日 4~6 次,日夜均等投饵或白天稍多于夜间。

投饵量可根据对虾平均体长,参考表 1-11 中数据投喂。

表 1-11 配合饲料日投饵量参考值(千克/万尾)

对虾体长(cm)	1	2	3	4	5	6	7	8	9	10	11	12
日投饵量(kg)	0.1	0.3	0.5	1.0	1.5	2.1	2.7	3.3	4.0	4.7	5.4	6.2

投饵应全池均匀投撒。为了掌握投饵量,每池应设数只饵料盘,投饵时与池内一样投饵,投饵 1 小时后提盘

检查,此时,所投饵料应基本吃完,虾的饱胃率和多胃率应达70%以上。如在投饵1.5小时后投饵盘上仍有剩饵,就应减少投饵量或停投1次。亦可用小抄网,抄起底泥检查饵料的剩余情况。投饵时应关闭增氧机1小时,以免饵料被旋至池子中央或积于污沟内,与排泄物堆积一起而不易被摄食。凡纳滨对虾还具有嗜食性,吃习惯了某种饵料时不愿摄食新的饵料,所以在更换饵料时应逐渐更换,避免浪费饵料和影响生长。

水中溶解氧下降、氨氮升高、水温下降均能影响对虾的摄食量,此时应相应地减少投饵。在虾病流行期间,应严禁投喂由海中捕捞的鲜活杂鱼虾。

6. 水环境控制

在养殖的全过程中均应保证水质良好,有充足的溶解氧,最好能保持在5 mg/L以上,一般不应低于3 mg/L。氨氮应控制在0.5 mg/L以下。硫化氢控制在0.1 mg/L以下。pH控制在7.8～8.6。透明度应控制在30～60 cm,室内流水养殖可以水清见底。

换水是改良水质的通用方法,一般中后期每日换水30%～100%或更多。增氧机早期一般中午开机2小时,黎明前开机2～4小时,并逐渐增加开机时间,中、后期除投饵时停机外,应昼夜连续开机。亦可使用鼓风机辅助增氧。在溶解氧过低时可使用过氧化钙、过碳酸钙、速氧、双氧水等抢救,一般每亩每次施用1～2 kg。

池底的虾粪、残饵、死虾是造成水质败坏的污染源,保持池底清洁是搞好水质的前提条件。虽然养殖池都有排污设施,通过连续或间断排污可以排放出大部分污物,但池内总是存在一些死角区域,应进行人工除污,每日清刷池底1次,将各死角区域的污物轻轻刷起,推向排污口或者用虹吸管吸至池外。还可使用有益净水菌或光合细菌,分解有机物,抑制病原菌,可在养殖中期开始投放,每亩用量为1~2 kg,10天后再投首次的1/2量,以后视水质状况使用。使用有益菌后不应再使用消毒剂。

工厂化养殖池中有时会出现有毒藻类的大量繁殖,如中溢虫、残沟虫、夜光虫、裸甲藻等,产生有毒物质或败坏水质,即便是无毒的藻类过量繁殖也是不利的,因此应加以控制。常用的办法是通过大换水解决,在不具备大换水条件时,可按全池水量使用0.3 mg/L的硫酸铜向过密区局部泼洒,并将杀死的藻类捞出或用水泵吸出池外。

7. 防病

凡纳滨对虾的主要疾病有对虾白斑综合症病毒病(WSSV)、桃拉综合症病毒病(TSV)、肝胰脏细小病毒病(HPV)及传染性皮下及造血组织坏死病(IHHNV)、红体病(由嗜水气单胞菌、副溶血弧菌等细菌引起),还有由细菌引起的烂眼病、烂鳃病、烂尾病等。凡纳滨对虾的白斑综合症病毒病与细菌等并发感染时死亡非常严重,这是目前威胁凡纳滨对虾养成的主要疾病。

防病的基本原理是:优化生态环境,保证营养需求,增强对虾体质,增强对虾抗病能力;杜绝或减少虾体和水环境中病原体的数量;控制细菌或支原体等的并发感染,池塘的严格消毒及使用无特异病原(SPF)虾苗是首要条件。高温期可利用ClO_2或季胺盐类或含氯消毒剂定期消毒。利用药物饲料控制细菌或支原体等疾病,并可减轻或推迟甚至避免白斑综合症病毒病的暴发,如在早、中、晚期各用1个疗程的恩诺沙星药饵(0.05%~0.08%),也可用罗红霉素(0.01%~0.05%)药饵等,1个疗程3~5天,治疗时量可加倍。对虾出池前20天停用抗菌素药

物。饲料中添加有益菌和维生素C可增强对虾体质,抑制致病菌的繁殖,防止虾病的发生。保持池水盐度和水温的相对稳定,减少对虾适应环境剧变的能量消耗,可防止疾病的发生和暴发。

四、收获

凡纳滨对虾抗离水能力强,适合活虾销售。因此可应根据市场需求分批分期出虾。分批出虾时可采用在虾池中设置一定网目的陷阱网的方式,允许规格较小的虾从网孔逃出。不利于养殖的自然条件(如水温降低、虾病发生、水质变劣等),应及时采取放闸出虾的方式,尽可能地将虾一次性收获完毕。工厂化养殖收虾比较容易,根据需求量的多少,可以采用旋网、抬网、拉网收捕。由于虾的密度较大,在对虾基本达到商品规格后就应进行逐步间收,以降低池内压力。一般应在水温10℃前收虾完毕。

五、活体运输

活虾运输是用海水与充气的方法,可用汽车运输。如4吨货车可放8个活虾桶,每个桶长90 cm,宽60 cm,深100 cm,上顶有盖,每个活虾桶可装8~10个活虾筛,筛框用木制成盒形,大小与桶规格相符合,框用直径0.5~1.0 cm的网片做上、下底,高10 cm左右。每辆活虾运输车要配备充气机两台,每个虾桶放3~5个散气石,供给氧气。并配备一台小型汽油水泵,供抽换水时使用。装虾时,每个虾筛可装活虾10~15 kg,每辆4吨车一次可运活虾500~800 kg。一般运输10多小时,成活率仍可达90%以上。加冰适当降温,可获得更好的运输效果。

第二章　中国明对虾健康养殖技术

中国明对虾是举世闻名的海产珍品，由于其具有个体大、味道好、价值高以及其生长快、食性广、对环境的适应能力强等诸多优点，在海水养殖中备受人们的重视。中国明对虾大面积养殖兴起于20世纪七八十年代，全国沿海从南到北普遍进行了中国明对虾的养殖。中国明对虾养殖是一种投资高、周期短、见效快的行业，对沿海经济的发展起了很大的促进作用。中国明对虾病毒性疾病暴发以后，养殖对虾的经济效益受到了很大影响，但经过科研单位、养殖单位和虾农在养殖方式、养殖品种、病害防治等方面的积极探索，取得了一定的成效，养殖的盈利面正逐步扩大，养殖单位及虾农又逐步恢复了养虾信心。同时也出现了许多健康对虾高产典型，使对虾养殖在具有风险的情况下又具高额利润，这对对虾养殖的发展必将起到很大的促进作用。

第一节　中国明对虾的分类地位及地理分布

中国明对虾 *Fenneropenaeus Chinensis*（Osbck，1765），俗称中国对虾、东方对虾、黄渤海对虾、明虾、对虾，属节肢动物门 Arthropoda 甲壳纲 Crustacea 十足目 Decapoda 游泳亚目 Natantia 对虾科 Penaeidae 明对虾属 *Fenneropenaeus*。

中国明对虾分布在我国北部的黄海、渤海，珠江口附近也有少量种群。由于中国明对虾的增殖放流，江苏、浙江沿海也有一定的产量。随着养虾业的普及，中国明对虾南移养殖成功，北起辽宁、南到海南，中国沿海 11 个省市皆有中国明对虾养殖。

第二节　中国明对虾的生物学特性

一、形态构造

（一）外部形态

中国明对虾体长而侧扁，略呈梭状，见图 2-1。体分头胸部和腹部，由 20 个体节和 19 对附肢组成。虾体覆被一层透明的甲壳，包被头胸部的称为头胸甲，其前端中央突出，形成额角，头胸甲表面大都具有突出的刺、隆起的脊或凹下的沟。腹部较头胸部长，每节的甲壳由关节膜相连，可自由伸缩。

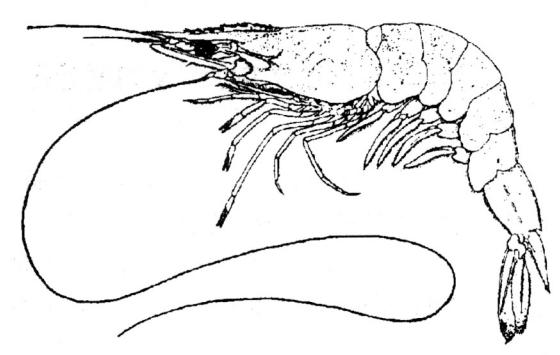

图2-1 中国明对虾外形

虾体各部附肢均由基肢、内肢、外肢组成,因各对附肢功能不同,其形状变化很大。口器附肢主要用于抱持和咀嚼食物,其基肢发达;胸部附肢为捕食及爬行器官,内肢发达;腹部附肢功能在于游泳,内、外肢均发达。

甲壳透明,光滑,散布有棕蓝色细点。额角、头胸甲及腹部的脊都是深红褐色。胸部及腹部肢体略带红色,尾肢末端为深棕带蓝并夹有红色;雄性体色褐黄,雌性生殖腺未完全成熟前呈绿色,完全成熟后呈棕褐绿色。

额角较粗而长,平直前伸,基部稍隆起,末部稍粗,末端超出第一触角柄末,额角齿式为7-9/3-5。额角后脊伸至头胸甲中部稍后即行消失。头胸甲眼眶触角沟明显;额角侧沟较短浅,至胃上刺附近消失;无中央沟和额胃沟;肝沟细而明显,平直前伸,其下方无肝脊。眼胃脊明显,约占肝刺至眼眶缘间距离的2/3,头胸甲前侧角圆形,无颊刺。腹部自第4~6节背面具中央纵脊,第6节长约为高的1.4倍,尾节略短于第6节,末端尖,无侧刺。

第一触角鞭较长,上鞭长度约为头胸甲长的1.3倍,

下鞭长约为头胸甲长7/10,内侧附肢伸至触角柄第二节基部,触角柄第一节外缘末端刺较小。第二触角鳞片末缘超出第一触角柄,一般不到额角末端。

第一小颚内肢由两节或3节构成,第二节基部内、外缘皆有一突起,内缘末端有一硬刺毛。第三颚足雌者较短,仅伸至第一触角柄第二节中部附近,其指节细小,长度仅为掌节的1/2,雄者较长,伸至或稍超出第一触角柄末端,指节显著较长,稍短于掌节,外侧背面微凹,掌节的顶端突出于指节基部上方,突出处的末缘有密毛一丛,沿指节背面向前伸。中国明对虾各附肢形态图,见图2-2。

第一和第五步足末端相齐,伸至第二触角柄末。第三步足伸至第二触角鳞片末端附近。第一步足具基节刺和座节刺,第二步足具基节刺。5步足皆具短小外肢。

雄性交接器:喷泉形,两侧纵行曲卷,形成筒状。中叶末端稍钝尖,明显伸出于侧叶末缘之外。

雄性腹肢由两节构成,末节方圆形,鳞片状,其长度大于宽度,边缘上生有粗短的小刺。

雌性交接器:圆盘状,长度稍大于宽度,基部两侧各有一小突起,中央纵行开口边缘向外曲卷,开口前端有一圆杆状突起,缝口内为纳精囊。

雄虾性腺成熟后即可以与雌虾交配,交尾后雌虾甲壳变硬,两三天后扇体脱落,纳精囊微微突出,略显白色。它的产卵期,一般发生在每年水温上升期。在北方,中国明对虾4月下旬或5月上旬开始产卵。

(二)内部构造

中国明对虾的内部构造见图2-3。由消化、呼吸、循环、排泄、生殖、神经和肌肉等系统组成一个完整的有机体,且各系统相互配合,维持其正常的生命活动。

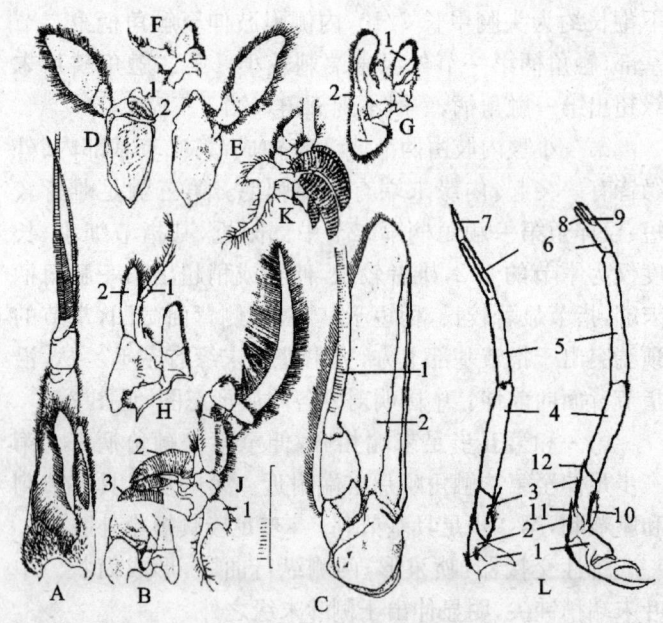

A. 第一触角 B. 第一触角示平衡囊开口
C. 第二触角腹面(1. 触鞭, 2. 鳞片) D. 大颚内面(1. 门齿, 2. 臼齿)
E. 大颚内面 F. 第一小颚 G. 第二小颚(1. 内肢, 2. 外肢(颚舟片))
H. 第一颚足(1. 内肢, 2. 外肢) J. 第二颚足(1. 肢鳃, 2. 足鳃, 3. 关节鳃)
K. 第二颚足(示各鳃的位置) L. 步足(1. 底节, 2. 基节, 3. 坐节,
4. 长节, 5. 腕节, 6. 掌节, 7. 指节, 8. 不动节, 9. 可动节, 10. 外肢,
11. 基节刺, 12. 坐节刺)

图 2-2　中国明对虾各附肢(仿刘瑞玉)

1. 消化系统

对虾的消化管由上、下唇之间的口、短管状的食道、囊状的胃、短的中肠、长而直的后肠、粗短的直肠以及开口于尾节腹面的肛门所组成。

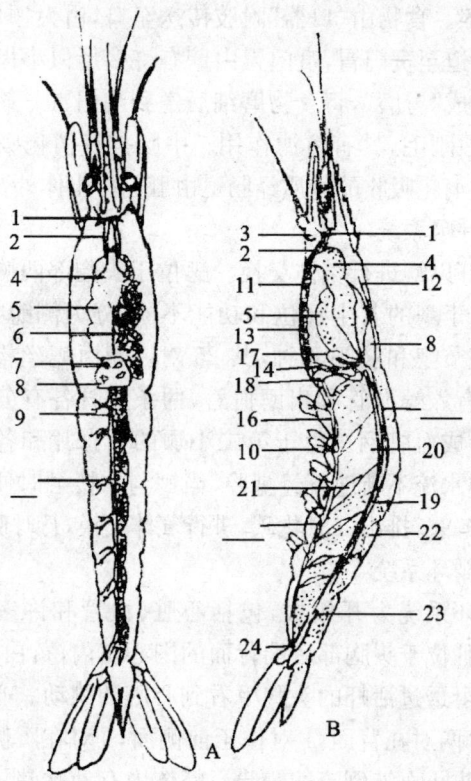

1.脑,2.环食道神经,3.触角腺(示所在位置),4.胃,5.肝脏,
6.卵巢,7.心孔,8.心脏,9.腹神经索,10.神经节,11.食道下神经节,
12.前大动脉,13.胸下动脉,14.胸动脉,15.腹上动脉,16.腹下动脉,
17.精巢,18.精荚囊,19.后肠,20.腹部屈肌,21.斜屈肌,
22.背伸肌,23.直肠腺,24.肛门

图2-3 中国明对虾的内部构造

胃分前后两部,前部名贲门胃,后部称幽门胃。在幽门胃的后部和中肠两侧有一对大消化腺,即肝脏,有肝管通入中肠,中肠背面有中肠盲囊,在后肠和直肠交界处有

一直肠腺。食物由"口器"附肢传送至口,由大颚切断、磨碎,经食道至贲门胃,贲门胃内壁有许多形似小齿的角质突起,形成"胃磨",将食物磨细后送到幽门胃。该胃前端生有无数刚毛,具有过滤作用。中肠具有消化吸收的功能,未被消化吸收的物质经肠道由肛门排出体外。

2. 呼吸系统

对虾以鳃进行气体交换。鳃位于头胸部两侧的鳃腔之中,由于鳃的着生部位和功能不同,分为侧鳃(胸鳃)、足鳃、关节鳃和肢鳃4种,共25对。鳃由鳃丝构成。鳃内血管有入鳃血管和出鳃血管,两条血管各有分支通入鳃丝,形成血管网。由于第二小颚的颚舟片和各肢鳃的摆动,使水流不断地流经鳃腔,当鳃与水接触时便吸收水中的溶解氧,排出二氧化碳,进行气体交换,行呼吸作用。

3. 循环系统

循环系统为开放式,包括心脏、血管和许多大小血窦。心脏位于头胸部后端背面的围心窦内,黄白色,扁平囊状。可透过活虾的头胸甲看到心脏的跳动。心脏具心孔4对,两对在背面,1对位于前侧面,1对在腹侧面。心孔内有防止血液倒流的瓣膜。虾体内有动脉(眼动脉、触角动脉、肝动脉、腹上动脉、胸动脉及其分支——胸下动脉和腹下动脉等)分布全身各部。由于肌肉质的心脏不停运动,压迫血液流入上述动脉,再经分支的小动脉输送营养物质到组织内。

血液无色,血浆内含有血蓝蛋白,能携带氧气到组织中去。血液通过细小动脉流入组织间的血窦内,由血窦将血液收集流入胸部底面的胸血窦,然后流入鳃血管而达鳃内,经气体交换,将血液澄清后,再经出鳃血管最后流回围心窦,经心孔入心脏,周而复始,不断循环。

4. 排泄系统

对虾的排泄器官为触角腺,位于第二触角基部,由一囊状腺体和一薄壁的膀胱及排泄管组成,排泄孔开口于第二触角基部的乳突上。由于腺体内的排泄物呈绿色,故触角腺又称为绿腺。

5. 生殖系统

(1)雌性生殖系统。

1)卵巢:位于身体背面。成熟的卵巢由并列而且对称的左右两大叶组成,从胃的前方向后一直延伸到腹部末端。约占体重的 1/6,重约 15 g 左右。由于卵巢各部分形态不同。一般可分为前叶、中叶(侧叶)和后叶 3 部分(图 2-4、图 2-5)。

前叶:1 对。沿贲门胃两侧伸达咽部。前末端沿向背面方向呈钩曲状,基部愈合。

中叶(侧叶):位于肝脏背侧,6 对。各对侧叶形状不规则,末端浑圆,皆比前叶为小,其中第五、六两叶又各分为上、下两小叶,下叶被上叶覆盖,不易见到。

后叶:1 对,很长。自头胸部后端并列于腹部肠道上方,延伸至肛门附近。在第三腹节之前的后叶,卵巢宽度由前而后逐渐变窄,在腹部各节交界处有明显压迫痕迹,侧观卵巢边缘呈连续的台阶状;第三腹节以后的后叶,卵巢宽度明显变小,侧缘比较平滑,压迫痕不太明显。在肛门前上方处,由左右卵巢合抱而成 1 个椭球形空隙,直肠即由此通过而抵肛门。

2)输卵管及雌性生殖孔:输卵管 1 对,长 1~2 cm,一端与卵巢第五侧叶的下叶末端相接,另一端开口于第三步足基部内侧的乳突上,即雌性生殖孔。

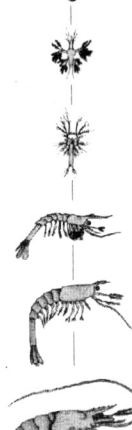

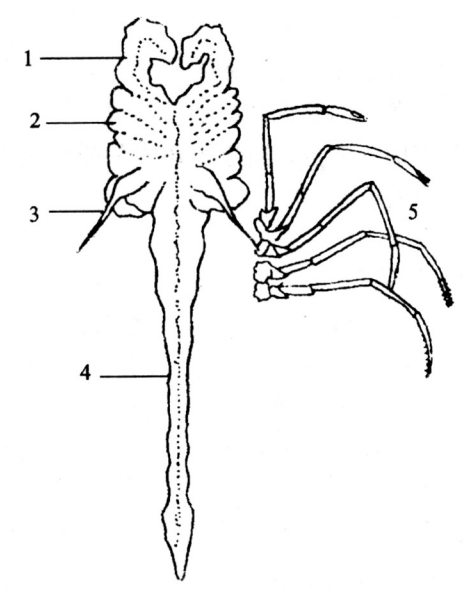

1.前叶,2.侧叶(中叶),3.输卵管,4.后叶,5.第三步足

图 2-4 中国明对虾成熟的卵巢

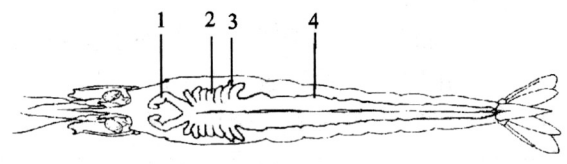

1.卵巢前叶,2.卵巢侧叶,3.输卵管,4.卵巢后叶

图 2-5 中国明对虾雌性生殖系统

3)纳精囊(受精囊):1个,位置在第四与第五步足基部之间的腹甲上,略呈圆盘状,长略大于宽,纵向开口,口的两侧边缘分别向外翻卷,开口前方有一圆杆状突起,口内为一空囊,为雌虾交尾并贮存精子的器官,故名纳精囊或受精囊。

(2)雄性生殖系统(图2-6)。

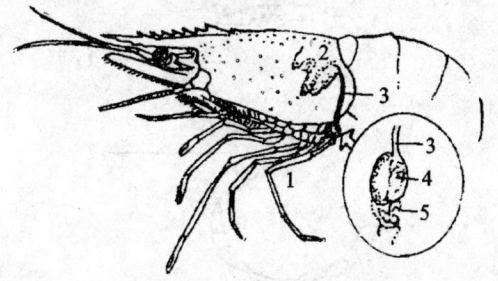

1.第五步足,2.精巢,3.输精管,4.精荚囊,5.生殖孔

图2-6 雄性生殖系统示意图

1)精巢:并列而且对称,位于头胸部肝区中部至第一腹节之间,呈盘肠状,成熟的精巢其重量也不超过1 g,仅占体重的几十分之一。

精巢分前叶(1对)、中叶(即侧叶,6对)和后叶(1对)。精巢薄而透明,成熟时微白色,由为数众多的精子囊组成,精原细胞经发育而形成精子。精子长约10微米,分头、颈、尾3部,头部圆球形,颈部不明显,尾部与头部等长,形似图钉。

2)输精管:1对,其一端与精巢后叶相通,另一端与贮精囊相接。输精管透明、弯曲,呈不规则膨大的管状体。管轴与精巢大体平行,但走向相反。

3)贮精囊:为1对膨大的囊状物,各自位于第五对步足基部,是雄虾产生和贮存精荚的所在。成熟的雄虾,外观其贮精囊似1对豆状的圆形球体,白色,交配时精荚(见图2-7)即由该处经生殖孔排出体外。

4)生殖孔:贮精囊有一短管,开口于第五步足基部内侧乳突上,即生殖孔(或称排精孔)。交尾时期,该乳突特别膨大,平时则不易见到。

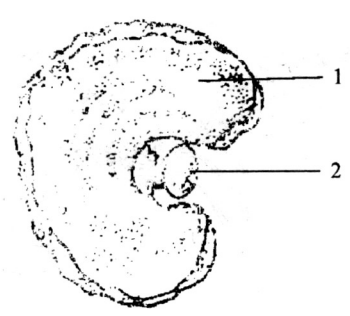

1. 瓣状体,2. 豆状体

图 2-7　中国明对虾的精荚

5)雄性交接器:1 个,由第一腹肢的内肢特化而成。中国明对虾的雄性交接器呈古钟状,长度明显大于宽度。中部纵向卷曲,合成圆筒形,中叶末端稍尖,伸出于侧叶末缘之外。

6. 神经系统和感觉器官

脑位于两眼基部的后方,由两个大的神经节合并而成。由脑发出神经到复眼、第一触角、第二触角等处,并分发 1 对神经(环食道神经)绕过食道与食道下方的食道下神经节连接,其后以腹神经索纵贯身体腹面的中央,该神经索由两条神经索合并而成,其外包有结缔组织,在 7～8 胸节之间分离成为一孔,胸动脉即由此孔穿过。腹神经索在 8～19 节的每一体节内,均有腹神经节分发出的神经到各体节相应的附肢中去。

感觉器官有复眼 1 对,着生在能转动的眼柄上,由脑前侧发出的视神经通入眼柄,神经末端周围分布多个细胞群,具有分泌激素的作用,称为 X 器官。平衡囊位于第一触角基部丛毛之中,司身体平衡。第一与第二触角的触鞭以及与神经末梢相连的各部刚毛,皆有触觉作用,故对虾感觉灵敏。

7. 肌肉系统

肌肉为横纹肌,由许多肌肉束构成,分布于胸部和腹部,但以腹部最发达。肌肉束分为伸肌与屈肌两种,它们协调的伸缩运动,使对虾具有很强的游泳能力。腹缩肌几乎占据整个腹部,与斜伸肌绞在一起构成强大的肌肉块,它的收缩可使虾体迅速弯曲。背伸肌欠发达,位于后肠上方,运动能力较弱。

在头胸部,有肌肉通到各有关器官内。眼柄的竖立、大颚的活动,触角的摆动,胸部附肢的运动,皆分别依赖于复眼肌、大颚转肌、触角肌和胸腹肌的运动。

二、生态习性

在自然海区,中国明对虾寿命多为1年,仅少数个体生命可达两年或达3年。在它一生中,要经过好几个不同的生长阶段,在不同生长发育阶段,对外界环境条件要求也不同。

(一)对环境的适应

1. 对温度的适应

中国明对虾是变温动物,环境水温决定着其体内生理、生化反应的速度,因而决定其新陈代谢的速率,从而影响着对虾的生长、发育、繁殖,也决定着对虾在自然界的分布。中国明对虾沿海有两个地方种群,分布在黄渤海的种群既能耐受较高的温度,又有较强的耐低温能力;分布于珠江口的种群属于高温虾类,耐低温能力较差。黄、渤海种群生活的水温范围为8℃～26℃,越冬场的最低水温可达6℃,而仔虾生活的潮间带水温可达32℃,幼虾超过35℃时出现不适,到38℃活动异常,39℃即死亡。张伟权(1984)报道,越冬亲虾适温范围是7℃~11℃,低于7℃活力明显下降,2℃时绝大多数僵倒死亡。在水温急剧变化时,耐温范围缩小,例如生活在23℃中的仔虾,当水温急剧下降到10℃时便会引起部分个体死亡。

对虾产卵孵化的适宜水温为18℃~22℃,水温低于10℃或高于28℃时不能孵化;幼体发育的适温范围是20℃~27℃;无节幼体阶段适温为20℃~33℃;溞状幼体适温为20℃~30℃,仔虾时适温为20℃~35℃。

2. 对盐度的适应

中国明对虾是一种广盐性虾类,这意味着它对渗透压的调节能力较强。在自然条件下,中国明对虾产卵、胚胎发育和幼体发育都是在近海完成的,盐度一般为23~32。仔虾具有溯河的习性,多分布在河口或河道内,分布范围与河道的径流量有关,径流量大时仔虾多分布于河口附近,径流量小时仔虾往往可溯河数十千米,发现仔虾处的最低盐度为0.86。幼虾期随着生长,逐渐游向外海。对虾虽属广盐性生物,但对盐度急剧变化的适应能力较差。

在人工养殖条件下,中国明对虾可在盐度为40的盐田贮水池中生存,也可在盐度1.5的池塘中生存,但当盐度逐渐降至0.25时,虾体变白,不久便死亡,中国明对虾不能在纯淡水中生存。

3. 对pH值的适应

中国明对虾在pH值为7.6~9.3的海水中能正常生活。

4. 栖息与运动

中国明对虾喜栖息在泥沙质海底,白昼多匍匐爬行或潜伏于海底表层泥沙中,夜间活动频繁,常缓游于水底,有时也急速游向水的中、上层。养殖的中国明对虾平时极少观察到潜底行为,但在温度降低至14℃～15℃时则大都潜底,水温越低潜底时间越长,但在临近致死低温时多跳离底质而死在水中。严重污染的底质,对虾不愿潜底;水中溶解氧含量接近窒息点时,对虾亦不潜底而浮于水面。静伏时,步足支撑着身体,游泳肢缓缓摆动。游泳时,第二触角触须分列于身体两侧,步足自然弯曲,游泳肢频频划动,升降自如。

对虾是多种肉食性动物的食饵,它既无攻击敌害的本领,又无像贝类那样的坚硬贝壳,其防御敌害的本领是一逃、二藏。活动中的对虾遇到敌害时会以连续的弹跳,避开敌害。

幼体阶段营浮游生活,受海水流动支配,水平分布较广。具有一定活动能力的仔虾常聚集在河口附近或在内湾中觅食,随着幼虾迅速生长,又逐渐离开河口到近岸浅海区域栖息活动,当幼虾长至8～9 cm后,便开始移向较深的水域中生活。

(二)洄游

中国明对虾在黄、渤海区有明显的洄游习性。

1. 越冬洄游

中国明对虾,向北分布到渤海湾,虽然在水温较高的夏、秋两季能在渤海湾繁殖生长,但在严寒即将来临、水温降至10℃以下时,便迁移南下到黄海南部水温较高的水域中越冬。

2. 生殖洄游

翌年2～3月水温回升,在黄海南部越冬的虾群,又成群结队地向北方进发,至3月上旬到达山东半岛南端的石岛外海,3月中、下旬便密集于山东半岛的东端附近,然后向西进入莱州湾、渤海湾、海州湾浅海处产卵。少量的虾群到达山东半岛南岸、江苏沿岸、辽东半岛南岸和朝鲜西海岸、朝鲜半岛南海产卵。进入产卵场的虾群摄食强度增加,性腺迅速发育,4月末5月初开始产卵,5月中旬至6月初为产卵盛期。在此期间,北上产卵的主要虾群,大约在2个月的时间内完成近千千米的旅行,最终到达产卵场,寻找适宜的环境繁殖后代。由黄海南部越冬场向近岸产卵场的洄游称产卵洄游。中国明对虾的洄游在对虾类中最具特点,洄游距离亦最远。

从夏初到秋末,各河口近海区的自然条件适合对虾繁殖,新生的幼虾可以得到丰富的食饵,顺利而迅速地生长。秋末冬初时,幼虾就长得和母体一般大小,此时雄虾性腺已发育成熟,即与雌性进行交尾。寒冬又至,新生的虾群又南移越冬,如此往复,多少年来一直不变。

(三)食性

在不同的生长发育阶段其食物种类及组成不尽相同。幼体阶段从溞状幼体开始摄食,溞状幼体以摄取植物性饵料为主,在糠虾幼体阶段除摄取植物性饵料外,同时也捕食动物性饵料生物,在仔虾阶段以食浮游动物为主,随着生长发育和运动能力的增强,就以底栖饵料生物为主要摄食对象。人工育苗的幼体多以轮虫、卤虫幼体、微粒配合饲料以及豆浆、蛋黄等为饵料。

在自然海区,幼虾多以小型甲壳类(如介形类、桡足类、糠虾等)及软体动物和多毛类的幼体为食;成虾则以海区的底栖甲壳类、瓣鳃类、多毛类及小型蛇尾类为食。在人工饲养中,幼虾、成虾常投喂人工合成饵料,也可投喂一些小型贝类、鱼类、虾类、蟹类等。

(四)繁殖习性

1. 中国明对虾为雌雄异体

中国明对虾雌雄性征比较明显,易从外形上识别雌雄(见表2-1)。雄虾生长约5个月成熟,秋末初冬与雌虾交配,将含有精子的精荚囊授予雌虾纳精囊内,雌虾翌年4~5月性成熟,将精子和卵子同时排入水中受精,受精卵在海水中发育孵化,经无节幼体、溞状幼体、糠虾幼体、仔虾期进入幼虾,完成幼体发育。

表2-1 中国明对虾雌、雄对虾在形态上的区别

形态		雄性	雌性
个体大小		小于雌虾,自然海区成熟的雄虾体长一般为15~18 cm,体重为40~60 g	长成的雌虾体长为18~23 cm,体重为80~120 g
体色		成熟后的雄虾体为黄色	微显蓝绿色、较透明
第二触角触须		在近基部有明显折曲	呈平滑的抛物线状
第三颚足		较长,末节呈匙状	较短,末节呈爪状
第一腹肢		内肢变成雄性交接器	内肢退化
第二腹肢		内肢内缘有一鳞片状雄性附肢	内肢正常
交接器	位置	由第一腹肢左右内肢联合而成	位于第四与第五步足基部之间腹甲上
	形状	呈古钟状	呈圆盘状
生殖孔位置		雄孔位于第五步足基部	雌孔在第三步足基部

2. 交配(交尾)

当年生的雄虾在9月下旬精巢内可见到成熟的精子,此后雄虾产生婚姻色,体色变黄,群众称为"黄虾"。此时,雌、雄虾聚群,10月中旬前后,当雌虾进行生殖蜕壳时,雄虾与之交配,将精荚囊输入雌虾纳精囊内,精荚的

瓣状体留于纳精囊之外,2～3天当雌虾甲壳变硬后,瓣状体脱落。交配后的纳精囊由凹平变为微凸,并可见其中白色的精荚。在渤海中,至10月15日可见到10%～30%的交配率(雌虾),10月末交配率可达80%～90%,至11月上旬交配活动基本结束。交配期水温由20℃降至16℃,18℃～19℃为交配盛期。在寒潮期或大潮期间交配活跃。

交尾是在雌虾刚蜕皮不久进行,这一习性对于对虾繁殖具有一定的适应意义。因雄虾个体小于雌虾,游泳能力也不如雌虾,而刚蜕皮的雌虾暂时失去游泳能力,常侧卧水底,这就给雄虾追逐交尾造成有利条件。此外,雌虾蜕皮后,纳精囊入口处的甲壳变得柔软,便于雄虾输入精荚,待软壳变硬后,此口牢牢关闭,精荚不致掉落。

交尾时,刚蜕皮的雌虾在水底静卧一段时间后便向中、上水层缓缓游动,雄虾尾随其后,并快速接近雌虾,从雌虾下方用额角顶住雌虾口器部位,与雌虾同游,两虾呈锐角状(图2-8)。数秒钟后,雄虾突然翻身,使腹面向上,形成雌雄腹部相贴的姿态,然后,雄虾又将身体横转90度,与雌虾呈"十"字形交叉,并将身体弯曲,扣住雌虾。接着雄虾作短促的抽搐,相继将两侧的精荚豆状体释出,由雄性交接器推送入雌虾的纳精囊内,而精荚的瓣状体还留在雄虾体内。雌、雄虾分离时,留在雄虾体内的瓣状体由雌虾带出,这时就可看到雌虾纳精囊外有两片乳白色的瓣状体(图2-9)随体飘动,依此可作为雌虾刚交尾不久的标志。两三天后,飘动的瓣状体脱落,而豆状体则长久地被封留在雌虾纳精囊内,使得原先平扁而透明的纳精囊变得饱满微凸而呈乳白色。对虾是否已经交配是对虾育苗生产上挑选亲虾时的重要依据之一。这是因为,

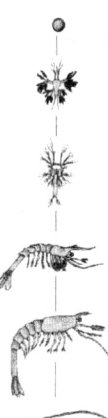

没有交尾的亲虾,有时也能产卵,但不能受精孵化。

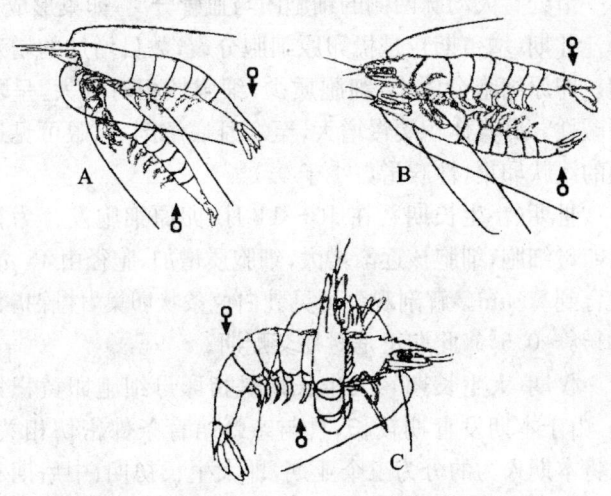

A. 交配前♀、♂呈锐角状游动 B. 腹面相对 C. 交配状态

图 2-8 中国明对虾交配图(仿纪成林)

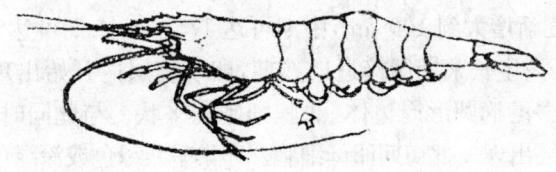

图 2-9 随体飘动的瓣状体(箭头所指)

3. 性腺发育

(1)雌性:根据卵巢中生殖细胞发育特点,中国明对虾卵巢发育可分为六期。

Ⅰ期(卵巢形成期):体长 10.8 mm 仔虾的切片中尚看不到卵巢结构,至体长 15 mm 时,可见沿大动脉两侧出现一些嗜碱性很强的细胞团,在围心腔膜腹面也有突起的细胞团,当仔虾进入幼虾期,体长 36 mm 时,可见腹部第一节处背大动脉两侧的细胞团与血管分离,卵巢形成。

Ⅱ期(增殖期):是指卵原细胞分裂,数目增加的增殖期。卵原细胞个体小,细胞质少,细胞核相对较大,呈弱嗜碱性。卵巢体积缓慢增大,至 9 月底解剖,肉眼可见透明的线状卵巢,性腺指数小于 0.1%

Ⅲ期(小生长期):在 10～11 月,卵原细胞发育为初级卵母细胞,细胞核逐渐增大,细胞质增加,胞径由 45 μm 发育到 75 μm。解剖观察可见乳白色条状卵巢,性腺指数 0.1%～0.6%,此期正是对虾交配期。

Ⅳ期(大生长期):大生长期是指卵母细胞卵黄积累期,由于本期发育期较长,且与亲虾培育条件密切相关,故将本期人为的分为三个亚期,即大生长初期、中后期和末期。由于卵黄物质的积累,卵母细胞逐渐增大,卵巢体积增大,绿色逐渐增浓。初期腹部第一节处卵巢宽度约占体宽的 2/5,中期占 3/5,末期占 4/5。卵径初期从 75 μm 逐渐增大到 100 μm,中期可达 175 μm,末期可达 240 μm。大生长末期即接近成熟期,卵子皮层内开始出现为数不多的椭圆形周边体,滤胞细胞扁平状。与此同时,卵巢内还出现一批初期卵母细胞。卵巢呈灰绿色或深绿色。

Ⅴ期(成熟期):卵巢丰满,性腺指数达到 15% 以上,灰绿或褐绿色。卵巢腔内出现游离的卵子,卵细胞皮层内充满棒状体,呈辐射排列,细胞核消失,滤胞层破裂或消失,卵径 250 $\mu m \pm 10$ μm。卵巢中的小卵母细胞胞径增大至 90 μm 以上,开始了卵黄的累积。此时外界条件适宜即可产卵。

Ⅵ期(恢复期):刚产过卵的亲虾,卵巢透明、萎缩。卵巢内除有少量残留的成熟卵子外,小卵母细胞迅速积

累卵黄,重复大生长期的发育过程,并再次成熟产卵。此过程可反复多次,最多可达7次以上。

(2)雄性:雄虾的精巢在幼小时透明,位于心脏和肝胰脏之间,是由结缔组织构成的许多弯曲的盲管组成。发生区位于盲管内层,精原细胞呈圆球状或椭球状,直径为 $10\sim12\ \mu m$,核圆,核径 $9\ \mu m$,染色质呈颗粒状,有丝分裂时,纺锤体占细胞的大部分区域。初级精母细胞近球形,直径约 $8\ \mu m$,核圆,核径 $6\ \mu m$,有很浓的染色质。次级精母细胞排列松散,近球形,直径 $5\sim6\ \mu m$,核圆,直径 $3\sim4\ \mu m$,染色质浓。精细胞近球形,直径约 $4\ \mu m$,核圆,核径约 $2.5\ \mu m$,其内充满染色质。成熟的精子呈鸭梨状,分主体部和棘状锥体部,全长约 $5\ \mu m$。对虾精子的发生并非同步,精巢盲管基端细胞发生早于末端,不同盲管内的细胞发育也不同步。在一个发育期内,雄配子的发生持续约两个月的时间。8月初几乎所有的精巢内皆已产生初级精母细胞和次级精母细胞,较大的个体已产生精子。当精子形成并相继排出精巢时,精原细胞数量增多,并继续分裂发育,至10月中、下旬交尾期内精子的发生仍未停息。交尾期后,精原细胞停止分裂。但翌年5~6月雄虾仍可产生精子(陈俠等,1986)。

成熟的精子通过输精管,进入精荚囊的精荚中,待交配时再输入雌虾的纳精囊内。

(五)生长

关于描述、度量对虾的几个术语:

(1)对虾全长(mm):额剑尖端至尾节末段的长度(TL)。

(2)对虾体长(mm):眼窝后缘至尾节末段的长度(BL),简化为 L。

(3)头胸甲长(mm):眼窝后缘至头胸甲背面中央后缘的长度(CL)。

(4)尾重(g):体重减去头胸部重以后的重量。

1. 生长迅速

中国明对虾的生长速度在对虾类中属上中等,次于斑节对虾和凡纳滨对虾,较长毛明对虾、日本囊对虾快。当年繁殖的虾苗,雄性至9月末体长可达140~150 mm,体重30~38 g,雌虾10月上、中旬生殖蜕壳后体长可达175~185 mm,体重60~70 g。此后进入低温期,生长缓慢,翌年春汛,雄虾体长140~155 mm,体重30~43 g,雌虾体长180~190 mm,体重65~80 g。如果冬季水温适宜,仍可继续较快生长。两年生的雄虾体长可达170~175 mm,体重55~65 g,雌虾210~240 mm,体重110~165 g。渤海中,中国明对虾各月龄的增长数据如表2-2所示。从表2-2中可知中国明对虾在6~10月间生长迅速,平均每日体长增长1 mm,最快的8月份每日平均增长1.9 mm。体重的增长值也是8月最快,月增长24 g,平均日增长0.8 g。

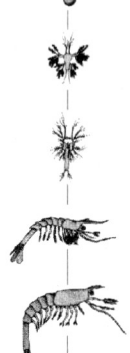

表2-2 中国明对虾在渤海中不同月龄的增长(邓景耀,1989)

月龄 (月/日)	1 6/25	2 7/25	3 8/25	4 9/25	5 10/25	6 11/25	7 12/25
平均体长(mm)	27	81	139	155	169	176	180
平均体重(g)	0.21	5.91	29.92	41.49	53.79	60.76	65.0
体长月增长(mm)	27	54	58	16	14	7	6
体重月增长(g)	0.21	5.70	24.01	11.57	12.30	6.97	4.21
体长月增长率(%)		80	71.6	11.5	9.0	4.1	2.2
体重月增长率(%)		2714	406.2	38.6	29.6	12.9	6.9

尾重和体重的回归模型：BW(尾重) = bW(体重) - a；

体长小于 150 mm，$a=0.515$，$b=0.675$，尾重约为体重的 66%；体长大于 150 mm，$a=0.754$，$b=0.654$，尾重约为体重的 64%。

人工养殖的中国明对虾，由于环境和饵料的限制，其生长速度大多数要低于上述生长速度。人工养殖的方式、条件等不同，中国明对虾的生长速度差异较大。早期可以每天 1.5 mm 的生长速度增加体长，精养 4 个半月能达到 130～150 mm，如表 2-3 所示。

表 2-3　人工养殖的中国明对虾不同时期体长增长参数(纪成林,1989)

月	旬	平均体长(cm)	平均体长日增长(cm)
6	上旬(虾苗入池)	1.5	0.15
	中旬	3.0	0.15
	下旬	4.5	0.15
7	上旬	6.0	0.15
	中旬	7.5	0.15
	下旬	8.5	0.10
8	上旬	9.5	0.10
	中旬	10.3	0.08
	下旬	11.1	0.08
9	上旬	11.9	0.08
	中旬	12.7	0.08
	下旬	13.5	0.08
10	上旬	14.3	0.08
	中旬	14.9	0.06

中国明对虾在人工养殖条件下,其体长与体重的关系是呈幂函数曲线增长形式,其回归关系为:

$$W=0.12L^3$$

W—体重(g),L—体长(cm)。

由于人工养殖的条件不同,其体长与体重的关系并非固定不变。我们还可以用肥满度来表示对虾的生长情况,即:

$$肥满度=\frac{体重(g)}{[体长(cm)]^3}\times 100$$

中国明对虾的肥满度,仔虾期一般为1;体长5～10 cm为1.1;10 cm以上为1.2～1.3。小于以上值,则表明饲喂的条件欠佳。

中国明对虾生长在性别上差异显著,仔虾期60天后(渤海野生虾体长达70 mm后),雌雄个体在生长上开始表现出差别,以后差别逐渐加大。雄虾4个月龄性成熟,基本不再蜕皮生长,此时体长达140～150 mm,体重30～38 g;雌虾5个月龄交配后,不再蜕皮生长,此时体长达175～185 mm,体重60～70 g。

根据邓景耀(1981)对渤海中国明对虾生长研究,在渤海野生中国明对虾的主要生长参数如下:

仔虾:BL= 0.998+3.92 CL;

幼虾、成虾:BL= 3.62+3.44 CL;

雌虾体重(g):$W=11.0\times 10^{-6}L^{3.0044}$(体长范围7～191.9 mm);

雄虾体重(g):$W=11.3\times 10^{-6}L^{2.9987}$(体长范围7～161.1 mm);

性成熟月龄(自仔虾1期开始)5个月;自然繁殖月龄12个月。

繁殖产卵群体,雌虾体长180～190 mm,体重65～80 g;雄虾体长140～150 mm,体重30～43 g。

中国明对虾绝大多数个体的寿命为1年,然而少数个体的寿命可达两年,极少数达3年。两年龄的雌虾体长210～240 mm,体重100～150 g;雄虾体长170～175 mm,体重55～65 g。

2. 生长与蜕壳

甲壳虽然具有保护作用,但也会限制中国明对虾体积的增长,中国明对虾的生长必须要进行蜕壳,每蜕一次壳,体积产生一次飞跃的增长。但是也必须认清生长与蜕壳的因果关系,蜕壳是生长的结果,绝不是因蜕壳而引起生长。中国明对虾生长是营养物质积累与同化的结果。在蜕壳间期,对虾大量摄食,进行营养物质的积累与同化,体内营养物质增加,体液减少,蜕壳之后,对虾迅速吸收水分,增大体积,产生一次体积的飞跃增大。张嘉萌等(1989)的实验证明了这一点,当营养条件不佳时,中国明对虾即便是蜕了壳也不增长,甚至出现负生长。因此,主张用物理或化学(各类蜕壳素)方法促进对虾蜕壳,以便达到促进对虾生长的目的是徒劳的,甚至是有害的,蜕壳不仅要增加虾体的消耗,对不成熟的退蜕,也往往是造成对虾死亡的一个因素。

但是,中国明对虾在蜕皮间期也会生长的,这主要是靠各甲壳之间的关节膜伸长来实现的。张嘉萌等(1989)报道了中国明对虾各期溞状幼体体长在蜕皮间期的变化,溞状幼体1～3期在不蜕皮的情况下,体长可分别增长12%、11%和7%。

3. 对虾生长与环境

对虾的生长固然有自身的内在规律,但是环境的影响也是不容忽视的,特别是水温、盐度、水质、营养条件与生长关系极为密切。

(1)水温:水温对变温动物的新陈代谢速率影响很大,在适温范围,水温升高,新陈代谢增快,生长也就加快。王克行(1983)实验表明,在20℃～30℃的范围中,生长速度随水温上升而显著增加,在30℃中生长最快,34℃时生长速度下降,见图2-10,表2-4。

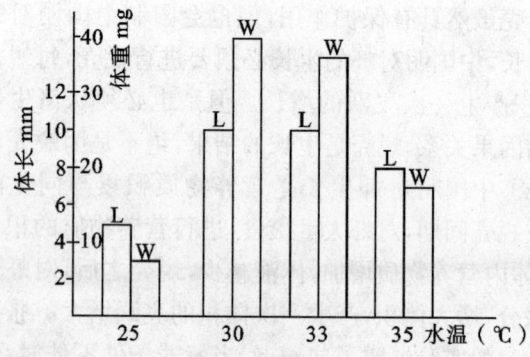

图2-10　中国明对虾仔虾在不同水温中10天生长图

表2-4　中国明对虾仔虾在不同温度中10天增长

水温(℃) 结果 项目	第一次试验				第二次试验			
	20.92	25.05	28.01	29.72	25.26	29.77	32.69	34.38
开始体长(mm)	6.17	6.17	6.17	6.17	4.90	4.90	4.90	4.90
结束时体长(mm)	9.13	12.40	15.53	17.10	9.59	14.76	14.69	11.97
体长增长值(mm)	2.96	6.23	9.36	10.93	4.69	9.86	9.79	6.97
体长增长率(%)	4	7.2	9.7	10.7	6.9	11.7	11.6	9.6
开始体重(mg)	1.06	1.06	1.06	1.06	0.56	0.56	0.56	0.56
结束时体重(mg)	6.64	22.91	47.34	62.62	8.34	39.25	37.69	17.84

(续表)

水温(℃)　　结果　项目	第一次试验				第二次试验			
	20.92	25.05	28.01	29.72	25.26	29.77	32.69	34.38
体重增长值(mg)	5.58	21.85	46.28	61.56	7.78	38.69	37.13	17.28
体重日增长率(%)	20.1	36.0	46.2	50.4	31.0	53.0	52.3	41.4
开始时尾数	50	50	50	50	50	50	50	50
结束时尾数	41	36	39	35	13	9	7	9
成活率(%)	82	72	78	70	26	18	14	18

由以上试验结果得知,中国明对虾耐高温能力较强,这个特征有利于人工养殖,北方池塘中,夏季水温经常在30℃～32℃,应是对虾生长的适温期,应加强管理,投足饵料,促使其快速增长。但如有短时的34℃～35℃的高温天气,应注意防暑降温措施。

(2)盐度对生长的影响:中国明对虾虽是广盐性动物,但其在不同的盐度中的生长速度不完全相同。养虾经验证明,中国明对虾在半咸水中生长较快。于鸿仙等(1982)的试验也证明了这一点,仔虾在盐度为20.97～43.26的不同梯度试验中,其生长率和成活率都随盐度升高而下降,见表2-5。

表2-5 对虾在不同盐度中生长和成活情况

试验盐度	20.76	23.86	25.48	34.70	37.30	41.20	43.20
成活率(%)	96.7	95.5	98.7	97.3	97.0	89.2	84.0
体长生长率(%)	77	71	71	64	59	47	31

试验中还观察到仔虾在半咸水中蜕壳勤、体色鲜艳。关于低盐度海水促进对虾生长的机理尚欠研究,王克行

曾对体长 10 mm 仔虾进行了加入不同比例淡水的饲养试验,结果是加入 10%,20%,30%淡水的在 24 小时内蜕壳率较高,而加入 70%以上各组的死亡率明显增高。因此,可以认为,加入适量淡水有刺激蜕壳的作用。

此外,影响对虾生长的因子还有水质、底质、饲料、疾病等。

第三节 中国明对虾工厂化育苗技术

20 世纪 80 年代,我国开发了中国明对虾工厂化育苗技术,对虾育苗技术开始快速发展,并逐步规范化。20 世纪 90 年代以后,对虾的养殖获得快速发展,又进一步促进对虾的育苗技术取得不断进步。

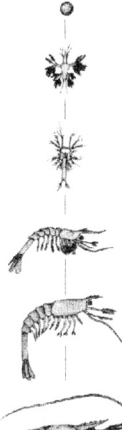

在当前多种病毒性疾病流行的情况下,使用不被流行性病毒(如白斑综合症病毒——WSSV、桃拉病毒——TSV、对虾细小样病毒——HPV 等)潜伏感染的健康虾苗,是保证安全养殖、无公害养殖的必要条件。从预防病毒病的迫切需要出发,我国对虾养殖产业应该建立无特定病原(SPF)对虾育种场,为养殖产业提供大量健康虾苗。但是,目前要实现这一设想,不论在资金投入还是管理上都有较大难度。然而,如果仅仅是为商业生产提供不携带 WSSV、TSV 等病毒的健康虾苗,或者说仅仅是培育基本上不携带特定病原的虾苗,还是容易实现的。近几年的一些初步的研究工作表明,用灵敏 PCR 检测病毒技术与严格的消毒措施相结合,使用杀菌消毒水系统,使用病毒检测为阴性的雌性亲虾,对对虾受精卵、无节幼体作一些处理,即可获得基本上不携带 WSSV 的虾苗或者

至少可以把虾苗的病毒携带率降低到可以为生产接受的水平。这种方法培育的虾苗,由于只是对当代商业用苗负责,操作容易,设备简单,从我国已经开展的这方面工作的效果来看,目前我国多数对虾育苗场均可开发此项技术。

培育无 WSSV、TSV 等病毒感染的虾苗,通常可采取如下操作程序:亲虾进入培育池之前,应使用 200～300 mg/L 福尔马林浸泡消毒,使用经严格过滤后再消毒的海水培养亲虾。对虾产卵、受精卵孵化和无节幼体培育也应使用过滤后再消毒海水。受精卵进入孵化池前,应先消毒处理并用消毒后的海水反复冲洗。幼体各个阶段及使用的饵料,均应进行病原检测,凡是阳性饵料、卵、幼体,应舍弃。有的研究者发现,如果使用没有对特定病毒检测的亲虾育苗,只是对亲体、卵、幼体消毒处理,尚难以彻底消除少数对虾幼体被感染。因此,在生产中需要对亲体进行病毒检测,挑选不携带病毒的亲虾,作为产卵亲虾。产卵前亲虾活检可采用切取对虾游泳足检测,由于可能对亲虾成活造成影响,也可采用单尾亲虾产卵,对产卵后的雌虾纳精囊、鳃丝、胃等器官或组织进行病原检测。亲虾检测如为阳性,该亲虾产的卵子应抛弃。但是,这种处理方式在大规模生产中应用很不方便。当然,最好的办法是培养生产无特定病原潜伏感染的亲虾。

世界动植物的养殖史就是一部良种培育的历史,运用人工优选的生物种群作为亲代,再进一步从育成的子代中筛选出高品质或高产量或生长速度快或抗病力强的种苗,而后次次去劣存优,代代繁衍改进的生物选育技术,早已广泛应用于农牧业生产中,一个优良品种的出现往往会给养殖业带来一次飞跃,而将此技术应用在虾类养殖上时间甚短,良种选育工作仅处于研究阶段。鉴于近年来中国明对虾养殖疾病仍不能有效地控制,苗种生产疾病增多,选育生长快、抗病力强、不携带暴发性流行病原体的良种亲虾,已成为养殖业刻不容缓的研究内容之一。通过培育抗病力强的高健康虾苗切断病原的垂直传播途径,通过实施健康养殖技术切断病原的水平传播途径,将会大幅度提高中国明对虾养殖的成功率。如能进一步培育既不携带病毒暴发性流行病病原体,又对病原体有较强抵抗力的优良苗种用于养殖生产,对恢复和发展对虾养殖业将有巨大的推动作用。由于中国明对虾种虾可以人工培育,通过特定的筛选及严格的防疫培育体系,完全可以获得品质优良的健康种虾。从对虾育苗和养殖工艺要求及养殖地域分布考虑,必须建立起可覆盖全国的中国明对虾良种培育体系。黄海水产研究所等单位已在这方面做了一定的工作,2003年人工选育成功了我国第一个海水养殖动物新品种——中国明对虾"黄海1号",由农业部公告(水产新品种【2004】证字第1号,品种登记号:GS01001-2003)。中国明对虾"黄海1号"作为水产优良养殖品种,已在山东、江苏、天津、河北等部分省市推广。

一、育苗场的建设

1. 建场地理条件

在建场之前应考察地形,测试水质,审慎选择育苗场地。具体要求是:①场址应在避风内湾山丘或高地上,坐北朝南,周围水质清净,无工业及城市排污影响。水源水质应符合GB 11607的规定,培育用水水质应符合NY 5052—2001的规定,见表2-6。②海水盐度不低于23,

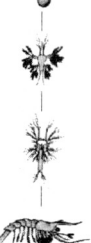

pH值稳定在8.0左右。③育苗场应靠近自然亲虾产区。④通电、通水、通信、交通方便,车船可以直接到达,淡水水源充裕。最好不要太靠近居民区。

表2-6 中国明对虾育苗水源可耐受的重金属及有机物含量(mg/L)

项目	控制含量	项目	控制含量
汞离子	0.000 2	润滑油	0.5
镉离子	0.001	敌百虫	0.005
铬离子	0.01	内吸磷	0.002
铅离子	0.05	杀虫脒	0.3
铜离子	0.01	间苯二酚	1.0
锌离子	0.01	对苯二酚	0.05
镍离子	0.005	甲醛	0.3
砷	0.03	水合肼	0.01
马拉硫磷	0.000 5	滴滴涕	0.000 05
六六六	0.000 4	甲基对硫磷	0.000 5
五氯酚钠	0.01	乐果	0.1
丙烯月青	0.3	多氯联苯	0.000 02
挥发性酚	0.005	硫化钠	0.1
石油类	0.05	硒	0.02
氰化物	0.005	煤油	0.02
原油	1.0	轻柴油	0.7
汽油	0.1		

主要设施有育苗室、饵料培养室、亲虾越冬池、产卵池以及供气、供热、供水、供电系统。如在河口地区进行

海水人工育苗,还需建造蓄卤池、海水调配池(室)及海水净化装置等,参照凡纳滨对虾部分第二节中的"育苗场的建设"。

二、亲虾的选择与培育

(一)亲虾的选择

目前我国亲虾来源一是人工越冬培育的养殖亲虾,二是采捕海中亲虾。后者是主要来源,为了保护黄渤海对虾资源,规定只允许捕捞黄海沿岸及向渤海生殖洄游途中的"过路虾",禁止捕捞已进入渤海产卵场的亲虾,所以多是从3月中旬到4月底在黄海区捕捞。在选购时应注意以下问题:

(1)亲虾健康是首要条件,应选体壮力强的个体,淘汰身体瘦弱、体色异常、黑鳃、烂鳃和身沾异物以及有严重外伤的个体。在有条件时,应由检疫部门进行病毒病的诊断,例如用聚合酶链反应(PCR)、单克隆抗体酶联免疫(ELISA)检测及分子杂交检验技术等,进行病毒病的快速诊断,淘汰带病毒亲虾,这是生产无病毒虾苗的前提。

(2)卵巢发育正常、丰满,纵贯整个虾体背面,无变红或变白的间断处,卵巢绿色或浅绿色,边缘轮廓清晰,无白色边缘。

(3)纳精囊饱满,能看到其内乳白色的精荚。

(4)个体越大,怀卵量也越大,应选大个体亲虾。

(二)亲虾数量

雌虾的怀卵量因个体大小而异,一般在50.7万~108.9万粒之间,怀卵量与体重之间的相关方程为:

$$Y = 10.244 + 8.398 W$$

式中 Y——怀卵量(万粒),W——体重(g)。

海捕亲虾首次产卵平均数在 50 万粒左右,二次成熟产卵在 30 万~50 万粒,亲虾还可以再产几次卵。如按集卵率 70%,孵化率 80% 计算,每尾海捕虾两次产卵可孵出无节幼体 50 万尾左右,足够 1 m³ 水体培育。但是为了能集中获得早批卵子,加快布池速度,可适当多购买亲虾,但每立方米水体 2 尾亲虾已足够。越冬亲虾虽然产卵量少,但时间充足,亦可按照上述标准购买。

实际生产中由于育苗技术的改进、亲虾资源的减少、亲虾价格的升高及多次产卵的利用等,亲虾的使用数量明显下降,每尾亲虾可出苗 20 万尾以上。亲虾过多不仅对资金和资源是浪费,由于数量多,密度大,也常常导致产卵量和孵化率的下降。

(三)亲虾的运输

根据路途远近和运输条件,可采用陆运、水运或空运等方式来运输亲虾。

陆运,一般采用帆布桶以汽车运输,其优点是灵活性大,适合于 24 小时以内路程的运输。一般情况下,直径 80~100 cm,水深 40~50 cm,水温 8℃~10℃,可装运亲虾 50~100 尾,陆运时应注意配备充气机或氧气瓶,以确保亲虾的成活率。

水运,一般也是用帆布桶等容器以船载运,或以活水仓运输,其优点是取海水方便,可以经常换水或流水运输,可增大亲虾密度,而且也较安全可靠。

空运,是指用尼龙袋装亲虾用飞机运输,适用于国际或国内长距离运输,方法是用 20 L 的尼龙袋装水 1/3,可放入亲虾 5~8 尾,充满氧气扎口后装于保温箱内运输。高温期运输还应放冰袋降温,保持水温在 10℃ 左右,同时为了防止额角刺破尼龙袋,可在额角剑上套一段胶皮管。

不管哪种方式运输亲虾都应注意以下几点:一是运输工具要洁净,新帆布桶应浸泡几日后再使用。二是装运亲虾用的海水要清澈新鲜,换水温差小于2℃。三是途中应经常检查亲虾的活动情况,亲虾静卧于水底属正常,若浮于水面或跳动或侧倒说明氧气不足,应迅速充氧、搅水或换水。

要求亲虾入池前后的温差要小于2℃,盐度差小于5,否则应进行温度、盐度调节。水温以每小时升降1℃～2℃的幅度调至正常值,盐度要求在24小时内逐步过渡到本育苗场用水的盐度范围。

亲虾入池前用250～300 mg/L的甲醛消毒3～5分钟,在入池后加1～5 mg/L的抗菌素。

(四)亲虾的越冬

为保护我国沿海中国明对虾的资源,我国北方沿海各省普遍开展了中国明对虾亲虾人工越冬技术的研究工作,并已取得显著成效。实践证明,利用人工越冬亲虾育苗有如下优势:亲虾来源稳定;可人为控制亲虾产卵时间,根据需要可提早育苗,提早放苗;亲虾利用率高,并可重复利用。

1. 人工越冬亲虾的方法

(1)锅炉加温越冬:利用现有的育苗室、越冬室用锅炉加温越冬。这种方法较普遍,但成本偏高。

(2)利用地热水越冬:可根据需要进行适当的温度、盐度调配,此方法可降低燃料消耗。

(3)利用塑料大棚越冬:采用地上或地下、半地下等各种技术措施,提高越冬室气温,节省能源并解决亲虾越冬对水温的要求。一些单位在这方面做了大量的研究工

作,并获得了成功。

2. 塑料越冬大棚的建造

要选择背风向阳、排水方便、底质为硬泥或泥沙质、保水性能好、虾苗外运方便、一般水深 2 m 左右的地方。棚的结构要坚固耐用,一般要求池四壁用砖石浆砌,以防风袭,上部用木杆或竹竿,把大棚膜用木条钉在其上,加强塑料大棚的支撑能力。

放亲虾前要进行清池,可用漂白粉等含氯消毒剂,老池每亩用量 30 千克,新池减半;进水时用 60~80 目筛绢过滤;施肥可选用硝酸钠或尿素,用量为 5~10 g/m³ 水体。

3. 亲虾暂养

由于市场规律或其他原因,中国明对虾的起捕时间越来越早,很少在 10 月份后起捕,因此造成对虾大部分未达到作亲虾的规格,其中雄虾也没有达到性成熟,所以育苗单位不得不提前购入合适的对虾进行亲虾暂养。从对虾出塘到亲虾入越冬室这一段时间称为亲虾暂养。目的在于一方面提高亲虾的规格,另一方面随水温降低促使亲虾交尾。

暂养池应东西走向,以防季风袭击而造成水温急剧下降和日温差过大。暂养池面积视亲虾数量而定,一般暂养 1 万尾亲虾,需面积 2.5~3 亩左右。暂养池堤坝和闸门应不漏水,并配备水泵,且保证冷空气来时亲虾不冻伤致死。

暂养期间水质交换的好坏,直接关系到雌虾的生殖蜕皮率,从而影响到亲虾交配率。因此加大换水量,特别是在暂养后期的潮汛期间,可以促进雌虾大量生殖蜕皮,增加亲虾的交配机会,提高交配率,尽最大可能获得室外交尾亲虾;同时又使亲虾交配具统一性,有助于亲虾入室时间的确定。另一方面,若水交换不充分,常引起亲虾体表附着藻类等杂物,将严重影响亲虾的质量。换水方法是,保持水深 2.5 m 以上,每 2~3 天换水不少于 1/3,且白天排水,晚上加水,可促使对虾蜕皮交尾。投喂新鲜优质饵料,如蓝蛤、卤虫、活沙蚕等,活体饵料应经检测不带病菌。

4. 亲虾专池培育

目前许多单位的越冬亲虾是从一般的生产池挑选的,这些生产池饲养的对虾,由于密度大,投饵多、池底污染严重,往往使对虾患有或潜伏有各种疾病,给越冬或育苗带来相当的困难。因此将越冬亲虾专池培育,是获取体大、健壮无病的交尾亲虾的最好方法。

亲虾培育池选择在向阳、避风处,水深要达到 2.5 m 以上,关键时刻日换水应达到 100%;掌握最佳的放养时机,以 5 月中旬水温稳定在 16℃以上放苗为好,虾苗要体壮、无病、活力好,体长 1 cm 以上,亩放苗 5 000 尾左右;为防止虾病的发生,要提前在池内定向繁殖饵料生物,力争虾苗体长 6 cm 之前不投饵,这样可保持一个良好的养殖环境。养殖中、后期最好投喂不败坏水质,经检测不带病菌的饵料如蓝蛤、活沙蚕等,也可补充些优质配合饵料;后期要增加水深,加大换水量,为亲虾生长发育提供良好的环境条件。有关尽最大可能获得室外交尾亲虾的大换水方法与前面亲虾暂养中介绍的方法相同。

5. 亲虾入室

亲虾入室入棚,应尽量减少机械创伤。挑选亲虾时,要逐个检查,对红肢、红胃、黑鳃、烂鳃或有其他明显病症的对虾要坚决清除,保证雌虾体长 13 cm 以上。室内交

尾需要雄虾时,除保证质量外,体长应达 12 cm 以上,以保证交尾亲虾的质量。

选择亲虾入室时间是提高亲虾越冬成活率和利用率的重要一环。如果亲虾入室时间早,一是亲虾交尾率低,二是入室后,因室内水温偏高,亲虾会大量蜕皮甚至死亡。如果亲虾入室时间晚,一旦遇上强冷空气,则亲虾会在池内或在入室过程中冻死。另外,11 月中旬,是气候变化较大的季节,每年这时都有一两次的冷空气南下,为保证亲虾适时入室入棚,必须注意以下几点:一是提前做好亲虾出池入室入棚的准备工作,保证亲虾随时入室入棚。二是注意收听气象预报,在中旬前期,若有不很强的冷空气,则不要急于在冷空气来前入室,可加深水位,等冷空气过后,再出池入室;11 月 15 日以后或虽在中旬前期,若有北方冷空气南下,应在冷空气来之前入室,如果因入室亲虾数量大或其他原因,在冷空气来到之前,亲虾不能全部入室,则对不能完成入室的部分,不要急于出池,而应加深水位到 2.5 m 以上,待冷空气过后,气温回升时再出池入室。切忌在冷空气过境时排水出池。

6. 亲虾交尾

根据地区特点,较温暖的山东省以南沿海可以在室外池塘中暂养,降温早的北方沿海则多需在室内池中交配。为了获得较多的交配亲虾,必需掌握其交配活动的规律并创造条件,促使其交配活动。

(1)室外交尾:我国北方对虾交尾是有季节性的。每年 10～12 月为交尾期,其间以 10 月 20 日至 11 月 15 日为盛期。此时正常交尾水温为 12℃～20℃,雄性对虾精荚发育良好,通常体长应达 12 cm 以上,雌、雄比例最好为 1∶1,最高为 2∶1。

(2)室内交尾:为了尽快地在室内完成交尾过程,应在种虾培育池水温为14℃～16℃时入池。挑选对虾要求体质健壮、无病,雌、雄比例为1∶1。放入池内的密度为20～30尾/平方米。每天换水70%以上。水温可随室内气温升降,但换水时温差不要大于1℃。池内最低水温不应低于12℃,最好控制在14℃～16℃。水温太低,雌虾蜕皮困难,蜕皮死亡率高;水温较高,雌虾蜕皮频繁,交配后再蜕皮,即可失去精荚。水温对交配的影响见表2-7。

表2-7 水温对中国明对虾交配的影响

水温(℃)	12～14	16	18	20	23	25
使用雌虾尾数	10	10	14	25	21	20
使用雄虾尾数	10	10	11	13	12	11
雌虾蜕皮尾数	6	6	4	14	16	19
雄虾蜕皮尾数			3	3	7	11
雌虾交配后保持精荚尾数	5	6	4	11	11	10
保持精荚尾数/总雌虾数(%)	50	60	28.6	44	52.3	50
雌虾蜕皮数/保持精荚尾数	1.2	1.0	1.0	1.3	1.5	1.9

交尾期以及移入室内前均应注意对虾营养。使用鲜饵,日投饵量为体重的10%,可适量充气,注意水质监测。室内光照可维持自然光照强度,通常应能达3 000 lx以上。室内交尾切忌人为反复升降水温及盐度等刺激,通常只要在交尾季节,水质等环境条件适宜、稳定,室内交尾率可达70%以上。对虾交尾后,尚带瓣状体者切勿捞取,待甲壳变硬后才可捞入越冬池。捞入越冬池后,应逐日缓慢降温至越冬培育要求的温度。

(3)人工精荚移植:人工移植精荚可以作为弥补自然

交尾率不高的技术手段。移植时间以正式进入越冬培育期,对虾不再自然蜕皮为好。通常在 12 月中、下旬至雌虾产卵前 1 周均可。选用体长达 12 cm 以上、精荚发育饱满的雄虾进行人工移植精荚手术。

1)主要工具及药品:直径 50～60 cm,深 10～16 cm 的塑料盒;消毒海水;75％的酒精(消毒用);取纳精囊用镊子(用精细血管镊子加工而成。镊子端部直径约 1 mm,镊子端部分别向两侧弯,呈钝角状,弯曲部 2 mm 长,镊子长 7～9 cm);放精荚用镊子(镊子长 7～9 cm,但镊子端部加工成向一侧弯曲的弧形,拐角要圆滑,弯曲部约长 3 mm)。

2)精荚获取方法:使用挤压法或解剖法均可。通常使用挤压法。方法如下:一手握虾,使腹部向上,捏住头胸部的后端,用另一手拇指和食指捏住第五对步足基部,两手指同时挤压精荚囊,精荚则由生殖孔挤出,而瓣状体仍留在精荚囊内,用镊子镊住精荚和瓣状体相连的柄部,轻轻把瓣状体拉出,然后放在消毒后的玻璃片上,待移放用。挤压时注意手指勿堵住生殖孔,放在玻璃片上时,勿用海水浸泡精荚。

3)精荚植入方法:将未交配过的雌虾自池子捞出,一人以左手将雌虾握住,腹部向上,另一手轻轻将雌虾尾部握住,勿使其弹跳,将虾的头胸部倾斜放入盆内水中,使纳精囊部位露于水外,另一人用镊子夹酒精棉球轻擦纳精囊表面消毒,再用消毒海水冲洗一下。一手持端部向两侧弯曲的镊子将纳精囊分开轻轻提起,分开纳精囊,另一手用端部为同方向弯曲成弧形的镊子捏住精荚瓣状体和精荚连接的柄部,将精荚放入纳精囊内,用一手指轻压纳精囊,取出镊子,瓣状体留于纳精囊外,再轻轻拉一下瓣状体,确认已放入纳精囊内的精荚不再掉出,立即把雌虾放入池内。

4)注意事项:握虾者,握头部的手指切勿用力压迫对虾心脏部位及鳃部。放精荚时切勿用镊子扎到纳精囊背部。握虾者,应戴棉线手套操作。镊子不得划破纳精囊。通常1尾雌虾的纳精囊内应放2个精荚,以提高受精率。

7. 亲虾越冬

(1)密度:在水质、饵料、增氧有保障的前提下,越冬期间亲虾密度可控制在40尾/平方米左右,成活率可达70%以上,但在越冬后期性腺促熟阶段,随着水温升高,需将亲虾及时疏散培育,培育密度为15～20尾/平方米,以免影响亲虾性腺的成熟和怀卵量。

(2)水温:亲虾越冬期间,若温度变化频繁,温差过大,将直接影响越冬亲虾的摄食量,进而影响虾的成活率。亲虾在越冬期间水温在8℃～9℃条件下,尾虾日摄食量控制在体重的3%～5%,是维持越冬亲虾正常生存所需营养物质的最佳摄食率。另外有人通过实践证明:越冬期水温适当高些,而翌年春天升温晚些,对提高亲虾成活率和性腺成熟率有明显效果。具体措施是,亲虾入池后,池水温度要求随自然温度变化而逐渐下降,北方地区11月下旬水温可降到9℃左右,此时可点炉升温,整个越冬期水温要保持和稳定在9℃左右并做到上下温差不超过0.5℃。翌年春天3月初开始升温,视性腺发育情况每5～7天提高1℃左右,到4月初水温达14℃～15℃,此时亲虾发育成熟即可开始准备产卵育苗。

在江、浙等南方地区,亲虾入室后有时由于水温回升快,有时超过14℃,常引起亲虾蜕皮而蜕掉精荚,又没有重新交尾的机会而使亲虾失去意义。

(3)盐度:正常海水的盐度对越冬亲虾的成活率无明显影响,但低盐度不利于亲虾的摄食及性腺发育,且成活率低。实验证明:亲虾人工越冬培育生产的最适盐度范围为26～32,不应低于20。

(4)增氧:亲虾越冬期间使用鼓风机充气增氧,充气量一般不大,以每分钟供气0.5%左右,水面有微泡即可。

(5)光照:光照对越冬亲虾的成活率和性腺发育影响并不明显,因此,越冬室内不必花费较多的资金安装调光、遮光设备。但为避免水质变化和藻类繁生乃至附生于亲虾体表,光线不宜过强,以500～1 500 lx的弱光为宜。

(6)防治虾病:对虾越冬及亲虾培育期间,某些场家为了预防虾病,经常向越冬池内泼洒一些抗菌药物,其实这些药物在低温水中的抗菌效果并不好,这样不仅加大越冬成本,而且容易使病菌产生抗药性,育苗时,这些病菌便会很快繁殖,再使用抗菌素已不起作用。此外,越冬后期过量使用抗菌素会抑制性腺成熟,对卵子的胚胎发育产生不利影响。因此,防治越冬亲虾疾病,应从改善水质环境,提高亲虾的抗病能力入手,避免过多使用抗菌素。

对虾越冬期间的主要有拟阿脑虫病、甲壳溃疡病、红肢病、镰刀菌病等。

(五)亲虾的成熟培育

亲虾的成熟培育是苗种生产的关键。它的健康状况、个体大小和年龄是性腺发育的内在因素,适宜的环境是性腺发育的外部条件,只有内、外条件具备,性腺才能正常发育,发育良好的成熟卵子可顺利地培育出健壮的子代。亲虾越冬培育后期,对虾性腺开始发育,对虾的生理状态不同于越冬期。因此,越冬亲虾和捕捞的春季接近成熟的亲虾都必须进行成熟培育,使生产顺利地进入育苗期。

1. 雌性亲虾性腺成熟过程

亲虾性腺发育状态,可以通过背部甲壳观察卵巢的轮廓和颜色等外观特征鉴别。性腺最初由透明、半透明逐步发育至白色或淡灰色,很细小,外观不易观察。待发育至淡黄色或黄绿色,卵巢体积增大,则背部可明显地看出卵巢的轮廓。进一步发育,可见背部呈暗绿色的卵巢,胸甲处也有卵巢可见,解剖后可见卵巢表面有龟裂。卵巢呈绿色或灰绿色。发育成熟的卵巢外观很饱满,整个头胸甲处可见卵巢。从背部看卵巢在第一、二、三腹节各向两侧下垂,特别是第一、二节处,下垂伸长达整个腹节宽度的 1/3~1/2,外表观察卵巢颜色个体差异较大,呈褐色、暗红色、灰绿色、暗黄色、褐绿色等。但解剖观察通常呈暗灰色或灰褐色,卵粒明显。产卵后,从卵巢外表看卵巢轮廓不清。握虾对着光亮透视,没有卵巢黑廓,解剖观察,卵巢表面微黄或土黄色。

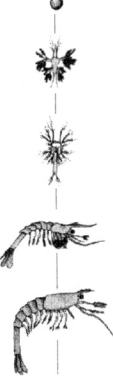

2. 亲虾升温进程

在保证水质、饵料的前提下,水温是促进亲虾性腺成熟的关键因素。多数地区从计划产卵前的 1 个月开始可逐渐增温。增温的方法是:亲虾入池后稳定 3~5 天,以后以 0.5℃/d 的升幅,升 1 次稳定 1~2 天,在 13℃~13.5℃时多停两天,有利于亲虾的营养积累和性腺发育。最后,越冬亲虾升至 14℃~15℃,海捕亲虾升至 15℃~16℃。稳定在此水温中,等待亲虾性腺发育成熟、产卵。亲虾促熟培育期间升温和降温的日温差都不应超过 1℃。

3. 亲虾的饵料

虽然对虾卵母细胞是糖原、脂类及蛋白质合成的,但卵黄蛋白来源极可能是来源于雌虾的肝脏。在激素的作用下,肝脏合成了只有雌虾具有的卵黄磷脂蛋白原,通过血液输送为卵母细胞所摄取。可见卵子发育的物质基础均来源于饵料,饵料的质量和数量对性腺发育均有重要影响。关于饵料质量研究的较多,通常的认识是鲜饵优越于干饵。如缢蛏、蛤子、蟹肉和乌贼等均是较为优良的饵料,特别是鲜的活沙蚕,它具有某些促进对虾性腺发育的物质,已经成为全世界养殖种虾的通用饵料。多种饵料搭配使用,才能更好地满足对虾营养的全面需要。即使是鲜饵,多种饵料交替、混合使用的效果也优于单种饵料。如 Lawrence(1981)曾比较过数种自然饵料对对虾性腺发育的影响(表 2-8),他使用冰冻的鲜蛤、小虾、乌贼和沙蚕(−15℃保存 6 个月内)以及这四种饵料混合使用。实验表明,乌贼和小虾是较好的单一饵料,其次是沙蚕和蛤,当然混合投喂最为理想(实际使用方法为每天四种单一饵料交替喂)。

表 2-8　各种饵料对雌性对虾性腺发育的影响

(依 Lawrence,1981)

指标	蛤	沙蚕	小虾	乌贼	混合饵*
平均每天成熟指数	3.11	9.71	11.24	15.13	16.02
生殖腺指数	1.34	2.10	3.50	2.80	4.20

* 混合交替使用多种饵料。

藏正生(1980)等,曾进行中国明对虾产卵与饵料关系的观察,实验使用三种饵料:①人工配合饵料(质量较差),每天投喂 0.5 克/尾。②活缢蛏,每天投喂 2.5 克/尾。③人工配合饵料和活缢蛏交替使用。实验于 12 月上旬开始,翌年3月10日以后停止。产卵前每个组均喂活缢蛏。实验对虾3月底开始产卵,因此认为,实验结果反映的效应,是对虾性腺发育在Ⅱ～Ⅲ期阶段的效应(表2-9)。

表2-9 饵料对对虾越冬成活、产卵的影响

饵料种类	人工配合饵料	活缢蛏	人工配合饵料＋活缢蛏	人工配合饵料＋活缢蛏
平均水温(℃)	10.7	11	10.4	10.6
总越冬虾数(尾)	166	120	172	199
对虾密度(尾/平方米)	20.1	15	17.2	19.9
存活虾尾数	23	95	97	91
越冬成活率(%)	13.8	79.1	56.4	45.7
对虾平均体长(cm)	15.0	14.7	15.0	15.3
开始产卵日期	4月6日	3月28日	4月1日	3月30日
产卵结束日期	5月18日	5月18日	5月1日	5月9日
产卵天数(天)	42	43	41	40
产卵的虾尾数	13	79	67	64
产卵虾占成活虾数的比率(%)	56.5	83.1	69.3	70.3
产卵虾次	17	189	134	140
平均每尾虾产卵次数	1.3	2.4	2.0	3.5
每尾虾的首次产卵量(万粒)	19.2～39.2 平均19.6	27～95 平均52.7	12～65 平均44.8	16.9～80.3 平均49.7

虽然在饵料实验结束后,全部使用了缢蛏,可能影响了最终的卵巢发育结果,但仍然可以显示前阶段的饵料

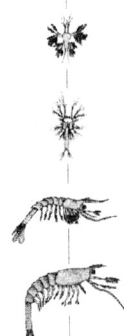

效应。繁殖生物学各项指标表明,虽然对虾平均体长相近,由于饵料的影响,各试验组表现出较大差异。据这个实验结果,可以得出如下结论:

(1)产卵的数量和饵料有关,质量差的饵料对虾产卵率较低。对虾饵料质量以鲜饵最好,混合投喂者也可获得较好结果。

(2)饵料质量和产卵开始、结束相隔的天数无关,说明性腺发育产卵主要是受内分泌控制。

(3)饵料质量和对虾卵巢的卵子数量有密切的关系,质量差的饵料对虾的怀卵量下降。

(4)由于对虾营养状况影响了对虾体质和成活率,并最终影响了产卵批次。喂人工配饵者产卵批次最少,而喂鲜活饵料者,平均每尾虾产卵都在两次以上。

上述的两例饵料对对虾性腺发育影响的实验事例,充分说明了对虾卵巢发育期,需要供应适合于对虾性腺发育营养成分的饵料。通常对虾的性腺总重量约占体重的16%,主要增长发生在越冬后期,特别是多次产卵时尤其如此。因此,该期的饵料投喂数量和质量应特别注意。

因此,亲虾饵料应以鲜沙蚕为主,鲜活蛤肉、缢蛏等为辅。其日投饵量为亲虾体重的8%~12%。日投饵两次,即早晚各1次,投饵量各占50%,投喂的活沙蚕或蛤肉要用淡水或用5 mg/L的高锰酸钾溶液消毒3~5分钟,冲洗干净后称重投喂。

增温培育之日起,应视其摄食强度,逐日增加投饵量。随着水温的升高,亲虾的日摄食量也随之增加,最高时日投饵量可达亲虾体重的15%~20%。

4.控制对虾同步产卵

在越冬生产后期(即成熟培育中、后期),大部分对虾性腺发育加快,外观特征明显,当卵巢发育至外表呈绿色,在背部明显充满卵巢时,彻底检查一次亲虾性腺发育情况,按发育的快慢分类管理。对发育慢的,可适当升温培育,保持较暗的光照,加强营养,喂以沙蚕。对于发育过快的少数个体,可稳定在较低的水温环境下饲养。在对虾性腺发育期,切除对虾的一侧或两侧眼柄,可以显著地促进雌虾卵巢发育。

摘除眼柄是促进性腺快速成熟的有效方法。在对虾眼柄中,分布着一些特殊的神经分泌细胞(又称X器官),它能分泌一种抑制卵细胞发育的激素。这种激素与卵巢成熟激素之间具有拮抗作用,阻止或减少X器官的分泌,就可促进性腺成熟。摘除眼柄,就等于破坏了眼柄中X器官,使神经分泌细胞失去作用。摘除眼柄催熟卵巢的方法已在世界各地采用,采用这种方法,能在11.5℃～14℃的低温条件下使中国明对虾卵巢成熟并产卵。摘除单眼柄(左眼或右眼)比摘除双眼柄效果好。摘除眼柄一般有烫灼和挤压两种方法。前者用烧热的金属镊子夹烫眼柄,后者用手指挤压眼柄。这两种方法比刀切效果好,用刀剪摘除眼柄容易造成亲虾死亡。此外,用尼龙线结扎或用激光击伤眼柄组织,也能取得卵巢催熟效果。

5. 日常管理

亲虾培育用水需经200目网袋过滤,其日换水量为培育水体的50%～100%。每天早上换水时吸污,清除残饵、粪便,捞出死虾,检查亲虾性腺的发育情况,确定当天的投饵量。

培育期间保持连续微量充气,每平方米布设气石1个。

为防止亲虾池换水时排水管口吸走亲虾,在管口采取网笼的保护措施,并能方便日后的正常集卵。产卵量达10万粒/立方米时开始收卵。

培育期间水质标准为:①盐度为25~33;②溶解氧大于4 mg/L;③pH值为8.0~8.4;④氨氮小于0.6 mg/L;⑤光照强度为500~1 000 lx。

6. 亲虾多次利用

质量好的亲虾一般产卵4~5次,最多可达7~8次,产卵时间可持续40天左右,累计产卵量可达100万粒以上。因此,亲虾多次利用潜力很大。具体方法是:将产卵后的亲虾,及时从产卵池移入其他水泥池中,进行精心饲养。密度为15~20尾/平方米,水温控制在15℃~16℃,最高不超过17℃,投喂活沙蚕、蛤肉等优质饵料,勤吸污、多换水,保持水质清新。

三、产卵及孵化

(一)产卵及孵化

黄、渤海的中国明对虾越冬后于4月初进入产卵场,4月下旬黄海乳山渔场即有亲虾开始产卵,5月为产卵盛期,一直可延续至6月底。但由于气候条件不同,各年略有早晚。产卵期的水温在13℃~18℃。广东珠江口的中国明对虾的产卵期是2~3月。中国明对虾产卵期多集中在河口和内湾,如辽河口的辽东湾、海河口的渤海湾、黄河口的莱州湾,以及临洪河口的海州湾、珠江口等。产卵场多在10 m以下的浅海区,海区软泥底质,海水浑浊,透明度较小,盐度变化较大,一般为23~32,海水pH值为8.0~8.2,总碱度在2 700 mol/mL以上,有机质多且浮游生物丰富。

产卵活动多在夜间,雷雨、大风天气可促使对虾集中产卵。一个繁殖期内可以多次产卵,待水温升至20℃时性腺发育终止。张煜(1965)根据标志放流结果,认为约有2%的两龄以上对虾可以第二次甚至第三次产卵,但多数中国明对虾在第一年产卵后衰弱而死,或被鱼类等吃掉。

对虾在产卵的同时,排出纳精囊中的精子,精、卵在水中受精。在静止水中,受精卵为沉性卵,但在流动或有波浪的水中,受精卵则随波逐流漂于水中。所以,对虾多在风浪天气和有潮流的海区产卵,这是具有生物学保护意义的。

人工育苗中,亲虾产卵的方法大致可归纳为3种方式,即产卵池中产卵、网箱中产卵和育苗池中产卵。

1. 产卵池中产卵

育苗设施中配备专用的亲虾产卵池,该池亲虾投放量较大,每平方米池底可容亲虾15尾左右。亲虾产卵后用虹吸或放水法集卵,及时将收集的卵子移入育苗池孵化。

2. 网箱中产卵孵化

用120目的筛绢网制成四壁相围、下有底、上无盖的网箱。将网箱配置在网箱架上,放置于水池中,然后将产卵亲虾移放在网箱内产卵,产卵后捞出亲虾,留卵在箱中孵化,待幼体发育至无节幼体Ⅴ～Ⅵ期时,将其移到育苗池培育。

3. 育苗池中产卵孵化

将亲虾移入育苗池,待产的卵达到所需数量时,亲虾捞出,进行吸污,清除亲虾排泄物、残饵和死卵等,并进行"洗卵"工作。

产卵池的水温控制在14℃～16℃,最高不能超过18℃,有利于亲虾的性腺恢复,再次产卵。孵化期间的水温控制在18℃～20℃。

(二)受精与胚胎发育

刚产出卵的直径为240～320 μm,正处于第一次成熟

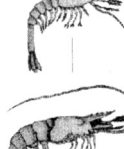

分裂末期或中期初。在产卵的同时,由于第四对步足基节恰如其分的运动,产生类似泵的作用,使纳精囊内的精子顺着外覆刚毛,从又细又深的通道进入受精腔,与卵子相遇,一个卵子表面会有许多精子附着,但只有一个精子能与卵子结合。精子附着后,周边体排出花瓣状凝胶,并很快形成凝胶层,精子经初级和次级顶体反应后进入卵内,精卵结合,受精卵完成第一次成熟分裂,出现第一极体,接着卵膜举起,将第一极体撑到卵膜之外。不久受精卵进行第二次成熟分裂在卵表面形成第二极体。正常受精卵卵膜(又称受精膜或孵化膜)的直径为 $330\sim440~\mu m$。

中国明对虾卵属于中黄卵,卵裂为完全均等的分裂。从第二次卵裂开始出现螺旋分裂的特征,并受螺旋分裂的影响,分裂球排列不很规则,但分割球的大小仍相等。当分裂至 32 细胞时,胚体发育成圆球状的囊胚期,植物极的分割球稍大于动物极分割球。64 细胞的末期植物极稍平,开始以内陷方式形成原肠胚。此时从切片中可看见有两个内胚层母细胞内陷入囊胚腔中,至 128 细胞期,中胚层细胞内陷。由于内陷和内卷作用,胚孔呈三角形。受精后 15~16 小时,原肠作用完成,胚孔闭合。

受精后 17~18 小时,胚体两侧出现 3 对芽状突起,逐渐向胚体腹面伸长,即第一、第二触角和大颚,此期称肢芽期。此后第二触角和大颚又分出内肢和外肢,肢端生出刚毛,胚体前端腹面生出黑色单眼,肢体可逐渐在膜内转动和抽搐、做间歇性运动,此时称为膜内无节幼体。在水温 21℃时,受精后约 24 小时孵化。

(三)幼体发育

中国明对虾具有多幼体阶段的特征,幼体分为无节幼体 6 期、溞状幼体 3 期、糠虾幼体 3 期、仔虾期 14~22 期。

其发育速度与水温密切相关,在适温范围内,水温越高,发育越快。各期幼体主要特征及生活习性见图2-11及表2-10。

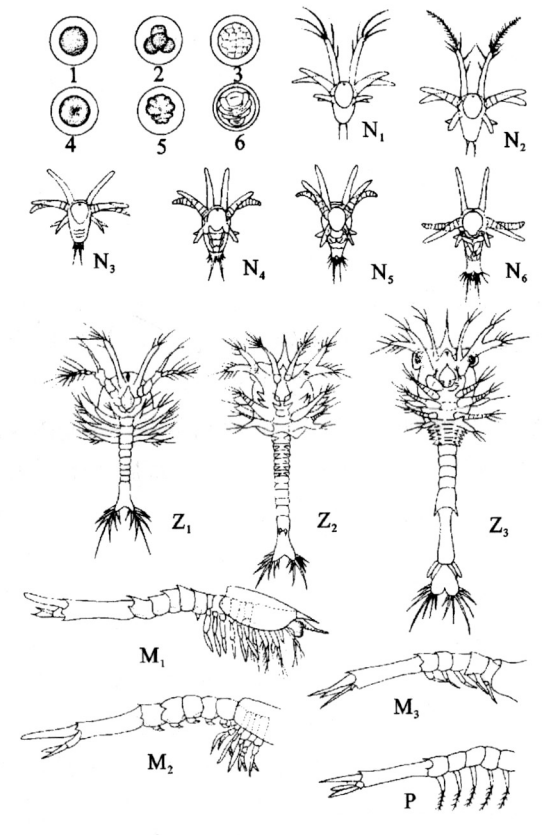

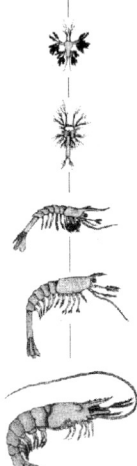

1. 受精卵　2. 4细胞　3. 囊胚期　4. 原肠期　5. 肢芽期
6. 膜内无节幼体　$N_{1\sim6}$. 无节幼体　$Z_{1\sim3}$. 溞状幼体
$M_{1\sim3}$. 糠虾幼体(部分)　P. 仔虾(部分)

图2-11　中国明对虾各期幼体形态特征(引自王克行,1997)

表 2-10 中国明对虾各期幼体特征及生活习性(王克行,1997)

发育阶段	期别	平均体长(mm)	形态鉴别特征	器官发育	运动形态	食性	适温范围(℃)	适盐范围
无节幼体	1	0.349	尾棘1对,附肢刚毛光滑	3对附肢,体不分节,中眼只,无完整口器,消化道未形成	间歇性游动,动则浮,静则沉,有趋光性	不摄食,靠卵黄营养。	18~25	24~35
	2	0.355	尾棘1对,附肢羽状刚毛					
	3	0.368	尾棘3对,出现尾凹					
	4	0.384	尾棘4对,又出现4对附肢芽突					
	5	0.432	尾棘6对,出现头胸甲雏形					
	6	0.509	尾棘7对,头胸甲雏形增大					
溞状幼体	1	1.072	无额角,末期出现复眼雏形	体分节,有头胸甲、口器和消化道形成	连续窜跃式游动	摄取小型浮游动植物	20~25	25~37
	2	1.596	有额角,复眼形成,具眼柄					
	3	2.299	尾节增大,生出尾肢					
糠虾幼体	1	2.809	步足无螯,游泳足乳突状	体形似糠虾,胸部附肢形成,腹部附肢雏形	倒立,向后方游动	摄取较大的浮游动植物卤虫幼体等	22~25	25~39
	2	3.188	出现3对螯足,游泳足两节不动					
	3	3.512	第三步足增大,游泳足增长会动					

(续表)

发育阶段	期别	平均体长(mm)	形态鉴别特征	器官发育	运动形态	食性	适温范围(℃)	适盐范围
仔虾	1～14	3.899～20以上	步足内肢增大,外肢退化,游泳足具羽状刚毛,额角小齿数目及尾节形态是各期仔虾鉴别依据	初具虾形,附肢齐全	水平运动并逐渐转向底栖	初期以浮游动植物为食逐渐转向底栖小动植物	22～26	16～39

四、幼体培育

（一）幼体饵料的准备

参照凡纳滨对虾第二节的"幼体饵料的准备"部分。

（二）育苗池水环境

水质包括水的温度、盐度、酸碱度（pH）值、溶解氧、氨氮、重金属离子含量等。

1. 温度

（1）亲虾产卵的适宜水温：中国明对虾在自然海区的产卵温度大致在14℃～18℃，产卵期可持续1个月左右。人工育苗亲虾产卵的适宜水温范围是17℃～20℃，最好不要超过18℃，以有利于亲虾的性腺恢复，再次产卵。

（2）胚胎发育水温：受精卵孵化的适温范围为18～22℃。在适温范围内，水温高，发育快。水温低就会相应

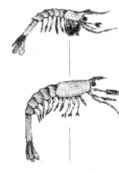

延长时间(例如水温20℃时,孵化时间为30小时左右；15℃时,孵化时间则延长到50小时左右),当水温低于14℃时,死卵逐渐增多,在11℃以下,卵子就不能发育。相反,水温高于23℃时,胚胎发育速度虽然加快(水温25℃时,孵化时间20小时左右),但畸形卵和死卵数却明显增加,孵化率反而下降。一般认为,受精卵孵化的适宜水温为20℃左右。

(3)幼体发育水温：幼体发育的水温随着发育阶段不同而逐渐升高,一般控制在21℃~26℃。中国明对虾在适温情况下完成幼体发育需25天左右。而在适温范围内采用偏高温度育苗(如无节幼体22℃~23℃、溞状幼体23℃~24℃、糠虾幼体24℃~25℃、仔虾25℃~26℃),15~17天即可完成幼体发育全过程。

2.盐度

对虾虽属广盐性虾类,但在早期发育中适应盐度的范围比较狭窄。对虾胚胎发育与幼体发育的早期阶段,对盐度的要求也比较严格。幼体进入仔虾阶段后,对盐度的适应范围就发生明显变化,趋于向低盐方向发展。中国明对虾从无节幼体阶段至糠虾幼体阶段,适宜盐度范围均为25~36。进入仔虾阶段后,适应低盐的范围扩大到15。仔虾经过淡化处理,对低盐适应范围会更宽,可在盐度2或更低的微咸水中生活。

马英杰等(1999)报道,低盐度突变对体长1.56 cm仔虾存活率的影响极为明显,存活率的高低取决于盐度降幅和速率,见表2-11。在盐度降幅较低(3/天)时,仔虾培养至第15天(在淡水中已存活5天),存活率为12%,并能继续生长,存活个体的生长率为30.7%。这表明在中国明对虾仔虾期可以采取逐级淡水驯化的方法来提高在低盐度水域养殖的存活率。

表 2-11 盐度突变对仔虾存活率(%)的影响

培养时间(天)	实验组(降盐幅度)								对照组
	3/天		5/天		10/天		20/天		
	存活率	盐度	存活率	盐度	存活率	盐度	存活率	盐度	存活率
1	97.5	27	95	25	92	20	63	10	98
2	97.0	24	95	20	77	10	21	0	98
3	93.0	21	82	15	6	0	0	0	97
4	92.0	18	48	10	3	0	0		96
5	81.0	15	11	5	0		0		94
6	72.0	12	3	0	0		0		94
7	72.0	9	2	0	0		0		92
8	43.0	6	2	0	0		0		89
9	31.0	3	2	0	0		0		82
10	16.0	0	2	0	0		0		82
15	12.0	0	2	0	0		0		82
平均体长(cm)	2.04		2.06						2.22
生长率(%)	30.7		32.1						41.02

3. 溶解氧

一般认为,幼体阶段的耐氧限度为 4 mg/L 左右。为了保证育苗水体内有足够的氧气供应,最好在池内充气。充气量和充气强度要控制得当。受精卵通气强度以小为宜,进入无节幼体后随着发育变态,通气量可逐渐加大,

直至池水呈翻腾状态。一般情况下,每分钟向育苗水体送入1‰左右的气量即可。在育苗过程中,应不间断地进行充气。在高密度育苗条件下,中断充气的时间最长不能超过15分钟。

4. pH值

pH值是水质好坏的指标之一。自然海水的pH值一般稳定在8.1~8.3。如果pH值下降,意味着水体内二氧化碳含量增多,酸度变大,溶解氧的含量降低,这可能导致腐生细菌的大量繁殖。反之,pH值过高,将会使水体中有毒氨(NH_3)的比例增大。当pH值由7增至8时,毒氨的含量增加近10倍,这会给对虾幼体造成很大的威胁。不同发育阶段的幼体,对pH值的适应范围大都在7.4~9.0,最好控制在7.7~8.3。

5. 氨氮

氨在水体中常以硝酸氮、亚硝酸氮、离子态氨和非离子态氨等形式存在,其中非离子态氨对幼体是一种有毒害的因子,故又称毒氨,它与离子态氨合称为总氨。非离子态氨是非极性化合物,有相当高的脂溶性,容易穿过细胞膜,是总氨中对幼体最有影响的部分,能够产生严重的毒害作用。尤其是溞状幼体和糠虾幼体阶段,对氨的毒性甚为敏感。即使尚未达到致死的浓度,它的存在也会影响到虾的免疫力、生长率及发生某些组织细胞的变性等病理变化。中国明对虾各个幼体期的氨安全浓度见表2-12。在一定条件下毒氨和离子态氨可以相互转化,pH值、水温和溶解氧含量是转化的主要因素。水体中的pH值越高,则离子态氨转化成非离子态氨的百分率越高;反之,pH值下降,毒氨的浓度也随之降低。水温升高能加速转化作用,在pH值相同的情况下(如pH值8.3),水温从15℃提高到20℃,有毒氨在水中的百分数可从8%升高到9.1%。溶解氧的含量对毒氨的影响也十分明显,水体中溶氧量减少时,毒氨含量就会升高,加剧了毒氨的毒性。表2-13为非离子氨在总氨氮中的比例与pH值的关系。

表2-12 中国明对虾各个幼体期的氨安全浓度(mg/L)(汪心源,1983)

幼体期别	NH_3-N	总 NH_3-N(盐度32)		
		pH值8.1	pH值8.0	pH值7.9
卵(胚胎)(20℃)	0.041	1.04	1.30	1.63
无节幼体(21℃)	0.049	1.16	1.44	1.81
溞状幼体(22℃)	0.023	0.51	0.63	0.79
糠虾幼体(22℃)	0.023	0.51	0.63	0.79
仔虾$_{10\sim14}$(23℃)	0.067	1.37	1.72	2.14
仔虾$_{30\sim34}$(23℃)	0.068	1.39	1.74	2.17

表2-13 非离子氨在总氨氮中的比例与pH值的关系
(水温:25℃,盐度:30,一个大气压)(杨丛海,2002)

pH值	$NH_3-N(\%)$	为上一梯度的倍数
7.0	0.47	
7.5	1.47	3.1
8.0	4.52	3.1
8.2	6.98	1.5
8.6	15.85	1.5
8.8	22.99	1.4
9.0	32.12	1.4

6. 重金属离子

对虾的幼体对某些金属离子的毒害作用是敏感的。当育苗水体中某些金属离子的浓度超过一定限值时,幼体发育就会出现不正常的现象。例如,正常海水内的锌、铜离子的含量分别为 10 μg/L 和 3 μg/L 左右,如果它们分别超过 30 μg/L 和 10 μg/L 时,虽然受精卵的发育未见到明显影响,但无节幼体却不能正常发育变态而相继死亡。汞离子浓度超过 0.1 μg/L,会使处于原肠期的受精卵绝大部分在几分钟内受其毒害,仔虾对汞离子的浓度平均忍受限度为 0.018×10^{-6},进入幼虾期后为 0.57×10^{-6}。许多重金属离子即使其浓度在 1×10^{-6},也足以使大部分幼体畸形或致死,其毒性强度以汞、铜、铅、锌、镉为序。

(三)幼体培育

1. 无节幼体的培育

水温逐步提高到 20℃~22℃,溶解氧 4 mg/L 以上,pH 值 7.8~8.6,盐度 25~35,充气量与亲虾产卵时相同。发育到无节幼体 1~2 期时,施肥肥水,接种单胞藻类来繁殖作饵料,接种量为 1 万~2 万细胞/毫升。发育到无节幼体 6 期时,每日施肥量为氮肥 2 g/m³,磷肥 0.2 g/m³,以使单胞藻类数量达到 10 万细胞/毫升以上,当单胞藻类数量繁殖到 15 万细胞/毫升时,应暂停施肥。无节幼体经 3~4 天可发育至溞状幼体。

2. 溞状幼体培育

水温逐步提高到 22℃~24℃,作为饵料的单胞藻类密度维持在 10×10^4 细胞/毫升,到溞状幼体 3 期,增投少量卤虫无节幼体(每尾对虾幼体 1~3 个/天),饵料生物达不到密度时,可投喂市售人工配合饵料如虾片、日配车虾 0# 饲料、藻粉及豆浆（6～12 g/(m³·d)）、蛋黄（每天 0.6～1.2 个/立方米）、贝类担轮幼虫（5～10 个/毫升/天）等。

此外，有人在对虾育苗实践中发现对虾溞状幼体 1 期，就有较强的捕食动物性饵料的能力，经反复试验发现，对虾幼体进入溞状幼体 30～36 小时后就完全可以摄食烫死的卤虫无节幼体，由此总结出在投喂蛋黄、活酵母、蓝藻粉、人工轮虫代用饵料的同时，将卤虫无节幼体的投喂时间提前 60 多小时，并随幼体发育不断增加投量，结果幼体发育齐壮，变态顺利，成活率高。

总之，应本着勤观察、勤投喂的原则，根据幼体胃肠饱满情况和池中饵料情况，以确定投喂量；同时，要保持良好水质，每日或隔日清除池底污物，并加水 20 cm，当池水加满后开始换水。溞状幼体经 3～5 天可发育至糠虾幼体。

3. 糠虾幼体培育

水温调至 23℃～25℃，充气率调至 1.5%～2%。此时幼体食性发生转换，以动物性饵料为主，但藻类饵料还应保持一定数量。糠虾各期幼体饵料投喂有所不同，糠虾幼体 1 期每日投喂卤虫无节幼体 10 个/尾，单胞藻类 2 万～3 万细胞/毫升；糠虾幼体 2～3 期投喂卤虫无节幼体 20～30 个/尾，单胞藻类 1 万～2 万细胞/毫升。

每日数次检查幼体胃饱满情况及水中饵料生物数量，活体饵料生物投喂不足时可投虾片、日配车虾饲料、蛋黄等代用饵料。及时清除池底污物。每天换水 1/3～1/2。糠虾幼体需 3～4 天发育成仔虾。

4. 仔虾培育

培育水温 25℃、充气量与糠虾阶段相同。仔虾期应

着重满足动物性饵料。仔虾 1～3 期以投喂卤虫无节幼体为主,投喂量每天为 70～100 个/尾。以后,除继续适量投喂卤虫无节幼体外,可投入工配合饵料,也可投喂蛤肉(日投喂量为 10～15 克/万尾)。有条件时可投喂少量扁藻,以丰富饵料种类。

仔虾期的管理很重要,由于水温较高,越冬亲虾的性腺发育及产卵时间都相应提前,进入 4 月下旬就可达到出苗标准,而此时由于室外的自然水温低,养殖不能及时放苗,育苗单位造成压苗现象,结果虾苗死亡率高,且增加了育苗成本。因此,建议采取如下技术措施,以保住越冬苗数量,同时也给养殖单位提供大规格越冬苗种:

(1)适时倒池,防止育苗池底恶化。当仔虾发育到 3 期时,把仔虾倒入其他育苗池培育,这样可避免原育苗池中的残饵及粪便分解所产生的有害物质对幼体发育的影响。

(2)适当调整仔虾密度,避免仔虾相互残食。倒池以后仔虾密度控制在 15 万～20 万尾/立方米,再培育一周左右仔虾可达 1.0 cm 以上。

(3)适度控制仔虾的培育水温。为使出苗时间与室外自然水温的适宜放苗温度相吻合,倒池后仔虾的培育水温应逐步降至 16℃。

(4)做好药物预防,避免虾病发生。由于倒池会使部分幼体产生外伤,在低温培育的条件下易发生真菌疾病,因此,倒池以后应立即采用 0.006 g/m^3 孔雀石绿全池泼洒,药浴 12 小时后大量换水。

(5)采用代用饵料,降低培育成本。除人工配合饵料外,可加工代用饵料如采用鲜毛虾、卤虫成体、虾蛄以及肉质比较松软的贝类肉屑直接投喂或与鸡蛋调制加工成蛋羹投喂。

(6)增加换水量。每日换水两次,每次不少于50%。

此外,一种较好的解决育苗单位苗种压池,降低育苗成本的方法是采用塑料大棚培育早繁虾苗,实践证明,塑料大棚培育早繁虾苗对越冬苗及时出池放养,提高亲虾产苗量,增加规格和提高经济效益有着重要意义。塑料大棚池塘暂养虾苗一般1亩一池,以毛竹等支起棚架,盖上塑料薄膜,并配置增氧机等设备。

5. 虾苗出池

中国明对虾仔虾出池时间,我国一般在$P_{7\sim14}$,即虾体长达0.7 cm以上时即可出池。但最近国外学者研究了日本囊对虾幼虾的疾病,通过组织学观察,发现对虾在$P_{4\sim10}$期间,其淋巴器官发育较差,而在P_{20}以后,淋巴器官迅速成长,抵抗疾病的能力明显增加,因此日本、美国、泰国等国的养殖对虾苗出池时间一般都在P_{20}以后。而我国长期以来,采用P_7左右出池,仔虾的内部组织,特别是抗病能力尚未健全,在育苗池靠升温不断增加体长,加大抗生素的用量来防治疾病保持虾苗数量,治标不治本,一旦出池,由于环境的突然改变,使本来就处于低抵抗力的虾苗,雪上加霜。若原本就带致病菌或病毒,或受外界致病因子的侵袭,随着天气的转暖,就容易暴发流行性疾病。因此建议适当推迟虾苗出池时间,增加仔虾体质,或放养至条件好的大棚池塘暂养,以提高仔虾的应变能力。

6. 虾苗运输

应根据路程远近、运输时间及运输者所具备条件而定。通常近距离可采用帆布桶内衬尼龙袋运输,远距离使用尼龙袋充氧运输。

(1)帆布桶运输:直径80 cm的帆布桶,加水1/3,在水温20℃以下时,每0.1 m³水体可装全长1 cm虾苗10

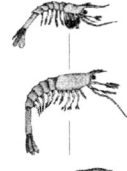

万~15万尾,可经受5~8小时运输。帆布桶内衬大塑料袋,袋内装水1/3,充氧,扎口运输,运输量可增大至40万~50万尾。

(2)尼龙袋运输:使用容量为10 L的尼龙袋,装水1/3,可运输体长为1 cm虾苗1万~2万尾。充入氧气,在20℃左右的气温下,可经受10~15小时运输。

运苗应避开中午高温时间,做到防晒、防雨。

(四)病害防治

育苗期间的病害防治参照凡纳滨对虾相关内容。

第四节 中国明对虾的健康养殖技术

一、养殖场地的选择

养殖场地应选择风浪小,潮流畅通、海水交换好,容易排灌的中潮区,并且不受暴雨、台风及工厂排污影响的海区。场地环境符合GB/T 18406.4—2001的要求。水源应符合GB 11607的要求。养成水质符合NY 5052的要求。对虾养殖环境参数见表2-14。

表2-14 中国明对虾养殖环境参数(引自杨丛海,2002)

参数项目	限制量	适宜量
透明度(厘米)	<20,>100	30~40
水色	蓝绿;黑褐;白浊;清澈	绿;黄绿;黄褐
化学耗氧量(COD)(mg/L)	<6,>40	10~30

（续表）

参数项目	限制量	适宜量
水表面泡沫	水搅动停止后，泡沫难消散	水搅动停止后，泡沫消散快
总氨态氮(mg/L)	＞0.6	＜0.4
亚硝酸态氮(mg/L)	＞3	＜2
总碱度(mg/L)	＞20	30～200
硫化氢(mg/L)	＞0.003	不能检出
铜离子(mg/L)	＞0.5	＜0.1
镉离子(mg/L)		＜0.05
汞离子(mg/L)	＞0.1	＜0.04
铅离子(mg/L)	＞1	＜0.1
锌离子(mg/L)	＞1	＜0.4
锰离子(mg/L)	＞5	＜0.1
酚(mg/L)		＜0.1
马拉硫磷(mg/L)		＜0.001
敌百虫(mg/L)		＜0.005
内吸磷(mg/L)		＜0.002
杀虫脒(mg/L)		＜0.1

同时还应注意苗种与饵料资源较丰富，技术、劳力、物力充裕，通信、交通方便，电力、淡水供应充足，建场省工省料。

对养殖密度大，已超过海区的负荷能力，使海水富营养化，生态平衡遭到破坏的地区不能继续建场。

二、苗种的中间暂养

虾苗中间培育，也称中间暂养，我国南方称为"标粗",即是培养大规格苗种。中国明对虾一般从育苗池出池的小苗（体长 0.7～1 cm 以上），经 20 天左右的培育，长到 2.5～3 cm，再移至养成池继续饲养。这是从育苗到养成之间的一种过渡性生产措施。

1. 虾苗中间培育的意义

(1)中间培育水体小，可选优汰劣，放苗集中，便于控制水环境以及投饵和管理，提高了饵料的利用率和虾苗初期养殖成活率。

(2)方便养殖中后期的管理，保证放苗数量和质量，可以准确地投饵。

(3)有利于养成池内基础生物饵料的繁殖生长。

(4)养成期缩短，减轻了养虾池内有机污染的压力，有利于防病。

(5)有保温设施的中间培育，即可避免寒流的影响，又由于培育水温高，可促进对虾早期的生长，利于养殖大规格对虾。

然而，中间培育增加了生产管理环节，相应增加了劳动投入和生产成本。中间培育的虾苗出池搬运中，若不严格操作造成大规格虾苗机械损伤，也会给虾病的传播打开方便之门，所以要严格认真对待，并结合各地情况，合理确定中间培育的时间和规格。

2. 中间培育池的结构和附属设施

中间培育池一般为土池，可利用养成池培育，面积可依据虾苗需要量合理确定，从数百到数千平方米不等，横向跨度最好不大于 30 m，池深 1.0 m 左右，池底平整，坡度较大，向出苗闸门或涵洞方向倾斜，以便能排干全部池水。排水闸门应具有安装锥形袖网的闸槽。

在大型的养殖池里可选择底质平坦的滩面，用 40～

60目筛绢网拦住,清池消毒,繁殖饵料生物,投喂饵料。这种方法不必另建池,虾苗集中管理,经过两次成活率检查,估算数量,如果正常,而且体长达到 3 cm 左右,即可把拦网拿掉,使虾苗疏散到整个养成池。

我国北方为培养早苗,多采用塑料大棚培苗,有利于提高池水温度,减轻水温的日变化,并在池内设置充气设施,使培育密度大增,成活率提高到 60%~70%。

放苗前,应清池、消毒,繁殖浮游生物。当池水透明度达 30~40 cm,即可放苗。

3. 虾苗的质量

为了防止苗种带病原,需选经检疫合格的虾苗,肉眼观察虾苗群体整齐,肌肉饱满透明,附肢完整色素正常,胃肠充满食物,游动活泼、逆游能力强,体表无寄生生物和污物附着,虾苗体长大于 0.7 cm。避免使用高温及药物保驾培育出的速生、虚弱、营养不良、生长不均匀以及粘脏的虾苗。

4. 放苗密度

可在 4 月底至 5 月初,不充气的土池,投放 0.7 cm 以上虾苗 150~300 尾/平方米。大棚暂养虾苗,具有充气条件,培育密度可达 1 000~2 000 尾/平方米。

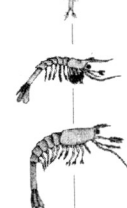

5. 中间培育管理

主要管理工作是做好水环境与投饵管理。放苗前应使用化肥肥水,水色为黄绿色、绿色和黄褐色,透明度为 30~40 cm。建议使用充气设施,主要水质参数为:溶解氧 5 mg/L 以上,总氨氮 0.6 mg/L 以下,pH 值 7.8~8.6,水温 20℃~26℃。培养过程中,应对盐度逐步调整,出苗时应该达到与养成的养殖池盐度一致。出池前几天,应将水温调整到与养成池一致。饵料可以使用微颗粒配合饵料,也可以投喂一些活卤虫或洗清洁的、剁碎的鲜贝肉,控制投饵量为摄食量的 70%～80%。严禁过量投饲料,以防水质恶化。中间培育期一般为 20～30 天,培育后期酌情少量换水,每天换水不超过 3%～5%。每天多次投饵,每次少量。

使用鲜活卤虫等饵料前,需对其作 WSSV 等病原检测。

6. 虾苗出池

虾苗体长达 2.5 cm 后,应及时收苗放入养成池。出苗使用末端连活水网箱的袖网。网箱长 2～3 m,宽 1.5 m,高 1 m。缓慢放水收苗,虾苗切勿在网箱内长时间积压。采用带水称重方法计数。容量为 10 L 的塑料桶,一次称苗不应超过 1 kg 虾苗。

三、虾苗的放养

1. 放苗条件

(1)养殖池:水深 1 m 左右,水质肥且活,水色正常,以绿藻、硅藻和金藻类为主,水色为黄绿色、黄褐色和绿色,透明度为 30～40 cm。

(2)虾池日最低水温:放养中国明对虾虾苗,最低水温应达 14℃以上,突然下降的温差不能大于 8℃,温差超过 8℃,必须在育苗池内或运输过程中或池塘边缓慢降温,使温差尽量保持在 3℃以内。

(3)养殖池盐度为 32 以下,池水盐度与虾苗培养池盐度差不应超过 5。养殖池盐度与育苗池盐度(或中间培育池盐度)差大于 5 以上,应逐步调节育苗池或中间培育池盐度,使虾苗驯化适应。通常 24 小时内逐渐过渡的盐度差不超过 3～5。

(4)养殖池水 pH 值在 7.8~8.6 之间。

(5)大风、暴雨天不宜放苗。

2. 放苗密度

可根据养殖条件适当增加或减少放苗量。半精养池塘,通常每亩放养全长 1 cm 中国明对虾虾苗 1 万~2 万尾;经过中间培育体长 2.5~3 cm 的虾苗,成活率高,每亩放苗量为 0.8 万~1.5 万尾。精养池,通常每亩放养全长 1 cm 虾苗 3 万~5 万尾;经过中间培育体长 2.5~3 cm 的虾苗,成活率高,每亩放苗量为 2 万~3 万尾。

3. 放苗注意事项

(1)放苗前必须先对养殖池水水质进行分析,确认符合养殖水质条件,方可放苗。

(2)为了使虾苗购进后适应虾池的温度和酸碱度,可将装有虾苗的塑料袋浮放在养殖池水面。使袋内、外温度达到平衡,打开塑料袋,向袋内缓慢加入池水直到袋内水外溢,使虾苗逐步散入池中。

(3)放苗点应在池水较深的上风处。

(4)每个养殖池应一次放足同一规格的虾苗。

(5)为了观察放苗后的急性死亡情况,可在养殖池放网箱,放 100 尾虾苗观察 24 小时。网箱内可适量投饵。

网箱观察期内,应用显微镜观察对虾以下内容:对虾肠胃饱满情况,是否摄食投喂的饵料,如果不摄食,应分析原因;触角和附肢是否有黏附的污物,健康虾不应有黏液和污物;健康虾游泳足和尾节肌肉应是透明,有少量色素斑,如果受到胁迫,尾节肌肉白浊;观察对虾体形是否畸形,蜕皮后是否正常;对虾在网箱内游泳是否正常,死亡情况、相互残食情况、24 小时后成活率在 85% 以上为正常。如果成活率低于 70%,则应再观察 24 小时,直到

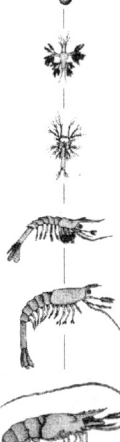

死亡率相对稳定。如死亡严重,需要分析原因,重新补充放苗。

四、养殖池内水环境管理

参阅凡纳滨对虾健康养殖技术"水质管理"部分。

五、饵料的选择与投喂

(一)饵料的选择

整个养殖阶段,保证对虾的营养需求是健康养殖的关键性技术。应使用优质配合饲料,培养和利用好池内天然繁殖的生物饵料及其产物,如单胞藻类、小型、微型底栖动物、活性污泥等。也可适量使用洁净的经检测白斑综合症病毒为阴性的活蓝蛤、淡水枝角类及盐池活卤虫等。

1. 使用优质配合饲料

配合饲料的质量标准,通常是考察营养成分分析。但是决定对虾生长速度的营养要素,有一些目前还未被人们所认识。因此,对于养殖者,首先要看对虾摄食该饵料后的生长指标及对虾的健康程度,如甲壳的硬度、蜕皮的次数、每一次蜕皮后的生长量等。比较简单实用的评价对虾饲料质量的方法,可采用水泥池或玻璃钢水槽饲养,观察对虾生长的方法。使用过滤海水,养殖体长 6~8 cm 的对虾,水温维持在 25℃~28℃,盐度为 25~30。养殖 30 天,优质饵料的饲料系数不超过 1.5,中国明对虾旬生长速度应达到 0.8 cm 以上。对虾甲壳光滑,手感较硬,能正常蜕壳,每次蜕皮的生长量较大。

黄国强(2004)采用沙丁鱼肌肉(FF,除去头、内脏、骨、鳞、鳍的鱼)、鹰爪虾肌肉(SF,除去头、壳、内脏)、菲律宾蛤仔足肌(CF,蛤蜊的斧足)、沙蚕(PW,日本刺沙蚕)和配合饲料(FD,海马牌配合饲料)5种饵料,设计了CF+PW,CF+FD,PW+FD,CF+FD+PW,FF+CF+PW+FD,FF+SF+CF+PW+FD共6种饵料搭配投喂模式,研究了不同饵料搭配对中国明对虾的生长和饵料转化效率的影响。中国明对虾摄食混合饵料后的生长都比除PW处理外的4种单种饵料投喂处理快,CF+PW处理的对虾在实验结束时的体重、增重率、特定生长率SGR最大。混合投喂处理的饵料转化效率均高于除PW外的所有单种饵料投喂处理,所有混合投喂处理的实际饵料转化效率都比预测值高,并且除了PW+FD和CF+FD+PW两个处理的实际值与预测值差异不显著外,其他混合处理的饵料转化效率实际值都显著高于预测值。

(1)常规主要营养成分应达到对虾配合饲料标准:虽然对于全球主要养殖种类的对虾在营养要求方面进行了很多研究,但是对于每种对虾的非常确切的营养物质需求及其相互作用,还是有不同的争议。特别是在生产性应用中,由于种质资源、生理状态、环境条件、池内基础饵料种类和数量的差异、饵料使用技术等因素的干扰形成的误差,远远大于这些营养要素细微变化形成的差异。因此,不可能为每一种对虾制定出为所有的人所认可的特定的营养物质需求量。但是根据以往的研究数据及生产经验,仍然可以提出实用的配合饲料的主要营养要素的数量及其配料组成。对虾饵料的能量值:每100 g饵料的总可代谢能量为;蛋白质量应有35~40 g;粗脂肪应有6~7.5 g;糖类应有30~35 g;纤维素及矿物质为10~15 g;水分有10 g。

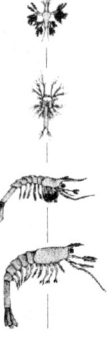

(2)建议以下成分也应达到指标:饲料粗蛋白质中,

10种必需氨基酸应该齐全,主要包括蛋氨酸、精氨酸、苏氨酸、色氨酸、组氨酸、异亮氨酸、亮氨酸、赖氨酸、缬氨酸和苯丙氨酸。必需氨基酸总量,应达到蛋白质含量的40%。饲料中6%～7.5%的粗脂肪内,对虾对脂类的要求取决于最基本的脂肪酸和磷脂的含量,其中有4种脂肪酸是对虾所必需的,它们是十八碳二烯酸(18:2n6)、十八碳三烯酸(18:3n3)、二十碳五烯酸(20:5n3)、二十二碳六烯酸(22:6n3),一般在植物油中十八碳二烯酸和十八碳三烯酸的含量高,海洋动物油脂中二十碳五烯酸和二十二碳六烯酸的含量高。磷脂含量要求一般是2%,如果使用卵磷脂(磷脂酸胆碱),要求可降低至1%。对虾需要亚油酸(18:2n6)2.16%,亚麻酸(18:3n3)0.87%(王树森,1993),也有2%鱼油,为的是使不饱和脂肪酸20:5n3和22:6n3能分别达到0.4%,磷脂达1%。钙含量为1.5%,磷为1.7%～2.5%,铜35 mg/kg,钴10 mg/kg,硒1.0 mg/kg,有效维生素C 0.05%～0.1%(如果使用LAPP形态的维生素C,应达0.4%;使用90%含量的包膜维生素C,应达到0.1%),维生素E 0.05%,肌醇0.4%,氯化胆碱0.4%～0.6%,胆固醇0.3%。

(3)配合饲料的物理性能:植物性原料需膨化后使用或制粒后熟化,饵料粒径和对虾口径一致。饵料颗粒表面光滑,在水中2小时不破碎。

2.饲料原料的选择

对虾有饥不择食的习性,但是并非任何食物或饵料原料均适合对虾摄食。据试验观察,一般以水生动物作饵料要比陆生动物好。尤其是水生无脊椎动物(如甲壳类、贝类等),一般均是对虾最优良的饵料。估计与这些生物的蛋白氨基酸组成、脂肪酸组成与对虾消化吸收生理的能力有关。同样对虾对于植物性饵料在利用程度上也有很大差别。根据对多种饵料源对虾消化率的观察(季文娟,2001)以及养殖试验观察,蛋白质源的原料以大豆粕、花生粕、鱼粉、虾糠、小麦面粉、麦麸和干贝类等为好。脂肪源的原料以鱼油、大豆和花生等为好。糖类的原料以谷物淀粉为好。

(1)饲料添加剂:选用饲料添加剂,首要考虑的是安全性。为了提高对虾的生长速度、抗病能力,人们往往在饲料中添加抗生素、激素等物质。但是目前人们已经认识到,滥用抗生素使人类的病原菌出现抗药菌株。抗生素破坏正常微生态菌群,微生态失调导致病原体的易感性。许多实验已经证明,益生菌作为饲料添加剂,不但能作为抗生素的替代品起到抑制病原菌的作用,预防疾病,而且可促进对虾生长,对虾摄食后没有药物残留问题。在对虾配合饲料中添加较多的有乳酸菌、芽孢杆菌和光合细菌等。在饲料中添加微生物及微生物产物可以提高饲料的利用率,并增加对虾的免疫力。如饲料添加 β-1,3 葡聚糖、肽聚糖等多糖类物质,能明显改善对虾免疫功能,促进对虾健康生长,应用方法可按照产品说明添加使用。

(2)配合饲料的安全性:根据农业部《无公害食品渔用配合饲料安全指标限量》(NY 5072—2002)标准,对虾养殖必须按要求选购使用饲料。饲料原料不得使用受潮、发霉、生虫、腐败变质及受到石油、农药、有害金属污染的原料;大豆原料应经过破坏抗营养因子的热处理等。饲料中的有害物质容许量及卫生指标,符合渔用饲料中有害物质及微生物的允许量规定。

不得过量添加微量元素和不按规定使用饲料药物添

加剂。防止饲料在加工、生产、运输和储存过程中化学物质对饲料的污染;防止饲料霉变而降低饲料的营养价值和导致霉菌的代谢产物;防止病原微生物如病毒等微生物污染。提高生产和使用优质饲料意识,杜绝生产和使用营养不均衡、配比不合理、利用效率低的饲料,减轻养殖水环境污染。

(二)配合饲料的投喂方法及饲料量的控制

投饵是对虾养成中技术性强、难度高的工作,这是因为一方面池塘中存虾数难以估准,另一方面对虾在水底摄食,食物的丰歉不易观察。因此,投饵量不易掌握,投少了影响对虾生长,投多了不仅浪费了饵料,而且造成水质败坏,影响对虾生长,甚至引起发病或浮头死亡,造成严重的经济损失,所以掌握对虾摄食特点,准确而合理的投饵是提高养虾效益的关键。

1. 投喂次数及方法

在养成期间,中国明对虾具有连续摄食的特点,但是,有一定的节律性,昼夜有两个摄食高峰,分别在18～21时和3～6时,白天9～15时摄食量最低。日投饵6次者比投饵2次的对虾生长速度加快72%。中国明对虾放苗后的第一个月,通常日投喂次数可安排4次,每天6～7时、10～11时、15～16时、20～21时。以后随着对虾增长,投饲料量加大,可以增加投喂次数,每天投喂6次,从早6时到晚22时,大约3个小时投喂一次,傍晚及黎明的投喂量约占全天投喂量的60%。蓝蛤等活贝一次可投喂数日的用量。

养殖初期,对虾活动范围小,应全池投喂。随着对虾的生长,可选择虾经常聚集处、无污物区投喂。同时投饲料应力求均匀,以利于对虾摄食。切忌在中心沟等深水处投饵,因为 2 m 以上的深水区氧气不足,对虾很少在该处觅食和栖息。长条形池塘,可在进水端留出一段不投饵区,作为对虾栖息和缺氧时的避难场所。面积小的池塘可在池四角设饵料盘,只在饵料盘上投饵。

增氧机附近池底干净,氧气充足,对虾喜欢来这些地方摄食,所以在投饵时最好关闭增氧机。若开机投饵,饵料不要撒在增氧机处。

使用配合饲料,需注意其生产日期,配合饵料从出厂至投喂,存储期不应超过 3 个月。

在生产中应注意减少养殖期间对虾生长不平衡现象,投饵可采取先粗后精,先干后鲜的办法,以保证个体小的虾有足够的机会摄食好的饲料,达到缩小虾体大小参差的目的。

2. 投喂数量

对虾生长需要由物质和能量作保证。能量来源就是摄食饵料,但是饵料又是水环境最重要的污染源。因此科学地使用饲料,就成为养殖健康管理中的重要内容。研究投饵量和对虾生长的关系的试验表明,对虾在摄食每一种饵料后都会有一个最大的增长量。当饵料量不足,或者说投饵量少于对虾的最大摄食量时,对虾的增长量是随着饵料量的增加而增加。超过对虾摄食数量的投喂量,只能起到污染水质的作用。在对虾的摄食量范围内投饵,通常投喂量是在摄食量的 50% 以内时,对虾的生长和投饵量呈密切相关,但是投喂量超过 50% 以上时,对虾的生长量除了和饵料量有关系外,还和环境有很大关系。因此,在养殖过程中,发现对虾生长缓慢时,首先应考虑水环境因素,千万不要盲目增加投喂量。配合饵料投喂量日参考使用量见表 2-15。

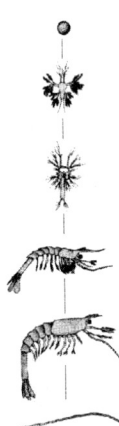

表2-15 中国明对虾配合饲料投喂量日参考使用量(引自杨丛海,2002)

对虾体长(cm)	对虾体重(g)	正常生长需要天数	万尾对虾日投喂量(kg)	对虾理论存池量(%)	实际日投喂量(kg)	生长0.5cm累计投料量(kg)	累计使用饵料量(kg)
1.000	0.012		0.065	100.000	0.065		
1.500	0.040	4.500	0.135	80.000	0.108	0.293	0.293
2.000	0.096	4.500	0.220	80.000	0.176	0.486	0.779
2.500	0.187	4.500	0.330	70.000	0.231	0.792	1.571
3.000	0.324	4.500	0.513	70.000	0.359	1.040	2.610
3.500	0.514	4.500	0.678	60.000	0.407	1.616	4.226
4.000	0.768	5.000	0.872	60.000	0.523	2.034	6.260
4.500	1.093	5.000	1.054	60.000	0.632	2.616	8.876
5.000	1.500	5.000	1.272	60.000	0.763	3.162	12.038
5.500	1.996	5.000	1.499	60.000	0.899	3.816	15.854
6.000	2.592	5.000	1.750	60.000	1.050	4.497	20.351
6.500	3.295	6.000	2.013	55.000	1.107	6.300	26.651
7.000	4.116	6.000	2.297	55.000	1.263	6.643	33.294
7.500	5.062	6.000	2.599	55.000	1.429	7.580	40.874
8.000	6.144	6.000	2.818	50.000	1.409	8.577	49.451
8.500	7.369	6.000	3.000	50.000	1.500	8.454	57.905
9.000	8.748	7.000	3.070	50.000	1.535	10.500	68.405
9.500	10.280	7.000	3.200	48.000	1.536	10.745	79.150
10.000	12.000	7.000	3.400	45.000	1.530	10.752	89.902
10.500	13.890	7.000	3.500	45.000	1.575	10.710	100.612
11.000	15.970	8.000	3.600	43.000	1.548	12.600	113.212
11.500	18.250	8.000	3.800	40.000	1.520	12.384	125.596
12.000	20.730	8.000	4.000	40.000	1.600	12.160	137.756
合计		119.500					137.756

饵料系数又称增肉系数,是指摄食量与增重量之比,是衡量饲料质量与对虾利用能力的一个指标,是由实验数据用以下公式求得的。

即:$F = \dfrac{投饵量 - 残饵量}{实验末对虾重量 + 实验中死亡虾重量 - 实验初虾重量}$

也就是实验过程中对虾的净摄食量与净增重量之比,其倒数的百分比称为饵料效率。投饵系数是指生产中投饵量与对虾产量之比,其意义不仅反映饲料质量的优劣和对虾利用能力的高低,还反映投饵技术水平的高低,而且后者更为重要。一般较好的配合饲料,可以按照饲料系数1.5设计整个养殖期饲料总需求量。如果使用优质饲料,掌握投饵技术,池内基础天然饵料利用较好,饲料系数可降至1.2~1.3。投饵系数是以各种饲料可食部分的干重量计算的,各种饲料的折算比例如下:

配合饲料、豆饼、花生饼 1∶1;

卤虫、糠虾、杂鱼虾 4∶1;

蓝蛤、寻氏肌蛤、蝟螺 6∶1;

蛤仔、鸭嘴蛤蜊、四角蛤蜊 10∶1;

河蚬、螺蛳、贻贝 12∶1;

每一种饲料生产厂家均列出了按对虾体重计算出的投喂量,可供参考。影响对虾每天摄取食量的因素十分复杂,投喂量最重要的参数是池内对虾的存池量。可以用打网及经验估计池内对虾的存池量。一般根据下列因素确定投喂量:

根据估测的对虾尾数及平均体重、体长,参考对虾投饵量表,计算出理论投饵数量,再根据对虾前一天摄食情况、天气状况,估计使用量。已知中国明对虾日摄食量与体长、体重呈正比,日摄食率与体长、体重呈反比。日摄食蛤肉量与体长、体重呈如下关系式:

$$F = 0.061\ 32\ L^{1.561\ 3}$$
$$F = 0.630\ 1\ W^{0.511\ 9}$$

F 为每尾虾每日摄食蛤肉克数；L 为体长，单位为 cm；W 为体重，单位为 g。配合饲料是蛤肉量的 25%～30%。应强调的是摄食量不等于投饵量，而且其投饵量还受池塘中饵料生物丰歉、水质条件、气象条件等诸多因素的影响。因此，投饵公式仅是一个参考数字。

投喂饲料后，根据对虾摄食情况，调节投喂量。如投喂饲料后很快被吃光，就应增加投喂量。反之，如果在下次投喂饲料之前池内仍有较多余料，就应减少或暂停投喂。如果投喂饲料后 1 小时有 2/3 的对虾达饱胃或半胃，说明投喂饲料充足，如果投喂饲料后 6 小时，仍有半数以上处于饱胃或半胃，说明投喂饲料过量，应减少投喂量。

根据对虾生长情况控制投喂饲料质量及数量。如北方地区 6～7 月，中国明对虾在生产养殖池，每天体长生长速度应达 1.0～1.2 mm，8 月应达 0.8～1.0 mm，9 月应达 0.6～0.8 mm。如达不到上述速度，而水质又无问题，则可能是饲料质量问题。对虾群体内对虾体长大小相差较大，大小分化可能是长期投喂量不足。

当水温超过 32℃、盐度突然下降、溶解氧低于 3 mg/L、氨氮含量超过 1.0 mg/L、池底发臭有硫化氢和甲烷逸出以及水温低于 10℃时，中国明对虾摄食量会大幅度下降，一般均达不到正常摄食量的 50%，应相应减少投喂量直到停止投喂。并努力改变水质条件，待情况好转后再恢复正常投饵量。

投喂量的估计可以使用投饲料盘。饲料盘可用细筛网制作，以饲料不漏失为准。每个面积约 0.5 m²，方形或圆形,周边有高 5 cm 的框边。通常每 10 亩放置 4～5 个。据饲料盘中的饲料量摄食情况,估计全池投喂量是否合适。计算方法为:饲料盘放置的饲料量根据对虾大小而变化,对虾体长 5 cm 以前,可按本池每次总投饲量的 2% 放置饲料。对虾体长 6～8 cm,可按本池每次总投饲量的 2.5% 放置饲料。9～12 cm,可按本池每次总投饲量的 3.5% 放置饲料。检查时间为下次投饲料前 1.5～2 小时。基本吃完表示投喂量合适,如有剩余表示投饲量多,如投饲后 0.5～1 小时全部吃光,表示不足。小池塘也可只在投饵盘上投饵,吃完后随时补充。这个估计方法经验很重要。

(三)提高饲料利用率

如何用最少的饲料,生产出最多、质量又好的对虾,如何提高饲料利用率?应做到放苗量合理、饲料用量合理和保持良好水环境。

1. 养殖放苗量要合理

单位水体养殖的对虾数量和产量密切相关,因此人们总是希望多放苗。苗多以后必然要多投饲料,但是多投饲料首先遇到环境容量问题,从而影响环境因子,进而影响对虾对饲料的摄食和吸收利用。总产量随着放苗量增加而增加,达到最高值后,即开始下降,出现放苗量的反馈,其机制是通过饲料分配量、水质恶化、发生疾病等起作用。理论上,对虾养殖的养殖池的环境容量是一个很复杂的变量。但是在当前的技术投入及经济水平条件下,对于每一种对虾来说,实际存在着一个期望值。每一个生产周期每亩池塘的产量通常应控制在 300～400 kg,每亩放苗量为 25 000～30 000 尾。在同一个养殖池塘,由于天然饵料以及水环境的影响,饵料系数和放苗密度

基本上是线性关系,也就是如果放苗太多必然提高饵料系数。如果放苗太多,则难以保证对虾质量。

2. 饲料投喂量要合理

虽然对虾最大限度的摄食,可以取得最大的生长量。但是对虾摄食后,最高的饵料效率是出现在对虾摄食量为80%时。饱食后的饵料效率并非最佳。考虑到养殖池有许多天然饵料可以利用,因此,实际投饵量以对虾饱食量的70%～80%为佳。

3. 保持良好水质

几乎所有的水质要素均对饲料利用率会产生影响,所以保持环境要素达到对虾要求的最佳值,是提高饵料利用率的最优措施。

(四)投饵注意事项

1. 利用鲜活饵料的注意事项

我国许多地区有蓝蛤、寻氏肌蛤等小型活贝类及卤虫等鲜活饵料资源,它们虽然偶尔也有白斑综合症病毒阳性检出,但检出率甚低。有条件的地方适当使用这些饵料生物作为对虾饲料,对提高养殖对虾的体质、提高抗病能力有重要作用,但使用这些生物应注意其鲜度,不但投喂前应冲洗干净,而且应小心地剔除其中的蟹类、虾类等甲壳类生物,一定要使用活体。一般情况下,只在养殖后期使用,每天的投喂量不超过对虾当日摄食量的1/3。要经常抽样做白斑综合症病毒病原检测,检出阳性者不应使用。做到当天采捕当天喂,不过量使用。

由于小型活贝类其个体小、壳薄,可以活着投入池中,只要对虾早期长得好,一般都能咬碎当年生的贝类,它们不仅对水的污染轻,而且由于其有滤食作用,尚可吃掉池中过多的浮游生物及有机碎屑,起到净化水质的作用。在蓝蛤壳长与对虾体长之比超过0.8∶10、寻氏肌蛤超过1∶10时,对虾难以咬碎贝壳,应砸碎后投喂。

2. 根据对虾的摄食习性注意以下事项

(1)中国明对虾脑欠发达,不能像鱼类那样形成投饵的条件反射。因此,不能利用条件刺激作为投饵的信号,投饵不能过于集中。

(2)中国明对虾视觉较差,主要靠嗅觉觅食,觅食能力差。因此,投饵要分散,勤投少喂,以保持饵料的味道。在饲料中添加乌贼肉、牛磺酸和甘氨酸等诱食剂,有利于对虾的觅食。

(3)中国明对虾是以螯足掠取食物,用颚足抱持食物,不能摄取粉状食物。因此,配合饵料在水中至少应能保持两小时不溶散,以提高饵料的利用率。

(4)中国明对虾争食能力很差,摄食时又怕惊动,所以池内应不放或少放争食性动物,梭鱼、白虾、蟹类的争食能力都比对虾强,从提高饵料利用率的角度不主张与虾混养。

(5)中国明对虾有明显地嗜食性,喜专吃一种饵料,更换新饵料时摄食量下降。所以在养成中更换饵料时应减少投饵量,逐渐增加至正常的投饵量。

(6)中国明对虾摄食有明显的日变化,以黎明及傍晚摄食量多,中午和午夜摄食较少。所以在傍晚或黎明前应各投喂全天量的30%以上。越在养殖后期越是如此。

(7)中国明对虾有沿池四周觅食之习性,故投饵时应沿池四周投喂,随对虾生长,逐渐向较深处(1.0 m)左右转移,但绝不能投到中心沟等深水区。

(8)在水质不佳,溶解氧下降,氨氮、硫化氢增高,水温超过32℃以上或降至10℃以下时对虾摄食量下降,应

减少投饵数量,否则会构成危险的恶性循环,造成对虾的死亡。

(9)腐败变质的饵料不投,大风暴雨暂时不投,对虾浮头时不投,生长前期少投,中、后期酌情多投,风和日暖,水质条件好时多投,虾塘内竞争动物多时应适当多投。

六、日常观测

(一)病原的检测及控制

病原检测及控制是达到健康养殖目的的重要手段,要在养殖全过程各个环节控制病原数量。

放苗前后的虾苗病原检测及选择:选择适应当地水文条件养殖的健康虾苗,是提高对虾养殖成活率的重要环节。购苗前后及中间培育期,应对虾苗进行病毒等重要病原检疫,重点检测对虾白斑综合症病毒。肉眼观察,健康虾苗应有如下特征:体形肥壮、形态完整,无损伤与畸形;对外界刺激反应灵敏,触动有弹跳反应;群体发育整齐;肌肉饱满透明,外观清亮;肝胰腺饱满;附肢色素正常;胃肠充满食物、肠道直;虾苗游动活泼。

(二)水环境因子监测

监测内容包括海水温度、盐度、pH值、溶解氧、氨氮、化学耗氧量(COD)、有毒重金属离子浓度、水色、透明度、赤潮、生物量、底色变化、海水内异养细菌数、弧菌数、基础饵料生物组成及密度等。其中短期效应较大的如水温、溶解氧、pH值、氨氮、水色、透明度、异养细菌等以每天监测为好。其他因子需定期测定。

良好的水质:pH值7.6~8.6,铵态氮(以NH_4^+—N计)0.2 mg/L以下,溶解氧(DO)4 mg/L以上,透明度25

~35 cm,水色浅绿色(绿藻)、黄绿色(硅藻+绿藻)、浅褐色(硅藻),海水无异臭味,有毒金属离子浓度不超过国家渔业水质标准所规定的范围,弧菌总数池水不超过1 000个细菌/毫升、池底表土不超过10 000个细菌/毫升(以MPN法测定),池底硫化氢浓度不超过0.1 mg/L,池底氧化还原电位势不低于-50 mV,池底表土有机质含量不大于5 mL/L,池底无黑化,无臭味逸出。

(三)对虾生长情况的测定

对虾的生长情况不仅反映着养殖措施是否正确,而且也是确定投饵质量和数量的依据,最少每10天测量一次,每次随机抽样50~100尾测量,应在池中分几处取样,可以用旋网捕捞。测定工作以早晨和上午较好,夏季应避开炎热的中午。

对虾的生物学体长是指自眼柄基部至尾节末端的长度。体重不需逐一称量,可做一个密网袋挂于船旁水中,将各点取得的样品放在一起,最后控干称重,以求出平均体重。中国明对虾在当前的养殖条件下,前期(8 cm以前)每10天生长1~1.5 cm,中期为0.8~1 cm,后期为0.5 cm以上,若低于上述指标,应分析原因,改进管理措施。

中国明对虾体长与体重互查表见表2-16。

表2-16 中国明对虾体长与体重互查表(由公式$W=0.12 L^3$计算)

体长(cm)	体重(g)									
	0	0.1	0.2	0.3	0.4	0.5	0.6	0.7	0.8	0.9
1	0.012	0.015	0.020	0.026	0.032	0.040	0.049	0.058	0.069	0.082
2	0.096	0.111	0.127	0.146	0.165	0.187	0.210	0.236	0.263	0.292
3	0.324	0.357	0.393	0.431	0.471	0.514	0.559	0.607	0.658	0.711
4	0.768	0.827	0.889	0.954	1.022	1.093	1.168	1.245	1.327	1.411

(续表)

体长(cm)	体重(g)									
	0	0.1	0.2	0.3	0.4	0.5	0.6	0.7	0.8	0.9
5	1.500	1.591	1.687	1.786	1.889	1.996	2.107	2.222	2.341	2.464
6	2.592	2.723	2.859	3.000	3.145	3.295	3.449	3.609	3.773	3.942
7	4.116	4.294	4.478	4.668	4.862	5.092	5.267	5.478	5.694	5.916
8	6.144	6.377	6.616	6.861	7.112	7.369	7.632	7.902	8.177	8.459
9	8.748	9.042	9.344	9.652	9.967	10.28	10.64	10.95	11.29	11.64
10	12.00	12.36	12.73	13.11	13.49	13.89	14.29	14.70	15.11	15.54
11	15.97	16.41	16.85	17.31	17.77	18.25	18.73	19.56	19.71	20.22
12	20.73	21.25	21.79	22.33	22.87	23.48	24.00	24.58	25.16	25.76
13	26.36	26.97	27.59	28.23	28.87	29.52	30.18	30.85	31.53	32.22
14	32.92	33.63	34.35	35.09	35.83	36.58	37.34	38.11	38.90	39.69
15	40.50	41.31	42.14	42.97	43.82	44.68	45.55	46.43	47.33	48.23
16	49.15	50.07	51.01	51.96	52.92	53.90	54.89	55.88	56.89	57.92
17	58.95	60.00	61.09	62.13	63.10	64.31	65.42	66.54	67.67	68.82

(四)对虾活动情况的观察

在正常情况下,对虾静栖池底或游动觅食。体表光洁,颜色鲜亮,反应敏捷。如发现在集中摄食的时间里仍长时间环池游动,则说明饵料不足;在没受惊扰的情况下频频跳动,可能有害鱼追逐,或氧气不足,或体附寄生物;若出现全池跳虾,则表明水情有变,水质不良;当对虾虾体纤弱,活动力弱,体色变深(黑褐色),甚至体壳附着杂藻,肠道粗而弯曲,则因水老、饵缺、蜕皮困难所致。

在养成的中后期,由于对虾密度过大,残饵及排泄物的大量积累以及换水不足,常常发生对虾缺氧浮头现象,浮头时,对虾分散游动,方向不定,游动缓慢无力,时而眼睛、触角露出水面,以吸取水表氧气。其时受到刺激,也不起水跳跃。根据对虾在水面的状况,可分明浮头(眼睛、触角露出水面)和暗浮头(虾体浮起,但眼睛和触角未露出水面)两种状态。对虾浮头多发生在高温期间天热无风的天气,一般在黎明前出现,日出后基本消失。若半夜发生或日出后继续浮头,表明虾池缺氧情况已相当严重。对虾浮头前可能出现的征兆是:大气闷热,池水平静,或大风过后,晚上突然止风,池水溶解氧降到1.5 mg/L左右,虾群出现异常活动;原生动物大量繁殖,池水透明度增大到1 m以上;浮游植物过量繁殖,透明度小于20 cm;池底黑区扩大,且有臭味逸出;入暮后虾池周围出现大量蚊虫;海鸥池上空盘旋,集聚;糠虾、鱼类聚向池边或产生浮头;轮虫、夜光虫等大量繁殖使池水呈现微红等。当发现浮头征兆,即应继续周密观察,采取如下急救措施:立即停饵或减饵;迅速换水、充气、增氧;要保护池底,切勿搅起池底污泥。

(五)胃饱满度的测定

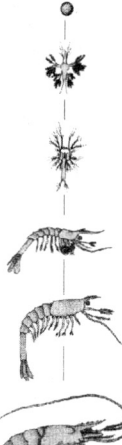

取一定量的对虾,从头部背面透过甲壳观察胃饱满度。根据虾胃中食物的多少,可分为饱、半饱、残、空四级,具体分法为:饱胃,胃腔内充满食物,胃壁略有膨胀;半饱,胃含物占胃腔的1/2以上,或占据全胃,但胃壁不膨胀;残胃,胃含物不足胃腔的1/4;空胃,胃腔内无食物。一般在投饵后1小时左右,饱胃(包括半饱)率在80%以上,投饵之前饱胃率在20%左右,则投饵适宜。若投饵后1小时饱胃率低于60%,则饵料不足;若投饵前超过40%,则投饵过量。胃多不饱而饵料剩余,则饵料质量差或已变质,对虾拒食之;胃饱满但对虾生长缓慢,则饵料营养不全或不易消化。"黑胃"或"绿胃"多因缺饵而误食

污泥或不消化植物。要结合胃含物分析,随时进行饵料调整。

(六)池塘中虾数的估计

准确地估计池内对虾尾数,是合理投饵、准确估产的重要依据。由于对虾有游动和集群的习性,不易一次测准,应多种方法配合,多次测定和分析。目前采用的方法有:

1. 罾网测定法

此法适合测定 2~3 cm 的小虾。即在池内以已知面积的小罾(抬)网多点抬虾,求出单位面积的对虾,从而求出全池对虾数。

2. 旋网定量法

此法适于中国明对虾等白天活动的虾类,体长 6 cm 以上的对虾群体。即根据池形及沟、滩面积之比,在池内多点取样。利用如下公式,求出池内对虾数。

$$全池虾尾数 = K \frac{取样总尾数 \times 虾池面积(m^2)}{网口面积(m^2) \times 撒网次数}$$

式中 K 为网口收缩系数(外逃系数、逃逸系数),其值主要随水深而增大,平均水深 1 m 的池塘,K 值为 1.5,平均水深 2 m 的池塘,K 值为 3 左右。

3. 标志法

养殖后期可做一次标志法计数。根据池塘大小,在不同位置捕取 500~1 000 尾对虾,剪去一侧尾肢,放回 1~2 天后再用网在该池不同部位随机捕虾,使重捕剪尾虾数目至少达总剪尾虾数的 1/10,最后以下式计算

$$全池虾尾数 = \frac{捕虾总数 \times 标志虾总尾数}{重捕标志虾尾数}$$

4. 饵料反推法

根据对虾实际摄食情况进行反推算。即按照初估虾

数准确投入一定量饵料,再观察对虾实际摄食状况(胃饱满度和剩饵状况),进行数次调整后,以较合理的日投饵量反推对虾尾数。

5.经验成活率推算法

首先测准入池虾尾数,再参考清池效果、虾苗质量和规格、有无浮头、虾病、虾逃等异常情况,主要根据投苗后不同生长时期对虾的经验成活率,计算对虾的存池数,以此作为估计对虾各生长阶段存池数的主要参考依据。

以上各法可结合采用,综合分析、估算。

(七)安全检查

在养成过程中,应经常巡池,密切注意对虾动态及环境突变,以防意外事故发生。安全检查的主要内容有:

(1)检查闸门是否严密,坝堤有无漏洞,网具是否破损,并注意池内水位变化。

(2)观察池内水色有无异常,池内及水源有无赤潮发生。

(3)观察池底污染状况,注意池底的"黑化"程度和范围变化。

(4)观察池内丝状藻类、沟草等繁殖状况。

(5)观察对虾有无反常行动、浮头和疾病发生。

(6)要注意天气变化,做好防洪、防台风工作。

七、收虾

(一)收虾时间

对虾收获的时间,主要取决于气候、水温、水质污染状况、对虾规格、市场需求等。在当前虾病肆虐的情况下,收虾时间的选择更重要。为防疾病发生而过早收获,失去了生长和获益的良机;过迟让虾冷死或病死池中,则

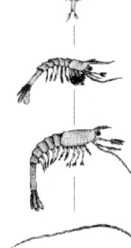

前功尽弃。

一般中国明对虾一茬养殖,辽宁省9月下旬,山东省10月上、中旬,江浙地区10月下旬至11月上旬较为适宜。其时水温13~14℃左右。对虾体长已达12 cm以上。琼、台等地因气候温暖,全年皆可养虾,故主要根据对虾生长情况(病害情况)和市场价格灵活确定收获日期。

(二)收获方法

池养对虾多采取闸门挂网,放水收虾的方法。即利用对虾沿池边群游及趋弱流,顺强流的特点,在排水闸的外闸槽安装闸门挂网,急速放水,收获对虾。这种方法操作简单、节省劳力,收起的虾不受底泥污染,适于一次性收获对虾。

闸门挂网是由多股聚乙烯线结的锥形挂网,网目由3~4 cm渐缩至2 cm。网长应是网口宽度的4~5倍,前口矩形,与闸门相适应。后口周长缩至1.5~2.0 cm,后接一网袋,网袋一般长1.5~2 m,网目1 cm左右。网袋口周长应与挂网后口相一致。网四周还需有加固的筋绳。

多次收获,均衡上市的池塘宜采用迷阵网(或称陷网)收虾。可捕大留小,所以多次放苗,生长差异大的池更宜采取此法。迷阵网一般高1 m,长0.9 m,宽0.8 m,由网体、锥形袖网、定网缆、锚和墙网等组成。锥形袖网一般3个,其网囊内壁有环形支架衬托,网目大小随需要而定,网袖尾部可启闭(用套口索控制)。操作时先将陷网在池边定位,墙网的一边紧靠池壁,另一端伸向网体内。对虾沿池游泳时会顺墙网进入网体,最终导入锥形袖网而被捕获。最后视虾量的大小适时打开套口索而出虾。

收虾应注意:收虾前24小时仍需正常投喂;大潮期间对虾比较活跃,容易捕虾;控制闸门流量,防止网破虾逃。

第三章 日本囊对虾健康养殖技术

日本囊对虾 *Marsupenaeus japonicus*（Bate，1888），俗称车虾、斑节虾、竹节虾。属于节肢动物门甲壳纲软甲亚纲十足目对虾科囊对虾属。

第一节 日本囊对虾的生物学特性

一、形态构造

日本囊对虾是一种大型甲壳动物，成熟雌虾一般体长为13~16 cm；雄虾个体比雌虾小，一般体长为11~14 cm，见图3-1。体表具鲜艳的横斑纹，头胸甲和腹部体节上有棕色和蓝色相间横斑。尾节的末端有较狭的蓝、黄色横斑和红色的边缘毛。身体长而侧扁，分头胸部与腹部，由20节组成，即头部5节、胸部8节、腹部7节。头部与胸部愈合成头胸部、分节不明显。其末节称为尾节，与尾肢组成尾扇。除尾节外，各节皆有一对附肢。日本囊对虾体外包有坚韧的几丁质甲壳,其前端有具齿的额角,在额角的基部两侧具1对带柄的复眼,口位于两大颚之间。

图3-1 日本囊对虾外形

二、栖息与活动

日本囊对虾栖息于水深10～40 m的海域,喜欢栖息于沙泥底(图3-2),具有较强的潜沙习性,白天潜伏在深度3 cm左右的沙底内,活动少;夜间频繁活动并进行索饵。觅食时常缓游于水的下层,有时也游向中上层,但一般情况下很少发现其游动,尤其是养殖前期较难观察到。在虾塘的高密度养殖中,饥饿时呈巡游状态。

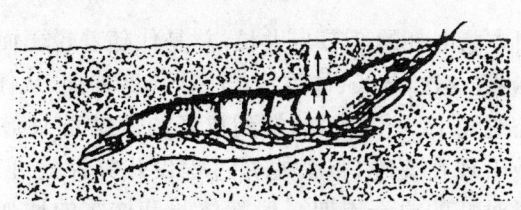

(箭头所示为呼出水流方向)
图3-2 日本囊对虾潜沙状态

三、对环境的适应性

1. 对盐度的适应

日本囊对虾为广盐性虾类,对盐度的适宜范围是15

~34,对盐度的突变很敏感。胚胎期的适应盐度为25~39,溞状幼体适盐范围较窄,仔虾适盐范围可达23~47。但高密度养殖时适应低盐度能力较差,一般不能低于17。

2. 对温度的适应

日本囊对虾属亚热带种类,适温范围为17℃~34℃,最适温范围为25℃~30℃,高于32℃生活不正常,在8℃~10℃停止摄食,5℃以下或高于38℃死亡。

3. 对水中溶解氧(DO)的要求

日本囊对虾在池养中忍受溶解氧的临界点是2 mg/L(27℃时)低于这一临界点即开始死亡,养殖过程中溶解氧应保持在4 mg/L以上。日本囊对虾耐干能力强,是较易长途运输的种类。

4. 对海水pH值的适应

海水pH值较稳定,一般在8.2左右,但虾塘pH值变化较大。日本囊对虾对pH适应值为7.8~9.0。

四、生长与蜕壳

日本囊对虾的变态与生长,总是伴随着蜕壳而进行的,每蜕壳一次,体长、体重均作一次飞跃增加,从仔虾到幼虾需蜕壳14~22次,幼虾到成虾约需蜕壳18次。蜕壳多数出现在夜晚,整个蜕壳过程仅几分钟就可完成。日本囊对虾的蜕壳周期一般随体长和体重的增加而加长,而与年龄关系不大。环境的变化(如药物刺激、水质指标剧变等)能刺激日本囊对虾蜕壳。其蜕壳周期与体重的关系式为:

$\log D = 0.211\ 4 \log W + 0.840\ 5$

D—蜕壳周期(天),W—为活虾体重(克)。

日本囊对虾体长与体重的关系是呈幂函数曲线增长

形式,其回归关系为:

♀$W=6.387\times10^{-6}L3.116$

♂$W=9.9494\times10^{-6}L3.0295$

W——体重(g),L——体长(mm)。

五、食性

日本囊对虾以摄食底栖生物为主,兼食底层浮游生物。据刘瑞玉等的样品分析,其胃内含有16个动物种群。经常出现有13~15个类群,主要是摄食小型底栖无脊椎动物,如小型软体动物、底栖小甲壳类及多毛类、有机碎屑等。要求食物蛋白质含量为50%~60%。养殖中,主要以小型低值双壳类、杂鱼及配合饲料。

第二节 日本囊对虾的苗种生产技术

一、亲虾选择与培育

1. 亲虾来源及运输

目前日本囊对虾亲虾一般是捕获自然海区的成熟或接近成熟的个体,经过暂养或催产培育使其产卵。亲虾的运输多是采用虾桶充气运输或塑料袋充氧运输,为了提高运输成活率,应使水温保持在16℃~18℃,高温会引起死亡,低温会影响卵子及幼体质量。此外,尚可利用人工养殖的大个亲虾,经人工越冬和促熟培育获得卵子及幼体。

2. 亲虾的培育

秋季捕的天然或人工养殖的亲虾需经人工越冬培育

及春季的催熟培育;春、夏季捕的天然亲虾只经过短暂的催熟培育即可成熟。培育的主要措施如下:

(1)水温的控制:亲虾越冬期水温应控制在10℃～13℃最低不要低于8℃。开春后,根据育苗期的早晚,可逐渐升温至24℃～25℃,促使其交配,交配后再升温至26℃～27℃,促进性腺的发育。春天捕的已交配雌虾,也应在2～3天内将水温升至27℃～28℃,促使性腺的快速成熟,并可防止亲虾蜕壳,升温过慢往往因蜕掉精荚而失去应用价值。

(2)光照控制:日本囊对虾在26℃情况下,日光照13小时,105天产卵;日光照16小时,75天产卵。但是在亲虾培育过程中应将光强控制在50～500 lx以内,否则,强光抑制亲虾摄食量并使之不安。

(3)饵料:日本囊对虾要求高蛋白,通常以沙蚕、梭子蟹、柔鱼、贻贝、文蛤、星虫等为饵,日投饵量一般为亲虾体重的5%～8%。

(4)控制水质:盐度对其性腺成熟影响很大,最好控制在27～33之间。适当降低pH值(7.5以上)可促进亲虾产卵。

(5)摘除眼柄:与其他对虾相同,采用单侧摘除眼柄,可促进卵巢迅速发育,快者术后2～3天产卵,多数7～8天产卵。如果有蜕壳,要重新交配,或采用精荚移植手术。

二、产卵与孵化

1. 成熟亲虾的选择

因其甲壳较厚,外观不易看清卵巢的发育情况,可用特制的电筒从亲虾腹部往上照,可看清卵巢的形状和成

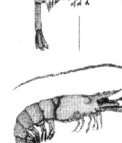

熟程度,并注意剔除那些带病菌和寄生物的亲虾。

2.产卵

日本囊对虾分批产卵,几夜才能完成产卵。采用摘眼柄的手术,产卵率可提高到50%以上。用紫外线照射海水,产卵率能提高到70%(矢野勳,1988)。采用摘除眼柄和移植精荚相结合的方法,效果较好。

日本囊对虾产卵的时间是21:00～03:00点,繁殖早期产卵时间较早,晚期时间稍迟。产卵量与个体大小有关,一般每尾产卵20万～50万粒,卵径260～280 μm。孵化的最适水温是27℃～30℃。

三、幼体阶段的培育

日本囊对虾育苗有室外生态系育苗(群落育苗法)和室内育苗。生态系育苗是幼体孵化出后,即施肥繁殖饵料生物,饵料和幼体同池培育。室内培育是饵料和幼体分池培育,根据幼体摄食需要,再投入饵料。前者以天然饵料为主,幼体密度3万～5万尾/立方米,后者以人工饵料为主,幼体密度可增至15万～20万尾/立方米。

1.饵料

日本囊对虾无节幼体与其他虾类一样,以自身卵黄为营养。溞状幼体用扁藻、硅藻、酵母、藻粉、轮虫、虾片等饵料。糠虾幼体以动物性和植物性饵料为食。

近年由于对对虾幼体营养研究及饵料工业的发展,开发了多种微粒饵料,如微胶囊饵料等,在日本囊对虾育苗中使用越来越多,该饵料是系列饵料,可以根据幼体发育的不同阶段合理选用。

在投喂非活性饵料时,要少量勤投,避免沉底,且要均匀泼洒。投喂量的确定,要根据幼体摄食情况、健康状况及池水的pH值、氨氮等水质情况,全面综合考虑确定。

生态系育苗,前期施肥繁殖单胞藻等饵料生物,后期适当投饵。由于接近天然环境,培育的幼体健壮,成活率高。

2. 水环境的控制

(1)水温:日本囊对虾育苗要求较高的水温,最适水温27℃～30℃,详见表3-1。当前各地育苗多采用上限水温育苗,以缩短育苗时间,提高成活率。换水时,温差不超过1℃。

(2)盐度:日本囊对虾育苗适宜的温度为27～33。见表3-1。

表3-1　日本囊对虾胚胎、幼体对水温、盐度的适应范围

	胚胎期	无节幼体	溞状幼体	糠虾幼体	仔虾
水温(℃)	20～32 (25～28)	15～34 (28)	15～33 (28)	14～33 (28)	13～34 (28)
盐度	27～39	27～29	27～35	23～44	23～47

注:表中数字为一般范围,括号内数字为最适范围。

(3)其他水质条件的要求:对DO,pH的要求与中国明对虾相近,可参照执行。

3. 光照

日本囊对虾幼体对光线不甚敏感,但从胚胎期至糠虾幼体,宜用明亮的光照,室外池培育不需遮光,只要水中有一定的藻类,透明度在100 cm以内即可。

4. 换水

幼体培育中的换水及管理与中国明对虾育苗操作规范相近。

四、病害防治

日本囊对虾育苗期间的病害法治参照第一章凡纳滨对虾育苗期间的病害法治。

五、虾苗出池与运输

1. 出池

日本囊对虾幼体培育到 P_{15} 左右,全长 1.0 cm 开始出售,它的抵抗力较强,只要包装好,长途运输成活率较高。其出苗的方法、记数、包装、运输中的注意事项与中国明对虾等虾类相同。

2. 虾苗的选择和运输

日本囊对虾的养殖苗种应选择全长在 0.8 cm 以上,个体差异较小,体表清洁无寄生物,健壮活泼、弹跳力强的虾苗。同时应对培育池水质、使用的饵料、亲虾来源及状况进行认真的了解和观察。

虾苗的装运使用无毒的塑料薄膜袋,一个容积为 30 L 的薄膜袋,在水温 20℃情况下,运输时间在 5 小时左右时可装苗 1.5 万尾;10 小时左右时可装苗 1.2 万尾;15 小时左右时可装苗 0.8 万尾,最好不超过 20 小时。

第三节　日本囊对虾的健康养殖技术

一、放养前的准备

1. 虾池的清理整治

日本囊对虾具有潜沙习性,白天潜入沙中,底质的好坏,是日本囊对虾能否正常生存和生长的重要条件。养殖后的池塘,应根据池底污染程度,进行严格清污,改良底质,有条件池塘,池底要铺洁净细沙 10 cm,以适应日本囊对虾潜沙的习性要求,这利于日本囊对虾的生长。清池方法见第一章第三节凡纳滨对虾养殖中放苗前的准备工作。进水要经过 80 目筛绢网过滤。

2. 培养饵料生物

日本囊对虾底栖习性比其他对虾更明显,培养饵料生物,尤其底栖生物比养殖其他虾类更重要,除了通常的措施之外,应着重培养底栖硅藻类、端足类的蜾蠃蜚、藻钩虾以及沙蚕、拟沼螺等种类,这些种类更适合于日本囊对虾摄食与生长的需要。

二、虾苗放养

1. 虾苗的选择

健壮的虾苗是养殖成功的重要保证。应选择个体大小整齐,健壮活泼,弹跳力强,逆水性好,体表清洁,无寄生物附着,全长 1 cm 以上的苗种。除肉眼认真观察之外,还要用显微镜检查,能较准确观察到体上、鳃部是否有寄生物,也可进一步看是否带菌。健壮无带菌的虾苗,对确保收成,避免病原体带入养成池是非常重要的。

2. 放苗

日本囊对虾的养殖,可直接放养全长 1 cm 的虾苗,也可经中间培育后再养成。中间培育时可在养殖池内划出大约 10% 的面积作为中间培育池用,经中间培育后计数再放入养殖池内养成。从当前各地虾池污染较重、虾病多的情况下,虾苗经过中间培育后再放入养成池更有利。因经中间培育后,虾苗个体较大,抵抗力强,成活率

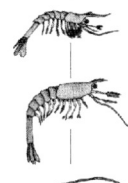

高。且在养殖池的养成时间短,可减少虾池的污染,易渡过病害威胁的难关。

日本囊对虾苗要求盐度较高,最好放苗时盐度为17以上,如果育苗场与养成场盐度差距过大,要进行低盐驯化后才能放苗。放苗水体pH值在7.8~8.8,水温在24.0℃以上。

放苗密度,要根据虾池条件、养殖方式、经济条件和技术条件等确定。对每个虾池均要进行综合考虑,因地制宜决定放苗量。一般单养放苗量1万~2万尾/亩。为了使虾快速生长,避免疾病的威胁,应适当疏放,每亩放苗8 000~15 000尾为宜。放养密度过大易造成成活率低,生长速度慢。

三、饵料与投喂

日本囊对虾要求饵料的蛋白质较高,据弟子丸修(1979)报道日本囊对虾对饵料蛋白质的需要量为52%~57%。日本囊对虾的养殖用饵料有配合饲料及低值贝类等。配合饲料投饵量以干重计为:虾体重1~5 g,为体重的7%~10%;5~10 g为体重的4%~7%;10~20 g为体重的3%~4%。贝类投喂前要根据虾的大小,适当压碎,日本囊对虾能咬碎壳长为对虾体长1/10的蓝蛤、壳长为体长1/6的寻氏肌蛤、壳长为虾体长1/8的鸭嘴蛤。

日本囊对虾具有昼伏夜行的习性,因此,投饵应在日落后进行。日落后1个多小时以内为摄食最盛期,此时投饵量应为日投饵总量的50%,3小时后再投35%,午夜时投15%。投饵要投到浅滩处,均匀投放,切勿投入沟中或深水处。

四、水质管理

日本囊对虾对水质要求与中国明对虾比较有相似之处,如水温、pH 等,但也有明显不同之处,对盐度、DO 的适应能力较低。要求盐度较高,盐度在 23 以上,才能较好存活,17 以下影响成活率和增重(陈坚,1992)。日本囊对虾在盐度为 18～34 时均能生长,但以盐度 24～30 为最适宜,在盐度 13 时易染病死亡(林岳春)。因此,在养殖中要注意避免暴雨等引起盐度突变,影响生长。DO 含量要求较高,要正常生长,一定要在 4 mg/L 以上。由于日本囊对虾潜伏泥沙中,底部的氨氮及硫化氢危害较大,应严格控制杜绝超标。

山东即墨市等地采用生态型养殖日本囊对虾,在虾病频发的近几年取得了较好的效果。2 月中旬池塘开始进水,进水至 40 cm 前施有机肥(尤其是新建虾池)繁殖褐苔,池塘水位 40 cm 后接种繁殖刚毛藻(每亩接种已脱水刚毛藻 10 kg)、藻沟虾(每亩 2.5 kg)、螺蠃蝨(每亩 0.5 kg)及拟沼螺、伪才女虫、摇蚊幼虫等。4 月中旬水温 16℃左右,养殖池内每平方米的活饵料生物量达到 100 g 时投放虾苗,虾苗规格大于 1 cm,每亩放苗量 4 000～10 000 尾。日本囊对虾体长 5 cm 前不投饵,5～8 cm 根据池内活生物饵料的情况适当投喂配合饵料,对虾体重达到 70 尾/千克左右时开始投喂低值贝类,达到市场需求规格即开始轮捕,7 月中旬第一茬虾收获完毕,8 月上旬养殖池内活生物饵料繁殖到所需密度后放养第二茬苗,年养殖两茬,亩产量 150～180 kg,经济效益和生态效益良好。

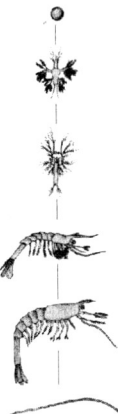

五、收获与活运

1. 收获

日本囊对虾耐低温能力较强,在南海沿海冬季可安全过冬,因此收获时间不严格,主要依据市场价格、蜕壳情况、底质与水质、生产安排等因素来决定。通常是春节前后上市价格最高,最为理想。

收获方法与中国明对虾类似,大收时夜间用锥形网放水收虾,平时收活虾用虾陷网(虾笼)。日本常用泵网或电网收日本囊对虾。

2. 活运

日本囊对虾在日本均以活虾上市,售价高。方法是收获后的活虾装在网笼或网箱中,放入低温池,8小时内降温至12℃～14℃,这样虾活动能力减弱,根据大小分类包装。方法是:将晒干的木屑装入聚乙烯或麻袋中放在－10℃冷库中贮存备用。根据市场需求,活虾装入不同规格的纸箱内。首先在纸箱底撒上一层木屑,以一层虾一层木屑交替摆放,最上层为木屑,然后封箱。规格为31 cm×27 cm×15 cm的纸箱,夏季可装虾2.5 kg,冬季可装3 kg。将封好的纸箱再装入更大的保温箱内。夏季为保持低温,箱内应装冰袋降温。内外箱子都要标明内装物品名称、重量、个数和出品地址。冷藏车运输,尽量缩短途中时间,货到站即入冷库保存,这样处理可成活2～3天。

我国日本囊对虾保活运输方法略有不同,据浙江省海洋水产研究所(199)试验认为装箱前虾保存在水温9℃～11℃为宜,木屑用粗粒的并经蒸馏水处理后干燥的,温度保持在8℃～10℃。也可用稻壳和膨胀珍珠岩等材料代替木屑。包装室温最好8℃～12℃,包装箱采用五层瓦楞纸箱,规格22 cm×30 cm×20 cm,每箱装虾2 kg,温度保持在6℃～12℃,运输时间不宜超过48小时。

我国多用虾桶活运日本囊对虾,虾桶规格95 cm×65 cm×130 cm,内装8～12个虾笼,装入海水充气运输,适于1 000 km以内的运输。

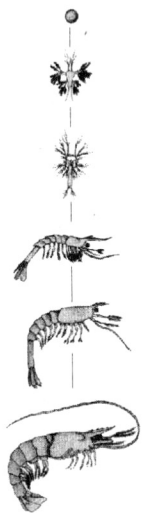

第四章　斑节对虾健康养殖技术

斑节对虾为当前世界上养殖最普遍的品种之一,在我国的养殖也有较长的历史,二十世纪九十年代其规模仅次于中国明对虾的养殖。主要在广东,广西、福建、浙江、海南、台湾等省养殖,现山东河北省沿海也已开展养殖。我国南方沿海一年可养2～3茬。该虾具有生长快,适应性强,食性杂,个体大,耐干露,易运销等优点,是深受养殖者和消费者欢迎的名贵虾种,其营养价值与其他主要虾类相近。养殖75天～100天便可达到50～60尾/千克的商品规格。一般亩产可达100 kg以上,土池养殖高者也可达500 kg/亩以上。

第一节　斑节对虾的生物学特性

一、形态构造

斑节对虾 *Penaeus mondon* Fabricius,1798,俗名鬼虾、草虾、虎虾。体长而侧扁,略呈梭形,身体共分头胸部和腹部两部分，由 20 个体节及 19 对附肢组成，体表覆盖一层透明的甲壳。该虾是对虾类中个体最大的一种，大的雌虾体长可达 30 cm，体重超过 400 g，见图 4-1。

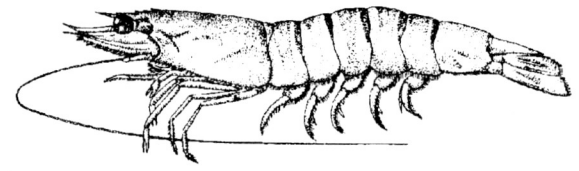

图 4-1 斑节对虾外形

身体具黄褐色、土黄色相间的横斑花纹。其游泳足浅蓝色，原肢前面黄色，其缘毛桃红色，第 2、第 3 额足外肢刚毛桃红色。额角较平直，末部较粗，稍向上弯曲，额角上缘齿 7~8 个，下缘 2~3 齿，以 7/3 者为多，额角尖端超出第一触角的末端。头胸甲具眼眶触角沟、颈沟，额角侧沟相当深，伸至胃上刺下方。额角后脊中央沟明显，浅而窄，断续后伸至头胸甲后缘。有明显的肝脊，粗而钝、平直延伸。无额胃沟。眼胃脊约占头胸甲眼后缘至肝刺之间距离的 2/5。头胸甲具触角刺、肝刺、胃上刺，无额刺。第一触鞭较长，约为头胸甲长的 2/3，腹部第 4~6 节背面中央具纵脊。第 5 对步足无外肢。

雄性交接器呈钟形，属于第一游泳足的内肢，由对称的两叶合成，二侧缘坚硬，前端各自弯曲成很小的勾状构造，可以相互锁住。雄性附肢位于第二游泳足的内肢上，一般呈椭圆形，见图 4-2、4-3、4-4。雌性生殖器位于第 5 步足之间的腹甲上，略呈圆盘形，纵向开口，两侧对称，口两缘外突，开口前方有一小毛突起。口内为一室囊，囊的前壁中央有一舌状小突和翼状小管。该囊为交尾和储存精液的器官，称之为受精囊或纳精囊，见图 4-5、图 4-6。

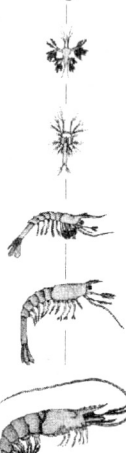

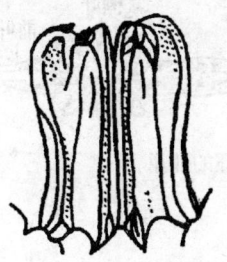
图 4-2 雄性生殖辅助器

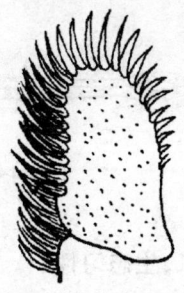
图 4-3 雄性附肢

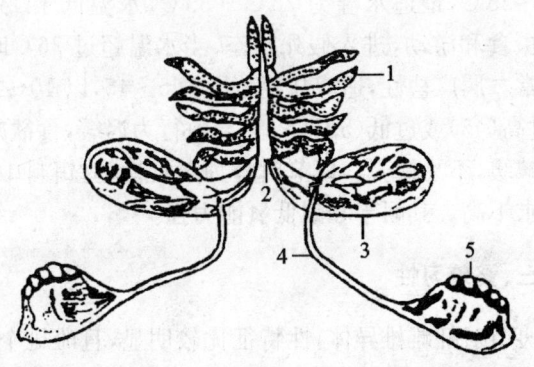

1.精巢 2.输精管基部 3.输精管中段 4.精管末梢 5.末端壶腹
图 4-4 雄性内部生殖器官

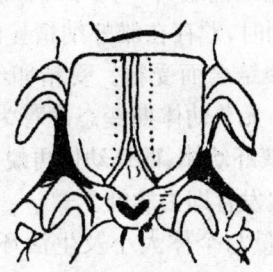
图 4-5 雌性生殖器官

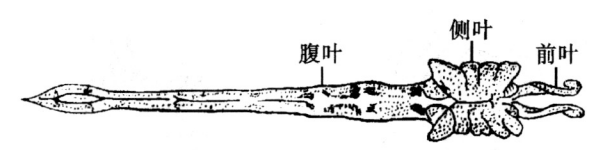

图 4-6 斑节对虾的卵巢

二、生态习性

斑节对虾喜栖息在泥沙质的海域中。适温范围为 15℃～35℃,最适水温为 25℃～33℃,水温低于 14℃时停止摄食和游动,进入假死状态,当水温超过 36℃时,行为异常。属广盐性,适应盐度范围为 5～45,以 10～20 最适,过高(45)或过低(5 以下)可导致行为迟缓,食欲减退,生长减缓,不易蜕壳。斑节对虾为杂食性,对饵料中蛋白质要求不高。其耐干和耐低氧能力强。

三、繁殖习性

斑节对虾雌雄异体,性特征比较明显,且雌雄个体差异较大,雌性远大于雄性个体。由于雌雄虾性成熟不同步,通常是雄性性成熟早于雌性,交尾是在雌虾蜕壳之后,新壳尚未硬化之前进行。待雌虾性腺发育成熟时便开始产卵,与此同时,贮存在雌虾纳精囊内的精子也释放水中,精卵在水中结合而受精。受精卵经胚胎发育孵化出无节幼体,经 6 无节幼体期变态发育为溞状幼体,再经 3 次变态发育成糠虾幼体,糠虾幼体再蜕皮 3 次变态为仔虾,仔虾再经多次发育即为幼虾。

亲虾的产卵量与个体大小及生活环境条密切相关,见表 4-1,4-2。通常个体大、水温高、深海虾产卵量大,反之,产卵量少。一般产卵量为 20 万～60 万粒/尾,高者可达 100 万粒/尾。可多次产卵,两次产卵的间隔时间一般为 5 天左右,随着产卵次数的增加,卵的质量也下降。产卵时间多在 22:00～04:00,个别在黎明产卵,刚产出的卵呈深绿色,为沉性卵。受精卵的直径为 290～310 μm。

表 4-1 斑节对虾产卵量与水温的关系(南海水产研究所,1983)

体重范围 (g)	产卵尾数 (尾)	总产卵量 (粒)	平均尾虾产卵量 (粒/尾)
<80	1	62 350	62 350
81～100	7	834 562	117 795
101～120	5	964 585	192 917
121～140	7	1 407 250	201 036
141～160	4	824 917	206 229
>160	1	178 365	178 365

表 4-2 斑节对虾产卵量与体重的关系(南海水产研究所,1983)

水温(℃)	产卵亲 虾尾数	产卵量 (粒)	平均产卵量 (粒/(尾·次))	最多产卵量 (粒/(尾·次))	最少产卵量 (粒/(尾·次))
24.2～26.0	5	683 302	13 660	357 830	970
26.1～28.0	12	232 326	193 611	388 632	56 000
28.1～30.0	8	1 229 108	153 639	226 170	91 752
30.1～31.2	2	477 024	238 512	341 280	135 744

第二节 斑节对虾的苗种生产技术

一、亲虾的选择与培育

1. 亲虾的选择

我国斑节对虾亲虾的来源主要靠海南省东南部沿海区捕捞,但供不应求,所以大多数是从新加坡、马来西亚、菲律宾等进口的。作为亲虾,应经过严格的挑选,亲虾质量的好坏,将直接关系到育苗的效果,选择识别亲虾可参考下列标准:

(1)个体大且健壮,一般在 20 cm 以上,附肢齐全,无病,生猛活泼,对外界刺激反应灵敏。

(2)体表光洁,体色正常,鳃部清晰正常,无寄生生物或烂、黑、红等变色。

(3)性腺丰满宽大,可将亲虾对着强光,以肉眼透视虾的背部,成熟度愈高的母虾卵巢越粗大,并在第一体节处,向两侧凸出而成三角形。另外成熟度也能从头胸部的卵巢颜色及饱满情形来判别,一般成熟者为草绿色,以呈粒状分离者为佳。

(4)雄虾纳精囊饱满凸出,外观乳白色,精荚颜色愈白愈好。

2. 亲虾运输

选购的亲虾,若短距离搬运,可将亲虾至于装水的塑料桶中,顶上覆盖,以免跳出,密度不易过高。若是长途搬运,应将亲虾置于塑胶袋,每袋盛水 20 L 左右,在温度较高的暑天,需在水中放置装有碎冰的小塑胶袋,以保持低温,防止亲虾体力衰退或中途产卵,通常一袋放置亲虾 5 尾左右,运回的亲虾必须用 200×10^{-6} 的福尔马林消毒 2 分钟后,在移入产卵槽内。

3. 亲虾的培育

亲虾培育池一般为 $20 \sim 50 \ m^2$,水深 100 cm 左右,放养 6 尾/平方米,雌雄比为 2∶1。雄虾剪单边眼柄后入池,在 28℃~32℃的清洁海水里培养。剪眼柄后放入水

池中不久亲虾就会摄食,饵料宜用新鲜的沙蚕、蛤类、缢蛏、星虫、蟹肉、牡蛎肉(未经淡水浸泡)等;要洗净,日投喂量为亲虾体重10%左右,每日分3次投喂,几天就会成熟。培育采用微流水式,日换水量为1/5～1/3。

从国外进口的亲虾卵巢虽未成熟,但大多已交尾而带有贮精囊,经过催熟产卵时,贮精囊中的精子会自动排出而与卵子完成受精。如果剪眼柄催熟时蜕壳就会把贮精囊一起蜕掉,而成无用的雌虾,故不能让其蜕壳。与成熟雄虾蓄养在一起,以便蜕壳后再交配。池上面要用黑布遮光,尽量减少惊动亲虾。

斑节对虾的人工授精,是将雄虾成熟的精荚放入刚蜕壳的雌虾生殖辅助器内片交配腔中,饲养到产卵,一般孵化率达7成左右。如果雌虾施行剪眼柄手术后饲养一星期,卵巢还是不发达,可将其蓄养在清水中促使其蜕壳,即可进行人工交配而成为成熟的雌虾。

但是在鱼塘中养殖的亲虾,由于栖息环境不像自然海区,故养到较大型虽经过剪眼柄催熟,效果仍不理想,有待进一步试验探索。

4. 病害防治

二、产卵与孵化

斑节对虾人工育苗产卵的主要方式是:产卵池产卵、直接在育苗池产卵和育苗池设有大眼网箱供亲虾产卵,产出的卵掉入水池中发育孵化;也有用80目筛绢网供其产卵,幼体孵出后移入育苗池培育,但大面积育苗场多采用产卵池产卵孵化。再者,斑节对虾亲虾多从国外购进,手续比较繁杂,同时亲虾价格也居高不下,实际生产中已形成了专门的亲虾培育、孵化幼体的场家,出卖无节幼体,其他的育苗场家只需根据自己的生产安排,去购买优质无节幼体回场进行培育即可。

在产卵孵化之前要对各项设施进行全面检查,包括供电、供水、充气、增温设施和各种培育池等以及育苗期间所用的药物、工具等,对新建的育苗场应在育苗前一个月进行试用,观察是否符合要求。由于新建的水泥池碱性较强,可先用淡水或海水浸泡、冲洗,直至池底、池壁内的碱性及有毒物质渗出,使 pH 值稳定在 8.5 以内,浸泡时间约 1 个月,如果时间紧迫,可在浸泡水中加入或在池壁、池底泼上少量工业盐酸或醋酸,以中和碱性物质,缩短浸泡时间。国内已试验成功在池底、池壁上直接喷涂快干、无毒、吸着和防渗性较强的合成涂料,其中以 RT-176 防水乳剂最为理想,经喷涂后第二天即可使用,且育苗效果好。新、旧育苗池在使用前都要严格反复洗刷,然后再用 20 mg/L 的高锰酸钾或 50～100 mg/L 的漂白粉溶液消毒,冲洗干净后才能进行育苗。

亲虾是在夜间产卵,通常因环境改变,如将从自然海区运回卵巢成熟的亲虾放入塑料桶,或将经手术剪眼柄催熟的亲虾,由水泥池移入塑料桶,都会在当晚产卵。产卵时,亲虾会游至上层,边游边产卵。排卵后水面会起泡沫,水池周围负伤一层浅橙红色带有腥味的沾物,要加以清除,才不会使水质恶化。如果亲虾经过 3 天仍不产卵,应移至其他池,因这种虾即使会排卵,孵化率及育苗的成活率都很低。

产卵后翌日将虾移出,卵则在池中继续孵化,受精卵发育到无节幼体阶段约需 13 小时左右。孵化后先要估算无节幼体的数量,估算方法如下:在打气均匀,无节幼体充分滚动的情况下,用 100 mL 的玻璃杯随意从水池中取水，计算含无节幼体的个数，再乘10，即1 L的水体所含个体数，然后再乘育苗池的水量，得出池中无节幼体的总数。

近几年对虾育苗生产的实践表明，用产卵网箱来暂养亲虾的方法存在许多缺点。例如，亲虾在网箱中经常会拥挤在网底，使许多残饵、粪便等赃物堆积在网底。因为网箱一般不深，亲虾在网箱中一则容易受到惊扰，二则亲虾没有足够的游动空间产卵；而且产出的卵子极易因振荡、碰撞和流水冲击等原因而破碎，严重影响孵化率。因此，最近几年在许多大型的育苗场，这种方法已基本上不再使用。

大多数育苗场是将亲虾直接放在育苗池中产卵，此法基本上可以克服上述的弊端，并已广泛应用。但是，在育苗池产卵的缺点使是一部分卵子会从气头之间的相对静止区逐渐沉入池底，如果沉入池底卵子的局部密度过大，那么在水交换不良的情况下很容易因缺氧或胚胎代谢产物的积累而影响胚胎正常发育，甚至引起死亡。这样不仅降低了对虾卵子的孵化率，而且由于死亡的卵子将给病原微生物提供良好的滋生环境，从而增加了育苗期间虾病发生的可能性。

所以，要选择一个理想的亲虾暂养环境，产卵池应该具备以下的功能：①有一定的空间面积；②能及时排除池中的残饵、粪便，并且在清污时不惊动亲虾；③亲虾产卵后能及时干净而又方便地收集卵，而不需要把亲虾移出，以免亲虾受到损伤；④操作简单、快捷、劳动强度低。

受精卵发育到桑葚期后，其外周的受精膜具有较大的韧性，能够保护卵粒经受住较大的冲击。这时可以用集卵网箱将卵粒通过专设的管道从产卵池中收集出来，清毒后再用于产卵池水温相同的清洁海水将卵子冲洗干净,移入卵孵化水桶中孵化。受精卵孵化水桶的应具备以下特点:①桶底为漏斗状,气石位于底部中央,可以防止受精卵沉底;②有一定的深度,无节幼体孵出后可以很方便地将位于上部的健康幼体与位于下部的不健康幼体、死卵分开。这样可以排除死卵及不健康或死亡的幼体上带有的致病菌对健康幼体的侵害,有利于育苗后期的管理,提高各期幼体的存活率。

三、幼体阶段的培育

1. 无节幼体

刚孵出的斑节对虾的无节幼体,体长 0.3～0.33 mm,这个阶段幼体靠体内卵黄提供营养,不需要投放饵料。无节幼体身体不分节,外形像小蜘蛛,略有游动能力,趋光性强。此期因耗氧量不大,充气不需太强。无节幼体经 6 次蜕皮变态为溞状幼体,在水温 27℃～29℃时,约需 40～50 小时,但要注意无节幼体各期变化尤其是最后两期很重要,若幼体已变成溞状幼体而没有投饵,幼体很容易死亡。判别各期无节幼体,一般使用显微镜观察,大都以尾棘数来区别,第Ⅰ期无节幼体附肢刚毛不成羽状,尾棘 1 对,第 2 期无节幼体附肢刚毛成羽状,尾棘 1 对,第 3 期无节幼体尾棘 3 对,第 4 期无节幼体尾棘 4 对,第 5 期无节幼体尾棘 6 对,第 6 期无节幼体尾棘 7 对。也可用肉眼观察,若腹部已向后延伸,一般已是无节幼体第 5、第 6 期,应准备开始投饵。

2. 溞状幼体

溞状幼体Ⅰ期体长 0.90～1.20 mm,幼体在这个阶段开始摄食某些类型的浮游植物,由于前期溞状幼体还缺乏寻找食物的能力,于是需要提供适当数量的食物。投放硅藻等藻类的浓度为 $10\times10^4\sim15\times10^4$ 个细胞/毫升。如果培养的藻类不够溞状幼体摄食,也可投喂商品饵料,商品饵料大致可分为微粒、微胶囊和微型被膜三种类型,以及虾片、藻粉、酵母(某些场家已开发出了用于海水育苗用的专用酵母)等,这几种饵料可以配合也可分开使用,投喂量根据包装说明及培育池中的具体情况而调整。还可用豆浆、蛋黄、牡蛎卵等代替。牡蛎卵受精或未受精均可,若以受精的卵投入水中,吃剩的还能孵化出牡蛎幼虫,仍能作为饵料生物,不会影响水质。牡蛎人工授精是用新鲜的活牡蛎,以 8~10 个雌性配 1 个雄性,用载玻片刮出卵子及精子,放入盛有海水的透明玻璃容器中,酌量加入淡水,使其比重降至 1.018 左右,均匀搅拌使其充分受精,静置 1 小时后,把上层较清的水倒掉。再将沉淀下来乳白色的溶液,经过滤后即可投入育苗池中。摄食牡蛎受精卵的溞状幼体活力虽不差,但水质不如投硅藻等藻类那么易于控制,每天应换水三分之一左右,故较麻烦。应注意代用饵料投喂溞状幼体时要用 200~100 目筛绢网过滤。

溞状幼体经 3~4 天,蜕皮 3 次后,就成为糠虾期幼体。

3. 糠虾期幼体

糠虾期幼体Ⅰ期体长约 3.28~4.13 mm。分三期,从溞状第Ⅲ期经蜕皮后,头胸愈合在一起,背甲大于溞状幼体,且与胸紧密结合,额角向前伸,眼窝刺缩小。糠虾幼体可通过无节胸足与在触角片上的刺,把第 1 期与第 2 期区别开来。第 2 期背甲完全覆盖胸部,这部分称为头胸部;胸足变成螯足,腹部有不分节的腹足。蜕皮后进入第3期的糠虾幼体,腹部有两节组成,末端有若干纤毛;尾部缩短。糠虾期幼体的饵料以刚孵出的丰年虫为主,辅以其他动物性浮游生物,如轮虫、桡足类等。饲育初期糠虾幼体仍需加投硅藻等藻类,以供还未蜕皮为糠虾期的溞状幼体摄食。糠虾幼体的适应力较强,存活率较溞状幼体为高。环境适宜,饵料充足,3～4天即进入仔虾期。

4. 仔虾期

糠虾幼体经3次蜕皮后即进入仔虾第1期(P_1),此时体长 0.48～0.50 cm,其外形与成虾相似。P_1 以后,依其成长日数而称为 P_1,P_2,P_3……此期水深需逐渐加深,充气也需加强。P_5 以后开始进入底栖或附壁生活,腹足成为主要的游泳器。喜欢附着于池壁或池底。一般养至P_5～P_8 已不畏强光,可移出室外水泥池暂养标粗。

仔虾期(P_1～P_5)的饵料,仍以丰年虫及轮虫为主,P_5以后仔虾嗜食较大型的动物性饵料,可投些卤虫成体、杂鱼肉、虾肉、磨碎蛋羹等。投喂鱼虾肉时,要先将除骨去壳的肉加水,用果汁机打碎,再用细网滤除不易打碎的筋肉等;然后用开水将滤过的鱼浆烫过,将浮于上层的鱼脂倒除,剩下的干净鱼浆就可均匀撒于池中。鱼虾一定要新鲜的。投鱼虾肉较丰年虫水质容易变坏,要视其情况更换池水。蛋羹是把蛋与杂鱼虾贝等肉糜混合后蒸熟,用细网搓滤后投喂。

四、病害防治

斑节对虾育苗期间的病害法治参照第一章凡纳滨对虾育苗期间的病害防治。

五、虾苗的收成与出售

斑节对虾的虾苗养至 P_{10}（红筋仔）至 P_{12} 就可收成出售；有的客户（养殖者）要求到（$P_{15} \sim P_{20}$）黑壳仔后购买。虾苗价格依据行情而定，且双方必须拟定出苗日期，并由买方先付定金，养成者应先测定养虾场的盐度、pH 值、水温等环境因子，必要时告诉育苗场进行调节，使育苗池与养殖场的水质相近，确保养成的成活率，以免出苗后引起纠纷。

1. 虾苗的收获

要准备好出苗的用具，如捞网、白色水瓢、小水桶、充气石、出苗桶等。将虾苗搜集网结扎于出口处，并将网的四个角固定在出水口的墙或专用支架上。打开育苗池出水口，注意勿使流量过大，以免虾苗漏出时因强烈水流而受伤。要注意虾苗随水流进入搜集网时，尽量勿使其过分集中或附着于网上而受伤。收集到一定数量时，以捞网与白色水瓢捞取虾苗，放入小水桶中，并立即放入已置妥洁净海水的出苗桶中。当育苗池的池水已漏至底部时，应由出水口之另一端，即虾苗池之较高处，缓缓加入淡水，使虾苗感应盐度不适而向出水口方向集中。池水大部分流出时，常有大量污物，应先关闭出水口，把网中的虾苗全部清理完毕，然后再打开出水口，冲入海水，使残余虾苗伴随池底污物进入搜集网中，并迅速装入一只大脸盆，用手在大脸盆中做圆周搅动，因离心原理，污物将集中于脸盆中央，而剩余虾苗则向脸盆四周游动，此时可抽出中央污物，捞取剩余虾苗。

把收集的虾苗平均分配到出苗袋中，然后随机抽取一袋记数，以此为基数乘以装苗袋数即为该批虾苗之数量。若是红筋仔每袋一般不要超过1万尾,黑壳仔每袋一般5 000尾左右为宜。

2. 虾苗的出售运输

虾苗的运输方法可根据路程远近及交通条件,采取陆运、水运或空运。包装使用质韧而透明的方形塑胶袋,袋内要盛事先调节好的海水15～20 L。装苗密度要根据苗的大小、时间长短和水温而定,一般红筋仔约放1万尾虾苗,灌入氧气,即可运输。长途运输要在凌晨或傍晚,避免在炎热的白天进行。夏天炎热时,可把另装碎冰的塑胶袋置于水中,使水温降低,减少虾苗的活动量,降低虾苗的代谢率。尽可能使虾苗不在途中过夜以减少死亡。因虾苗多在下半夜蜕皮,长途运输需预先投饵入袋中,减少互残。运至养殖池后,把各袋虾苗沉入池中,使虾苗逐渐适应池中的水温。之后把养殖池中的水缓缓加入袋中,再倒入养殖池。虾苗入池后,如果很快成群游入水中栖于池底,表示运输成功。

运虾苗应特别注意的是,出车前要做好车的检修工作,中途要尽量减少停车,迅速运到目的地。

第三节 斑节对虾的健康养殖技术

一、养殖场地的选择

养殖场要建在有丰富水源的地方。又根据斑节对虾最适盐度要求为10～20,尚需考虑有淡水供应,以调节池水盐度,促进斑节对虾生长。因此,河口附近或有丰富地下水的海滨,是建造养虾池较为理想的场所。斑节对虾的伏底现象比中国明对虾明显,因此,最好池底为沙泥或泥沙底质,这样利于其生长,保持水质,减少疾病。

二、苗种的选择

在虾苗生产过程中,由于雌虾、卵的质量,以及育苗技术、饵料、病害等多种原因,会使同一批虾苗体质有强弱的差异。而养虾要取得高产,选择健康的虾苗是重要的一个环节。台湾斑节对虾育苗,通常是分两种规格的苗出售,即红筋虾苗($P_{10\sim15}$,体长1.2 cm以上)和黑壳苗($P_{15\sim20}$之后,体长1.3 cm以上)。在购苗前对虾苗选择要重视和细致,选择观察的要点是:

(1)虾苗大小较一致,个体差异不要太明显。

(2)不携带病菌。虾苗体表及附肢清洁,无污物及寄生物。体形正常,无畸形,附肢完整。

(3)健康的黑壳苗的第一触角,其两条小触须是并拢的,偶尔分开一下稍做功能试探,即又合并,若见该两条触须经常分开成"V"形,甚至无法并拢者其健康度比较差。

(4)黑壳苗的每一腹节都较长,为较好的虾苗,在其后养成时生长快,而且虾体能长得较大。反之若每一腹节短者,为较差的虾苗。

(5)黑壳虾苗的尾扇,至少要能在游泳前进时,经常张开呈扇形,张开的程度愈大,表示虾苗的生长度较好。

(6)从红筋苗到黑壳苗时($P_{12}\sim P_{20}$)正是虾苗开始长肌肉的阶段,可以用肉眼观察其尾部肌肉的饱满度,判断虾苗是否充分发育。

(7)一般黑壳苗已有附壁行为,若用水瓢取起虾苗,它会很快向瓢边游去,紧靠瓢边静止不动。若有多数虾苗仍喜欢于瓢中游泳者,则属生长不够理想或健康较差的虾苗。也可以将虾苗舀在白瓷盆中,吹动水面,如果虾苗逆水游动,则体质健康,反之则差。

在购虾苗一定要选择健壮的虾苗,全长1.2 cm以上者成活率高,广东湛江市郊区水产局做过试验,斑节对虾苗在全长0.6 cm以下,一般成活率10%以下。虾苗全长0.8 cm,成活率为15%左右。全长1.2 cm以上的虾苗,成活率50%左右,高者可达80%～90%。杨丛海等(1992)放养1.3～1.4 cm虾苗,成活率达到75.2%～96%,可见虾苗的大小与成活率密切相关。

三、虾苗暂养

暂养池可以单独池养,利用面积较小的养成池(3～5亩),但大多数是在大养成池一角筑坝或用40目～60目筛绢围栏分隔成一口小池而成暂养池。暂养池放苗量视池的放苗量而定,一般每亩放苗5万～10万尾。培育时根据虾苗的摄食情况每天喂卤虫、糠虾、切碎的小杂鱼或绞碎的小贝类肉等,也可以投喂配合饲料。第一星期不加水,以后每天加水约10 cm。加满水后,每天换水1/5。一般经过20～30天精心培育,虾苗长成3 cm左右时,可放入大池养殖。暂养期间的成活率一般为60%～80%。

四、虾苗放养

1. 放养条件

温度突变会造成斑节对虾生理机制障碍,甚至造成死亡。例如,把红筋虾苗从水温30℃移入18℃的海水中,不久虾苗表现出异常现象,随之出现虾苗沉底死亡。把1 cm的虾苗从水温30℃移入20℃的海水中,未发现死

亡。虾苗放养时,池塘水温不得低于 20℃,温差小于 8℃。虾苗放养后,如遇上寒潮,只要水温不低于 4℃,就不会出现死亡。

实践表明,原来生活在盐度为 31 的虾苗,可适应的低盐度为 14、高盐度为 41;原来生活在盐度为 15 的虾苗,可适应的低盐度为 3.35、高盐度为 25。经过逐步驯化,适应盐度范围还可以扩大,而且对低盐度的适应力强于高盐度。虾苗放养时,低盐差不要超过 10,高盐差不得超过 5,最好事先测量,并做到驯化工作要准确。

虾塘内滩面水深应达 40 cm～70 cm;pH 值为 8～9。

2. 放养密度

放养密度根据养虾面积、虾池水深、换水条件、增氧设施、养殖方式、种苗质量、饵料种类与数量、养殖的产量与规格、养殖技术管理水平等情况综合考虑。一般情况下,无增氧设施,每天可换水、饵料充足、水深 1.5 m 的养殖池,每亩可放养 1 cm 左右虾苗 10 000～15 000 尾,体长 3 cm 左右的虾苗 4 000～6 000 尾。只靠潮才能换水的虾池,每亩只能放养 1 cm 左右虾苗 6 000～8 000 尾。池水较浅,水深达不到 1.2 m,换水条件甚差的虾池更应少放苗。精养池养虾,由于配套提水和增氧设施,管理技术水平较高,可高密度养殖,每亩放苗 4 万～5 万尾。

五、饲料与投喂

1. 饵料种类

斑节对虾的饵料主要有配合饵料和鲜活饵料。鲜活饵料主要种类有软体动物中的蓝蛤、肌蛤、鸭嘴蛤、贻贝、褐螺、河蚬、泥螺、淡水螺等。甲壳类的糠虾、毛虾、磷虾、细螯虾及低值蟹类、卤虫等。还有各种鲜杂鱼、冷冻杂鱼等。

2. 投饵方法

养殖斑节对虾每日投饵量应依照虾的蜕壳、健康状况及其大小，以及底质、水质、天气等作适当的调整，做到合理投饵。投喂过多不仅浪费而且污染水质，投喂量少影响生长，并会引起互残。斑节对虾的配合饵料投喂量可参照表 4-3。

表 4-3　斑节对虾的配合饵料日投喂量

体长（cm）	日投喂量（千克/万尾）	体长（cm）	日投喂量（千克/万尾）
1.0	0.14	8.5	5.8
2.0	0.44	9.0	6.4
2.5	0.66	9.5	7.0
3.0	0.9	10.0	7.6
3.5	1.2	10.5	8.3
4.0	1.5	11.0	9.0
4.5	1.8	11.5	10.0
5.0	2.2	12.0	10.5
5.5	2.6	12.5	11.3
6.0	3.2	13.0	12.0
6.5	3.5	13.5	12.9
7.0	4.4	14.0	13.8
7.5	5.0	14.5	14.6
8.0	5.3	15.0	15.5

注：日投喂量数据根据养殖经验及相关文献综合而成。

投饵时应注意：

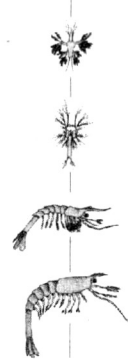

池塘底质生产力高,能大量繁殖底栖藻类及螺类时,可以减少人工饲料的投入,若底质天然生产力低时,则要增加人工饲料。

水温适宜时(25℃～31℃),斑节对虾摄饵量随之增加,此时可酌量增加投饵量。但水温高于34℃或低于18℃时应少投或不投,下雨或6级风以上不投,雨后1小时再投。水质不良时少投或不投,大潮可多投,小潮少投。

虾蜕壳前摄饵量开始减少,蜕壳当日即停止摄饵,蜕壳后摄饵量大增,因此,必须随时观察其蜕壳情况而增减投饵量。此外,若有虾病发生,亦应减少投饵量。

根据残饵的情况做适当调整。参考有关投饵量表,要勤检查、勤观察。一般在投饵后2小时有较多残饵,则要减少投饵量。若投饵后1小时内饵料已全部吃光,要适当多投一些。

同时结合虾胃饱满度、生长速度、肥满度等,掌握准确投饵量。

六、水质管理

1. 盐度

斑节对虾养殖的最适盐度为10～20,而培苗期的盐度为30左右。放养初期盐度不要变化太大,可以在放养过程通过换水逐步降低盐度到10～20(需20天～30天),然后在此盐度下养殖。

2. 溶解氧

斑节对虾养殖最小安全溶氧浓度为2.5 mg/L。而良好的水质条件应为4 mg/L以上。

3. 水温

斑节对虾对水温的适宜范围已如上述。气候是影响水温的主要因素，并非人力所能左右，但若在短期内提高水温，可在晴天放低水位利用日光能提高水温，也可通过提高水池水位降低虾池水温，或抽灌地下水调节虾池水温。

4. 水色

控制水色实际上是控制浮游生物繁殖。斑节对虾养殖过程的水透明度最好在 30～40 cm 范围。

5. pH 值

一般海水的 pH 值为 8.0～8.5，宜养虾。

6. 氨和硫化氢

氨(NH_3-N)浓度小于 0.1 mg/L。硫化氢的毒性却大得多，养殖过程中虾塘内应不存在硫化氢。

七、收获

斑节对虾一般生长至 50～60 尾/千克时开始选捕，应根据生长和市场情况而定。

1. 定置网(虾笼)

利用虾早晚沿岸边洄游的习性，于岸边张网，使虾自行游入捕获。在网袋前另行架设 2～3 个网口，使虾只能进入而不能跑出，网袋后可装上一斗状网，网袋略伸入斗网中，以防虾再行游出。当网袋中捕获一定数量后，要及时取出到大网箱中暂养，防止网袋中积虾过多窒息致死。

2. 挂网

利用注排水会刺激虾沿池边洄游的习性，于清晨或傍晚(可用光诱捕)将网张于闸门附近。虾在网中愈积愈多，应经常捕出网内部的虾，以免造成虾的死亡。

3. 电网捕虾

此法为目前斑节对虾养殖普遍使用的捕虾方法，主要是在网的底网前沿装置电源,拖曳时放电,虾受到刺激而跳入网内达到捕获的目的。此法适用于大规模捕虾。使用电网捕虾时,先将池水排放至 50 cm 左右,以利于电网操作。

附 录

附录一 农产品安全质量 无公害水产品产地环境要求(GB/T 18407.4—2001)

1 范围

GB/T 18407 的本部分规定了无公害水产品的产地环境、水质要求和检验方法。

本部分适用于无公害水产品的产地环境的评价。

2 规范性引用文件

下列文件中的条款通过 GB/T 18407 的本部分的引用而成为本部分的条款。

凡是注日期的引用文件,其随后所有的修改单(不包括勘误的内容)或修订版均不适用于本部分,然而,鼓励根据本部分达成协议的各方研究是否可使用这些文件的最新版本。凡是不注日期的引用文件,其最新版本适用于本部分。

GB/T 8170 数值修约规则

GB 11607—1989 渔业水质标准

GB/T 14550 土壤质量 六六六和滴滴涕的测定 气相色谱法

GB/T 17134 土壤质量 总砷的测定 二乙基二硫代氨基甲酸银分光光度法

GB/T 17136 土壤质量 总汞的测定 冷原子吸收分光

光度法

GB/T 17137 土壤质量 总铬的测定 火焰原子吸收分光光度法

GB/T 17138 土壤质量 铜、锌的测定 火焰原子吸收分光光度法

GB/T 17141 土壤质量 铅、镉的测定 石墨炉原子吸收分光光度法

3 要求

3.1 产地要求

3.1.1 养殖地应是生态环境良好,无或不直接受工业"三废"及农业、城镇生活、医疗废弃物污染的水(地)域。

3.1.2 养殖地区域内及上风向、灌溉水源上游,没有对产地环境构成威胁的(包括工业"三废"、农业废弃物、医疗机构污水及废弃物、城市垃圾和生活污水等)污染源。

3.2 水质要求

水质质量应符合 GB 11607 的规定。

3.3 底质要求

3.3.1 底质无工业废弃物和生活垃圾,无大型植物碎屑和动物尸体。

3.3.2 底质无异色、异臭,自然结构。

3.3.3 底质有害有毒物质最高限量应符合表1的规定。

表1

项目	指标(mg/kg,湿重)
总汞	≤0.2
镉	≤0.5
铜	≤30
锌	≤150
铅	≤50

（续表）

项目	指标(mg/kg,湿重)
铬	≤50
砷	≤20
滴滴涕	≤0.02
六六六	≤0.5

4 检验方法

4.1 水质检验

按 GB 11607 规定的检验方法进行。

4.2 底质检验

4.2.1 总汞按 GB/T 17136 的规定进行。

4.2.2 铜、锌按 GB/T 17138 的规定进行。

4.2.3 铅、镉按 GB/T 17141 的规定进行。

4.2.4 铬按 GB/T 17137 的规定进行。

4.2.5 砷按 GB/T 17134 的规定进行。

4.2.6 六六六、滴滴涕按 GB/T 14550 的规定进行。

5 评价原则

5.1 无公害水产品的生产环境质量必须符合 GB/T 18407 的本部分的规定。

5.2 取样方法依据不同产地条件,确定按相应的国家标准和行业标准执行。

5.3 检验结果的数值修约按 GB/T 8170 执行。

附录二 渔业水质标准(GB 11607—89)

为贯彻执行中华人民共和国《环境保护法》、《水污染防治法》和《海洋环境保护法》、《渔业法》,防止和控制渔业水域水质污染,保证鱼、贝、藻类正常生长、繁殖和水产品的质量,特制订本标准。

1 主题内容与适用范围

本标准适用鱼虾类的产卵场、索饵、越冬场、洄游通道和水产增养殖区等海、淡水的渔业水域。

2 引用标准

GB 5750 生活饮用水标准检验法

GB 6920 水质 pH值的测定 玻璃电极法

GB 7467 水质 六价铬的测定 二苯碳酰二肼分光光度法

GB 7468 水质 总汞测定 冷原子吸收分光光度法

GB 7469 水质 总汞测定 高锰酸钾-过硫酸钾消解双硫脲分光光度法

GB 7470 水质 铅的测定 双硫脲分光光度法

GB 7471 水质 镉的测定 双硫脲分光光度法

GB 7472 水质 锌的测定 双硫脲分光光度法

GB 7474 水质 铜的测定 二乙基二硫代氨基甲酸钠分光光度法

GB 7475 水质 铜、锌、铅、镉的测定 原子吸收分光光度法

GB 7479 水质 铵的测定 钠氏试剂比色法

GB 7481 水质 氨的测定 水杨酸分光光度法

GB 7482 水质 氟化物的测定 茜素磺酸锆目视比色法

GB 7484 水质 氟化物的测定 离子选择电极法

GB 7485 水质 总砷的测定 二乙基二硫代氨基甲酸银分光光度法

GB 7486 水质 氰化物的测定 第一部分:总氰化物的测定

GB 7488 水质 五日生化需氧量(BOD_5)稀释与接种法

GB 7489 水质 溶解氧的测定 碘量法

GB 7490 水质 挥发酚的测定 蒸馏后4-氨基安替比林分光光度法

GB 7492 水质 六六六、滴滴涕的测定 气相色谱法

GB 8972 水质 五氯酚钠的测定 气相色谱法

GB 9803 水质 五氯酚的测定 藏红T分光光度法

GB 11891 水质 凯氏氮的测定

GB 11901 水质 悬浮物的测定 重量法

GB 11910 水质 镍的测定 丁二铜肟分光光度法

GB 11911 水质 铁、锰的测定 火焰原子吸收分光光度法

GB 11912 水质 镍的测定 火焰原子吸收分光光度法。

3 渔业水质要求

3.1 渔业水域的水质,应符合渔业水质标准(见表1)。

表1 渔业水质标准 (单位:mg/L)

项目序号	项 目	标 准 值
1	色、臭、味	不得使鱼、虾、贝、藻类带有异色、异臭、异味
2	漂浮物质	水面不得出现明显油膜或浮沫
3	悬浮物质	人为增加的量不得超过10,而且悬浮物质沉积于底部后,不得对鱼、虾、贝类产生有害的影响
4	pH值	淡水6.5～8.5,海水7.0～8.5

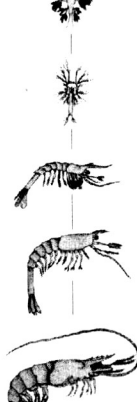

(续表)

项目序号	项 目	标 准 值
5	溶解氧	连续24 h中,16 h以上必须大于5,其余任何时候不得低于3,对于鲑科鱼类栖息水域冰封期其余任何时候不得低于4
6	生化需氧量(五天、20℃)	不超过5,冰封期不超过3
7	总大肠菌群	不超过5 000个/L(贝类养殖水质不超过500个/L)
8	汞	≤0.000 5
9	镉	≤0.005
10	铅	≤0.05
11	铬	≤0.1
12	铜	≤0.01
13	锌	≤0.1
14	镍	≤0.05
15	砷	≤0.05
16	氰化物	≤0.005
17	硫化物	≤0.2
18	氟化物(以F⁻计)	≤1
19	非离子氨	≤0.02
20	凯氏氮	≤0.05
21	挥发性酚	≤0.005
22	黄磷	≤0.001
23	石油类	≤0.05
24	丙烯腈	≤0.5
25	丙烯醛	≤0.02
26	六六六(丙体)	≤0.002
27	滴滴涕	≤0.001

（续表）

项目序号	项 目	标 准 值
28	马拉硫磷	≤0.005
29	五氯酚钠	≤0.01
30	乐果	≤0.1
31	甲胺磷	≤1
32	甲基对硫磷	≤0.000 5
33	呋喃丹	≤0.01

3.2 各项标准数值系指单项测定最高允许值。

3.3 标准值单项超标，即表明不能保证鱼、虾、贝正常生长繁殖，并产生危害，危害程度应参考背景值、渔业环境的调查数据及有关渔业水质基准资料进行综合评价。

4 渔业水质保护

4.1 任何企、事业单位和个体经营者排放的工业废水、生活污水和有害废弃物，必须采取有效措施，保证最近渔业水域的水质符合本标准。

4.2 未经处理的工业废水、生活污水和有害废弃物严禁直接排入鱼、虾类的产卵场、索饵场、越冬场和鱼、虾、贝、藻类的养殖场及珍贵水生动物保护区。

4.3 严禁向渔业水域排放含病源体的污水；如需排放此类污水，必须经过处理和严格消毒。

5 标准实施

5.1 本标准由各级渔政监督管理部门负责监督与实

施,监督实施情况,定期报告同级人民政府环境保护部门。

5.2 在执行国家有关污染物排放标准中,如不能满足地方渔业水质要求时,省、自治区、直辖市人民政府可制定严于国家有关污染排放标准的地方污染物排放标准,以保证渔业水质的要求,并报国务院环境保护部门和渔业行政主管部门备案。

5.3 本标准以外的项目,若对渔业构成明显危害时,省级渔政监督管理部门应组织有关单位制订地方补充渔业水质标准,报省级人民政府批准,并报国务院环境保护部门和渔业行政主管部门备案。

5.4 排污口所在水域形成的混合区不得影响鱼类洄游通道。

6 水质监测

6.1 本标准各项目的监测要求,按规定分析方法(见表2)进行监测。

6.2 渔业水域的水质监测工作,由各级渔政监督管理部门组织渔业环境监测站负责执行。

表2 渔业水质分析方法

序号	项目	测定方法	试验方法标准编号
3	悬浮物质	重量法	GB 11901
4	pH 值	玻璃电极法	GB 6920
5	溶解氧	碘量法	GB 7489
6	生化需氧量	稀释与接种法	GB 7488
7	总大肠菌群	多管发酵法滤膜法	GB 5750

(续表)

序号	项目	测定方法	试验方法标准编号
8	汞	冷原子吸收分光光度法	GB 7468
		高锰酸钾-过硫酸钾消解 双硫腙分光光度法	GB 7469
9	镉	原子吸收分光光度法	GB 7475
		双硫腙分光光度法	GB 7471
10	铅	原子吸收分光光度法	GB 7475
		双硫腙分光光度法	GB 7470
11	铬	二苯碳酰二肼分光光度法(高锰酸盐氧化)	GB 7467
12	铜	原子吸收分光光度法	GB 7475
		二乙基二硫代氨基甲酸钠分光光度法	GB 7474
13	锌	原子吸收分光光度法	GB 7475
		双硫腙分光光度法	GB 7472
14	镍	火焰原子吸收分光光度法	GB 11912
		丁二铜肟分光光度法	GB 11910
15	砷	二乙基二硫代氨基甲酸银分光光度法	GB 7485
16	氰化物	异烟酸-吡啶啉比色法	GB 7486
		吡啶-巴比妥酸比色法	
17	硫化物	对二甲氨基苯胺分光光度法[1]	
18	氟化物	茜素磺锆目视比色法	GB 7482
		离子选择电极法	GB 7484
19	非离子氨[2]	钠氏试剂比色法	GB 7479
		水杨酸分光光度法	GB 7481
20	凯氏氮		GB 11891

(续表)

序号	项目	测定方法	试验方法标准编号
21	挥发性酚	蒸馏后4—氨基安替比林分光光度法	GB 7490
22	黄磷		
23	石油类	紫外分光光度法[1]	
24	丙烯腈	高锰酸钾转化法[1]	
25	丙烯醛	4-已基间苯二酚分光光度法	
26	六六六(丙体)	气相色谱法	GB 7492
27	滴滴涕	气相色谱法	GB 7492
28	马拉硫磷	气相色谱法[1]	
29	五氯酚钠	气相色谱法	GB 8972
		藏红剂分光光度法	GB 9803
30	乐果	气相色谱法[3]	
31	甲胺磷		
32	甲基对硫磷	气相色谱法[3]	
33	呋喃丹		

注：暂时采用下列方法，待国家标准发布后，执行国家标准。
(1)渔业水质检验方法为农牧渔业部1983年颁布。
(2)测得结果为总氨浓度，然后按表A1、表A2换算为非离子浓度。
(3)地面水水质监测检验方法为中国医学科学院卫生研究所1978年颁布。

附录三 无公害食品 海水养殖用水水质(NY 5052—2001)

1 范围

本标准规定了海水养殖用水水质要求、测定方法、检验规则和结果判定。

本标准适用于海水养殖用水。

2 规范性引用文件

下列文件中的条款通过本标准的引用而成为本标准的条款。凡是注日期的引用文件,其随后所有的修改单(不包括勘误的内容)或修订版均不适用于本标准,然而,鼓励根据本标准达成协议的各方研究是否可使用这些文件的最新版本。凡是不注日期的引用文件,其最新版本适用于本标准。

GB/T 7467 水质 六价铬的测定 二苯碳酰二肼分光光度法

GB/T 12763.2 海洋调查规范 海洋水文观测

GB/T 12763.4 海洋调查规范 海水化学要素观测

GB/T 13192 水质 有机磷农药的测定 气相色谱法

GB 17378(所有部分) 海洋监测规范

3 要求

海水养殖水质应符合表1要求。

表1 海水养殖水质要求

序号	项　目	标　准　值
1	色、臭、味	海水养殖水体不得有异色、异臭、异味
2	大肠菌群(个/升)	≤5 000,供人生食的贝类养殖水质≤500
3	粪大肠菌群(个/升)	≤2 000,供人生食的贝类养殖水质≤140
4	汞(mg/L)	≤0.000 2
5	镉(mg/L)	≤0.005
6	铅(mg/L)	≤0.05

（续表）

序号	项目	标准值
7	价铬(mg/L)	≤0.01
8	总铬(mg/L)	≤0.1
9	砷(mg/L)	≤0.03
10	铜(mg/L)	≤0.01
11	锌(mg/L)	≤0.1
12	硒(mg/L)	≤0.02
13	氰化物(mg/L)	≤0.005
14	挥发性酚(mg/L)	≤0.005
15	石油类(mg/L)	≤0.05
16	六六六(mg/L)	≤0.001
17	滴滴涕(mg/L)	≤0.00005
18	马拉硫酸(mg/L)	≤0.0005
19	甲基对硫磷(mg/L)	≤0.0005
20	乐果(mg/L)	≤0.1
21	多氯联苯(mg/L)	≤0.00002

4 测定方法

海水养殖用水水质按表2提供方法进行分析测定。

表2 海水养殖水质项目测定方法

序号	项目	分析方法	检出限,mg/L	依据标准
1	色、臭、味	(1)比色法 (2)感官法	—	GB/T 12763.2 GB 17378
2	大肠菌群	(1)发酵法 (2)滤膜法	—	GB 17378
3	粪肠菌群	(1)发酵法 (2)滤膜法	—	GB 17378

(续表)

序号	项目	分析方法	检出限,mg/L	依据标准
4	汞	(1)冷原子吸收分光光度法	1.0×10^{-6}	GB 17378
		(2)金捕集冷原子吸收分光光度法	2.7×10^{-6}	GB 17378
		(3)双硫腙分光光度法	4.0×10^{-4}	GB 17378
5	镉	(1)双硫腙分光光度法	3.6×10^{-3}	GB 17378
		(2)火焰原子吸收分光光度法	9.0×10^{-5}	GB 17378
		(3)阳极溶出伏安法	9.0×10^{-5}	GB 17378
		(4)无火焰原子吸收分光光度法	1.0×10^{-5}	GB 17378
6	铅	(1)双硫腙分光光度法	1.4×10^{-3}	GB 17378
		(2)阳极溶出伏安法	3.0×10^{-4}	GB 17378
		(3)无火焰原子吸收分光光度法	3.0×10^{-5}	GB 17378
		(4)火焰原子吸收分光光度法	1.8×10^{-3}	GB 17378
7	六价铬	二苯碳酰二肼分光光度法	4.0×10^{-3}	GB/T 7467
8	总铬	(1)二苯碳酰二肼分光光度法	3.0×10^{-4}	GB 17378
		(2)无火焰原子吸收分光光度法	4.0×10^{-4}	GB 17378
9	砷	(1)砷化氢-硝酸银分光光度法	4.0×10^{-4}	GB 17378
		(2)氢化物发生原子吸收分光光度法	6.0×10^{-5}	GB 17378
		(3)催化极谱法	1.1×10^{-3}	GB 7485
10	铜	(1)二乙氨基二硫化甲酸钠分光光度法	8.0×10^{-5}	GB 17378
		(2)无火焰原子吸收分光光度法	2.0×10^{-4}	GB 17378
		(3)阳极溶出伏安法	6.0×10^{-4}	GB 17378
		(4)火焰原子吸收分光光度法	1.1×10^{-3}	GB 17378

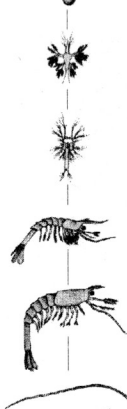

(续表)

序号	项目	分析方法	检出限, mg/L	依据标准
11	锌	(1)双硫腙分光光度法 (2)阳极溶出伏安法 (3)火焰原子吸收分光光度法	1.9×10^{-3} 1.2×10^{-3} 3.1×10^{-3}	GB 17378 GB 17378 GB 17378
12	硒	(1)荧光分光光度法 (2)二氨基联苯胺分光光度法 (3)催化极谱法	2.0×10^{-4} 4.0×10^{-4} 1.0×10^{-4}	GB 17378 GB 17378 GB 17378
13	氰化物	(1)异烟酸—吡唑啉酮分光光度法 (2)吡啶—巴比士酸分光光度法	5.0×10^{-4} 3.0×10^{-4}	GB 17378 GB 17378
14	挥发性酚	蒸馏后4—氨基安替比林分光光度法	1.1×10^{-3}	GB 17378
15	石油类	(1)环己烷萃取荧光分光光度法 (2)紫外分光光度法 (3)重量法	6.5×10^{-3} 3.5×10^{-3} 0.2	GB 17378 GB 17378 GB 17378
16	六六六	气相色谱法	1.0×10^{-6}	GB 17378
17	滴滴涕	气相色谱法	3.8×10^{-6}	GB 17378
18	马拉硫磷	气相色谱法	6.4×10^{-4}	GB/T 13192
19	甲基对硫磷	气相色谱法	4.2×10^{-4}	GB/T 13192
20	乐果	气相色谱法	5.7×10^{-4}	GB 13192
21	多氯联苯	气相色谱法	1.0×10^{-6}	GB 17378

注：部分有多种测定方法的指标，在测定结果出现争议时，以方法(1)测定为仲裁结果。

5 检验规则

海水养殖用水水质监测样品的采集、贮存、运输和预处理按 GB/T 12763.4 和 GB 17378.3 的规定执行。

6 结果判定

本标准采用单项判定法,所列指标单项超标,判定为不合格。

附录四 无公害食品 渔用药物使用准则(NY 5071—2002)

1 范围

本标准规定了渔用药物使用的基本原则、渔用药物的使用方法以及禁用渔药。

本标准适用于水产增养殖中的健康管理及病害控制过程中的渔药使用。

2 规范性引用文件

下列文件中的条款通过本标准的引用而成为本标准的条款。凡是注日期的引用文件,其随后所有的修改单(不包括勘误的内容)或修订版均不适用于本标准,然而,鼓励根据本标准达成协议的各方研究是否可使用这些文件的最新版本。凡是不注日期的引用文件,其最新版本适用于本标准。

NY 5070　无公害食品　水产品中渔药残留限量
NY 5072　无公害食品　渔用配合饲料安全限量

3 术语和定义

下列术语和定义适用于本标准。

3.1 渔用药物 fishery drugs

用以预防、控制和治疗水产动植物的病、虫、害,促进养殖品种健康生长,增强机体抗病能力以及改善养殖水体质量的一切物质,简称"渔药"。

3.2 生物源渔药 biogenic fishery medicines

直接利用生物活体或生物代谢过程中产生的具有生物活性的物质或从生物体提取的物质作为防治水产动物病害的渔药。

3.3 渔用生物制品 fishery biopreparate

应用天然或人工改造的微生物、寄生虫、生物毒素或生物组织及其代谢产物为原材料,采用生物学、分子生物学或生物化学等相关技术制成的、用于预防、诊断和治疗水产动物传染病和其他有关疾病的生物制剂。它的效价或安全性应采用生物学方法检定并有严格的可靠性。

3.4 休药期 withdrawal time

最后停止给药日至水产品作为食品上市出售的最短时间。

4 渔用药物使用基本原则

4.1 渔用药物的使用应以不危害人类健康和不破坏水域生态环境为基本原则。

4.2 水生动植物增养殖过程中对病虫害的防治,坚持"以防为主,防治结合"。

4.3 渔药的使用应严格遵循国家和有关部门的有关规定,严禁生产、销售和使用未经取得生产许可证、批准文号与没有生产执行标准的渔药。

4.4 积极鼓励研制、生产和使用"三效"(高效、速效、长效)、"三小"(毒性小、副作用小、用量小)的渔药,提倡使用水产专用渔药、生物源渔药和渔用生物制品。

4.5 病害发生时应对症用药,防止滥用渔药与盲目增大用药量或增加用药次数、延长用药时间。

4.6 食用鱼上市前,应有相应的休药期。休药期的长短,应确保上市水产品的药物残留限量符合 NY 5070 要求。

4.7 水产饲料中药物的添加应符合 NY 5072 要求,不得选用国家规定禁止使用的药物或添加剂,也不得在饲料中长期添加抗菌药物。

5 渔用药物使用方法

各类渔用药使用方法见表1。

表1 渔用药物使用方法

渔药名称	用途	用法与用量	休药期/d	注意事项
氧化钙(生石灰) calcii oxydum	用于改善池塘环境,清除敌害生物及预防部分细菌性鱼病	带水清塘:200 mg/L～250 mg/L(虾类:350 m/L～400 mg/L);全池泼洒:20 mg/L～25 mg/L(虾类:15 mg/L～30 mg/L)		不能与漂白粉、有机氯、重金属盐、有机络合物混用
漂白粉 bleaching powder	用于清塘、改善池塘环境及防治细菌性皮肤病、烂鳃病出血病	带水清塘:20 mg/L;全池泼洒:1.0 mg/L～1.5 mg/L	≥5	1.勿用金属容器盛装。 2.勿与酸、铵盐、生石灰混用

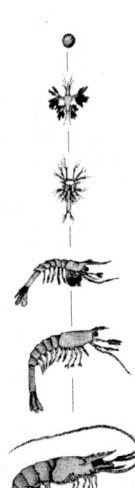

(续表)

渔药名称	用途	用法与用量	休药期/d	注意事项
二氯异氰尿酸钠 sodium dichloroisocyanurate	用于清塘及防治细菌性皮肤溃疡病、烂鳃病、出血病	全池泼洒：0.3 mg/L~0.6 mg/L	≥10	勿用金属容器盛装
三氯异氰尿酸 trichlorosisocyanuric acid	用于清塘及防治细菌性皮肤溃疡病、烂鳃病、出血病	全池泼洒：0.2 mg/L~0.5 mg/L	≥10	1. 勿用金属容器盛装。2. 针对不同的鱼类和水体的pH，使用量应适当增减
二氧化氯 chlorine dioxide	用于防治细菌性皮肤病、烂鳃病、出血病	浸浴：20 mg/L~40 mg/L，5 min~10 min；全池泼洒：0.1 mg/L~0.2 mg/L，严重时 0.3 mg/L~0.6 mg/L	≥10	1. 勿用金属容器盛装。2. 勿与其他消毒剂混用
二溴海因	用于防治细菌性和病毒性疾病	全池泼洒：0.2 mg/L~0.3 mg/L		
氯化钠（食盐） sodium chloride	用于防治细菌、真菌或寄生虫疾病	浸浴：1%~3%，5 min~20 min		

(续表)

渔药名称	用途	用法与用量	休药期/d	注意事项
硫酸铜(蓝矾、胆矾、石胆)copper sulfate	用于治疗纤毛虫、鞭毛虫等寄生性原虫病	浸浴:8 mg/L(海水鱼类:8 mg/L~10 mg/L),15 min~30 min;全池泼洒:0.5 mg/L~0.7 mg/L(海水鱼类:0.7 mg/L~1.0 mg/L)		1.常与硫酸亚铁合用。2.广东鲂慎用。3.勿用金属容器盛装。4.使用后注意池塘增氧。5.不宜用于治疗小瓜虫病
硫酸亚铁(硫酸低铁、绿矾、青矾)ferrous sulphate	用于治疗纤毛虫、鞭毛虫等寄生性原虫病	全池泼洒:0.2 mg/L(与硫酸铜合用)		1.治疗寄生性原虫病时需与硫酸铜合用。2.乌鳢慎用
高锰酸钾(锰酸钾、灰锰氧、锰强灰)potassium permanganate	用于杀灭锚头鳋	浸浴:10 mg/L~20 mg/L,15 min~30 min;全池泼洒:4 mg/L~7 mg/L		1.水中有机物含量高时药效降低。2.不宜在强烈阳光下使用
四烷基季铵盐络合碘(季铵盐含量为50%)	对病毒、细菌、纤毛虫、藻类有杀灭作用	全池泼洒:0.3 mg/L(虾类相同)		1.勿与碱性物质同时使用。2.勿与阴离子表面活性剂混用。3.使用后注意池塘增氧。4.勿用金属容器盛装

(续表)

渔药名称	用途	用法与用量	休药期/d	注意事项
大蒜 crow's treacle, garlic	用于防治细菌性肠炎	拌饵投喂:10 g/kg体重～30 g/kg体重,连用4 d～6 d(海水鱼类相同)		
大蒜素粉(含大蒜素10%)	用于防治细菌性肠炎	0.2 g/kg体重,连用4 d～6 d(海水鱼类相同)		
大黄 medicinal rhubarb	用于防治细菌性肠炎、烂鳃	全池泼洒:2.5 mg/L～4.0 mg/L(海水鱼类相同);拌饵投喂:5 g/kg体重～10 g/kg体重,连用4 d～6 d(海水鱼类相同)		投喂时常与黄芩、黄柏合用(三者比例为5:2:3)
黄芩 raikai skullcap	用于防治细菌性肠炎、烂鳃、赤皮、出血病	拌饵投喂:2 g/kg体重～4 g/kg体重,连用4 d～6 d(海水鱼类相同)		投喂时常与大黄、黄柏合用(三者比例为2:5:3)
黄柏 amur corktree	用防防治细菌性肠炎、出血	拌饵投喂:3 g/kg体重～6 g/kg体重,连用4 d～6 d(海水鱼类相同)		投喂时常与大黄、黄芩合用(三者比例为3:5:2)
五倍子 Chinese sumac	用于防治细菌性烂鳃、赤皮、白皮、疖疮	全池泼洒:2 mg/L～4 mg/L(海水鱼类相同)		
穿心莲 common andrographis	用于防治细菌性肠炎、烂鳃、赤皮	全池泼洒:15 mg/L～20 mg/L;拌饵投喂:10 g/kg体重～20 g/kg体重,连用4 d～6 d		

(续表)

渔药名称	用途	用法与用量	休药期/d	注意事项
苦参 lightyellow sophora	用于防治细菌性肠炎、竖鳞	全池泼洒：1.0 mg/L~1.5 mg/L；拌饵投喂：1 g/kg 体重~2 g/kg 体重，连用 4 d~6 d		
土霉素 oxytetracycline	用于治疗肠炎病、弧菌病	拌饵投喂：50 mg/kg 体重~80 mg/kg 体重，连用 4 d~6 d（海水鱼类相同，虾类：50 mg/kg 体重~80 mg/kg 体重，连用 5 d~10 d）	≥30（鳗鲡）≥21（鲶鱼）	勿与铝、镁离子及卤素、碳酸氢钠、凝胶合用
噁喹酸 oxolinic acid	用于治疗细菌肠炎病、赤鳍病、香鱼、对虾弧菌病、鲈鱼结节病、鲱鱼疖疮病	拌饵投喂：10 mg/kg 体重~30 mg/kg 体重，连用 5 d~7 d（海水鱼类 1 mg/kg 体重~20 mg/kg 体重；对虾：6 mg/kg 体重~60 mg/kg 体重，连用 5 d）	≥25（鳗鲡）≥21（鲤鱼、香鱼）≥16（其他鱼类）	用药量视不同的疾病有所增减
磺胺嘧啶（磺胺哒嗪） sulfadiazine	用于治疗鲤科鱼类的赤皮病、肠炎病、海水鱼链球菌病	拌饵投喂：100 mg/kg 体重连用 5 d（海水鱼类相同）		1. 与甲氧苄氨嘧啶（TMP）同用，可产生增效作用。2. 第一天药量加倍

(续表)

渔药名称	用途	用法与用量	休药期/d	注意事项
磺胺甲噁唑（新诺明、新明磺）sulfamethoxazole	用于治疗鲤科鱼类的肠炎病	拌饵投喂：100 m/kg体重，连用5 d～7 d		1. 不能与酸性药物同用。 2. 与甲氧苄氨嘧啶（TMP）同用，可产生增效作用。 3. 第一天药量加倍
磺胺间甲氧嘧啶（制菌磺、磺胺-6-甲氧嘧啶）sulfamonomethoxine	用鲤科鱼类的竖鳞病、赤皮病及弧菌病	拌饵投喂：50 m/kg体重～100 mg/kg体重，连用4 d～6 d	≥37（鳗鲡）	1. 与甲氧苄氨嘧啶（TMP）同用，可产生增效作用。 2. 第一天药量加倍
氟苯尼考 florfenicol	用于治疗鳗鲡爱德华氏病、赤鳍病	拌饵投喂：10.0 mg/kg体重，连用4 d～6 d	≥7（鳗鲡）	
聚维酮碘（聚乙烯吡咯烷酮碘、皮维碘、PVP-1、伏碘）（有效碘1.0%）povidone－iodine	用于防治细菌烂鳃病、弧菌病、鳗鲡红头病。并可用于预防病毒病：如草鱼出血病、传染性胰腺坏死病、传染性造血组织坏死病、病毒性出血败血症	全池泼洒：海、淡水幼鱼、幼虾：0.2 mg/L～0.5 mg/L；海、淡水成鱼、成虾：1 mg/L～2 mg/L；鳗鲡：2 mg/L～4 mg/L。 浸浴：草鱼种：30 mg/L，15 min～20 min。 鱼卵：30 mg/L～50 mg/L（海水鱼卵25 mg/L～30 mg/L），5 min～15 min		1. 勿与金属物品接触。 2. 勿与季铵盐类消毒剂直接混合使用

注1：用法与用量栏未标明海水鱼类与虾类的均适用于淡水鱼类。
注2：休药期为强制性

6 禁用渔药

严禁使用高毒、高残留或具有三致毒性(致癌、致畸、致突变)的渔药。严禁使用对水域环境有严重破坏而又难以修复的渔药,严禁直接向养殖水域泼洒抗菌素,严禁将新近开发的人用新药作为渔药的主要或次要成分。禁用渔药见表2。

表2 禁用渔药

药物名称	化学名称(组成)	别名
地虫硫磷 fonofos	O-2基-S苯基二硫代磷酸乙酯	大风雷
六六六 BHC(HCH) Benzem, bexachloridge	1,2,3,4,5,6-六氯环己烷	
林丹 lindane, agammaxare, gamma-BHC gamma-HCH	γ-1,2,3,4,5,6-六氯环己烷	丙体六六六
毒杀芬 camphechlor(ISO)	八氯莰烯	氯化莰烯
滴滴涕 DDT	2,2-双(对氯苯基)-1,1,1-三氯乙烷	
甘汞 calomel	二氯化汞	
硝酸亚汞 mercurous nitrate	硝酸亚汞	

(续表)

药物名称	化学名称(组成)	别名
醋酸汞 mercuric acetate	醋酸汞	
呋喃丹 carbofuran	2,3-氢-2,2-二甲基-7-苯并呋喃-甲基氨基甲酸酯	克百威、大扶农
杀虫脒 chlordimeform	N-(2-甲基-4-氯苯基)N',N'-二甲基甲脒盐酸盐	克死螨
双甲脒 anitraz	1,5-双-(2,4-二甲基苯基)-3-甲基1,3,5-三氮戊二烯-1,4	二甲苯胺脒
氟氯氰菊酯 cyfluthrin	α-氰基-3-苯氧基-4-氟苄基(1R,3R)-3-(2,2-二氯乙烯基)-2,2-二甲基环丙烷羧酸酯	
氟氰戊菊酯 flucythrinate	(R,S)-α-氰基-3-苯氧苄基-(R,S)-2-(4-二甲氧基)-3-甲基丁酸酯	保好江乌氟氰菊酯
五氯酚钠 PCP-Na	五氯酚钠	
孔雀石绿 malachite green	$C_{23}H_{25}ClN_2$	碱性绿、盐基块绿、孔雀绿
锥虫胂胺 tryparsamide		

（续表）

药物名称	化学名称(组成)	别名
酒石酸锑钾 anitmonyl potassium tartrate	酒石酸锑钾	
磺胺噻唑 sulfathiazolum ST, norsultazo	2-(对氨基苯磺酰胺)-噻唑	消治龙
磺胺脒 sulfaguanidine	N_1-脒基磺胺	磺胺胍
呋喃西林 furacillinum, nitrofurazone	5-硝基呋喃醛缩氨基脲	呋喃新
呋喃唑酮 furazolidonum, nifulidone	3-(5-硝基糠叉胺基)-2-噁唑烷酮	痢特灵
呋喃那斯 furanace, nifurpirinol	6-羟甲基-2-[5-硝基-2-呋喃基乙烯基]吡啶	P-7138（实验名）
氯霉素（包括其盐、酯及制剂）chloramphennicol	由委内瑞拉链霉素生产或合成法制	
成红霉素 erythromycin	属微生物合成，是 Streptomyces eyythreus 生产的抗生素	
杆菌肽锌 zinc bacitracin premin	由枯草杆菌 Bacillus subtilis 或 B. licheniformis 所产生的抗生素，为一含有噻唑环的多肽化合物	枯草菌肽

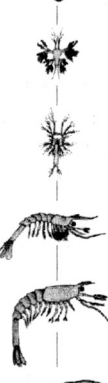

(续表)

药物名称	化学名称(组成)	别名
泰乐菌素 tylosin	S. fradiae 所产生的抗生素	
环丙沙星 ciprofloxacin (CIPRO)	为合成的第三代喹诺酮类抗菌药,常用盐酸盐水合物	环丙氟哌酸
阿伏帕星 avoparcin		阿伏霉素
喹乙醇 olaquindox	喹乙醇	喹酰胺醇羟乙喹氧
速达肥 fenbendazole	5-苯硫基-2-苯并咪唑	苯硫哒唑氨甲基甲酯
己烯雌酚(包括雌二醇等其他类似合成等雌性激素) diethylstilbestrol, stilbestrol	人工合成的非甾体雌激素	乙烯雌酚,人造求偶素
甲基睾丸酮(包括丙酸睾丸素、去氢甲睾酮以及同化物等雄性激素) methyltestosterone, metandren	睾丸素 C_{17} 的甲基衍生物	甲睾酮甲基睾酮

附录五 无公害食品 水产品中渔药残留限量(NY 5070—2002)

1 范围

本标准规定了无公害水产品中渔药及通过环境污染造成的药物残留的最高限量。

本标准适用于水产养殖品及初级加工水产品、冷冻水产品,其他水产加工品可以参照使用。

2 规范性引用文件

下列文件中的条款通过本标准的引用而成为本标准的条款。凡是注日期的引用文件,其随后所有的修改单(不包括勘误的内容)或修订版均不适用于本标准,然而,鼓励根据本标准达成协议的各方研究是否可使用这些文件的最新版本。凡是不注日期的引用文件,其最新版本适用于本标准。

NY 5029—2001 无公害食品 猪肉

NY 5071 无公害食品 渔用药物使用准则

SC/T 3303—1997 冻烤鳗

SN/T 0197—1993 出口肉中喹乙醇残留量检验方法

SN 0206—1993 出口活鳗鱼中噁喹酸残留量检验方法

SN 0208—1993 出口肉中十种磺胺残留量检验方法

SN 0530—1996 出口肉品中呋喃唑酮残留量的检验方法 液相色谱法

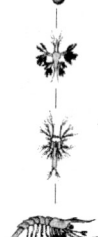

3 术语和定义

下列术语和定义适用于本标准。

3.1 渔用药物 fishery drugs

用以预防、控制和治疗水产动、植物的病、虫、害,促进养殖品种健康生长,增强机体抗病能力以及改善养殖水体质量的一切物质,简称"渔药"。

3.2 渔药残留 residues of fishery drugs

在水产品的任何食用部分中渔药的原型化合物或/和其代谢产物,并包括与药物本体有关杂质的残留。

3.3 最高残留限量 maximum residue Limit,MRL

允许存在于水产品表面或内部(主要指肉与皮或/和性腺)的该药(或标志残留物)的最高量/浓度(以鲜重计,表示为:? g/kg 或 mg/kg)。

4 要求

4.1 渔药使用

水产养殖中禁止使用国家、行业颁布的禁用药物,渔药使用时按 NY 5071 的要求进行。

4.2 水产品中渔药残留限量要求

水产品中渔药残留限量要求见表1。

表1 水产品中渔药残留限量

药物类别		药物名称		指标(MRL)
		中文	英文	(g/kg)
抗生素类	四环素类	金霉素	chlortetracycline	100
		土霉素	Oxytetracycline	100
		四环素	Tetracycline	100
	氯霉素类	氯霉素	Chloramphenicol	不得检出

(续表)

药物类别	药物名称		指标(MRL) (g/kg)
	中文	英文	
磺胺类及增效剂	磺胺嘧啶	Sulfadiazine	
	磺胺甲基嘧啶	Sulfamerazine	
	磺胺二甲基嘧啶	Sulfadimidine	
	磺胺甲噁唑	sulfamethoxazole	100(以总量计)
	甲氧苄啶	Trimethoprim	50
喹诺酮类	噁喹酸	Oxilinic acid	300
硝基呋喃类	呋喃唑酮	Furazolidone	不得检出
其他	己烯雌酚	Diethylstilbestrol	不得检出
	喹乙醇	Olaquindox	不得检出

5 检测方法

5.1 金霉素、土霉素、四环霉

金霉素测定按 NY 5029—2001 中附录 B 规定执行，土霉素、四环素按 SC/T 3303—1997 中附录 A 规定执行。

5.2 氯霉素

氯霉素残留量的筛选测定方法按本标准中附录 A 执行，测定按 NY 5029—2001 中附录 D(气相色谱法)的规定执行。

5.3 磺胺类

磺胺类中的磺胺甲基嘧啶、磺胺二甲基嘧啶的测定按 SC/T 3303 的规定执行，其他磺胺类按 SN/T 0208 的规定执行。

5.4 噁喹酸

噁喹酸的测定按 SN/T 0206 的规定执行。

5.5 呋喃唑酮

呋喃唑酮的测定按 SN/T 0530 的规定执行。

5.6 己烯雌酚

己烯雌酚残留量的筛选测定方法按本标准中附录 B 规定执行。

5.7 喹乙醇

喹乙醇的测定按 SN/T 0197 的规定执行。

6 检验规则

6.1 检验项目

按相应产品标准的规定项目进行。

6.2 抽样

6.2.1 组批规则

同一水产养殖场内,在品种、养殖时间、养殖方式基本相同的养殖水产品为一批(同一养殖池,或多个养殖池);水产加工品按批号抽样,在原料及生产条件基本相同下同一天或同一班组生产的产品为一批。

6.2.2 抽样方法

6.2.2.1 养殖水产品

随机从各养殖池抽取有代表性的样品,取样量见表 2。

表 2 取样量

生物数量(尾、只)	取样量(尾、只)
500 以内	2
500～1 000	4
1 001～5 000	10
5 001～10 000	20
≥10 001	30

6.2.2.2 水产加工品

每批抽取样本以箱为单位,100箱以内取3箱,以后每增加100箱(包括不足100箱)则抽1箱。

按所取样本从每箱内各抽取样品不少于3件,每批取样量不少于10件。

6.3 取样的样品的处理

采集的样品应分成两等份,其中一份作为留样。从样本中取有代表性的样品,装入适当容器,并保证每份样品都能满足分析的要求;样品的处理按规定的方法进行,通过细切、绞肉机绞碎、缩分,使其混合均匀;鱼、虾、贝、藻等各类样品量不少于200 g。各类样品的处理方法如下:

a) 鱼类:先将鱼体表面杂质洗净,去掉鳞、内脏,取肉(包括脊背和腹部)肉和皮一起绞碎,特殊要求除外。

b) 龟鳖类:去头、放出血液,取其肌肉包括裙边,绞碎后进行测定。

c) 虾类:洗净后,去头、壳,取其肌肉进行测定。

d) 贝类:鲜的、冷冻的牡蛎、蛤蜊等要把肉和体液调制均匀后进行分析测定。

e) 蟹:取肉和性腺进行测定。

f) 混匀的样品,如不及时分析,应置于清洁、密闭的玻璃容器,冰冻保存。

6.4 判定规则

按不同产品的要求所检的渔药残留各指标均应符合本标准的要求,各项指标中的极限值采用修约值比较法。超过限量标准规定时,允许加倍抽样将此项指标复验一次,按复验结果判定本批产品是否合格。经复检后所检指标仍不合格的产品则判为不合格品。

附录六 无公害食品 水产品中有毒有害物质限量(NY 5073—2001)

1 范围

本标准规定了无公害水产品中重金属、有害元素、农药残量、生物毒素限量的要求、试验方法、检验规则。

本标准适用于捕捞及养殖的鲜、活水产品。

2 规范性引用文件

下列文件中的条款通过本标准的引用而成为本标准的条款。凡是注日期的引用文件,其随后所有的修改单(不包括勘误的内容)或修订版均不适用于本标准,然而,鼓励根据本标准达成协议的各方研究是否可使用这些文件的最新版本。凡是不注日期的引用文件,其最新版本适用于本标准。

GB/T 5009.11 食品中总砷的测定方法

GB/T 5009.12 食品中铅的测定方法

GB/T 5009.13 食品中铜的测定方法

GB/T 5009.15 食品中镉的测定方法

GB/T 5009.17 食品中总汞的测定方法

GB/T 5009.18 食品中氟的测定方法

GB/T 5009.19 食品中六六六、滴滴涕残留量的测定方法

GB/T 5009.45—1996 水产品卫生标准的分析方法

GB/T 9675 海产食品中多氯联苯的测定方法

GB/T 12399 食品中硒的测定

GB/T 14962 食品中铬的测定方法
SN 0294 出口贝类腹泻性贝类毒素检验方法
SN 0352 出口贝类麻痹性贝类毒素检验方法

3 要求

水产品中有毒有害物质的限量见表1。

表1 水产品中有毒有害物质限量

项目	指标
汞(以 Hg 计),mg/kg	≤1.0(贝类及肉食性鱼类)
	≤0.5(其他水产品)
甲基汞(以 Hg 计),mg/kg	≤0.5(所有水产品)
砷(以 As 计),mg/kg	≤0.5(淡水鱼)
无机砷(以 As 计),mg/kg	≤1.0(贝类、甲壳类、其他海产品)
	≤0.5(海水鱼)
	≤1.0(软体动物)
铅(以 Pb 计),mg/kg	≤0.5(其他水产品)
镉(以 Cd 计),mg/kg	≤1.0(软体动物)
	≤0.5(甲壳类)
	≤0.1(鱼类)
铜(以 Cu 计),mg/kg	≤50(所有水产品)
硒(以 Se 计),mg/kg	≤1.0(鱼类)
氟(以 F 计),mg/kg	≤2.0(淡水鱼类)
铬(以 Cr 计),mg/kg	≤2.0(鱼贝类)
	≤100(鲐鲹鱼类)

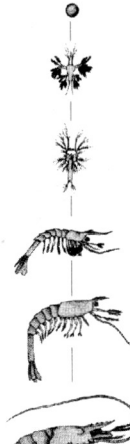

(续表)

项目	指标
组胺,mg/100 g	≤30(其他海水鱼类)
多氯联苯(PCBs),mg/kg	≤0.2(海产品)
甲醛	不得检出(所有水产品)
六六六,mg/kg	≤2(所有水产品)
滴滴涕,mg/kg	≤1(所有水产品)
麻痹性贝类毒素(PSP),μg/kg	≤80(贝类)
腹泻性贝类毒素(DSP),μg/kg	不得检出(贝类)

4 检验方法

4.1 汞的测定

按 GB/T 5009.17 中的规定执行。

4.2 甲基汞的测定

按 GB/T 5009.45 中的规定执行。

4.3 砷的测定

按 GB/T 5009.11 中的规定执行。

4.4 无机砷的测定

按 GB/T 5009.45 中的规定执行。

4.5 铅的测定

按 GB/T 5009.12 中的规定执行。

4.6 镉的测定

按 GB/T 5009.15 中的规定执行。

4.7 铜的测定

按 GB/T 5009.13 中的规定执行。

4.8 硒的测定

按 GB/T 12399 中的规定执行。

4.9 氟的测定

按 GB/T 5009.18 中的规定执行。

4.10 铬的测定

按 GB/T 14962 中的规定执行。

4.11 组胺的测定

按 GB/T 5009.45—1996 中 4.4 的规定执行。

4.12 多氯联苯的测定

按 GB/T 9675 中的规定执行。

4.13 甲醛的测定

按本标准附录 A 的规定执行。

4.14 六六六、滴滴涕的测定

按 GB/T 5009.19 中的规定执行。

4.15 麻痹性贝类毒素的测定

按 SN 0352 中的规定执行。

4.16 腹泻性贝类毒素的测定

按 SN 0294 中的规定执行。

5 检验规则

5.1 组批规则与抽样方法

5.1.1 组批规则

同一水产养殖场内,品种、养殖时间、养殖方式基本相同的养殖水产品为一批。

5.1.2 抽样方法

5.1.2.1 鲜、活水产品取样量见表 2。

表2　鲜、活水产品取样量

批量(尾或只)	取样量(尾或只)
<500	2
501~1 000	4
1 001~5 000	10
5 001~10 000	20
≥100 00	30

5.1.2.2　鲜、活水产品取样方法：将鲜、活水产品(鱼、甲鱼、蟹、对虾等)洗净体表，取肌肉(或可食部分)，样品总量不得少于200 g。其中：鱼洗净，取样部位为背部肌肉、腹部肌肉及鱼皮；虾洗净，去头、去皮、去肠腺(大型虾)后取肌肉；蟹洗净，去皮，取肌肉及生殖腺；甲鱼洗净，取可食部分；贝类洗净、去壳，取可食部分。

5.2　判定规则

5.2.1　水产品中所检的各项有毒有害物质指标均应符合标准要求。

5.2.2　所检指标中有一项不符合标准规定时，允许加倍抽样将此项指标复验一次，按复验结果判定本批产品是否合格。

附录七　食品动物禁用的兽药及其他化合物清单

序号	兽药及其他化合物名称	禁止用途	禁用动物
1	β-兴奋剂类：克仑特罗 Clenbuterol，沙丁胺醇 Salbutamol，西马特罗 Cimaterol 及其盐、酯及制剂	所有用途	所有食品动物

（续表）

序号	兽药及其他化合物名称	禁止用途	禁用动物
2	性激素类：己烯雌酚 Diethylstilbestrol 及其盐、酯及制剂	所有用途	所有食品动物
3	具有雌激素样作用的物质：玉米赤霉醇 Zeranol、去甲雄三烯醇酮 Trenbolone、醋酸甲孕酮 Mengestrol Acetate 及制剂	所有用途	所有食品动物
4	氯霉素 Chloramphenicol、及其盐、酯（包括：琥珀氯霉素 Chloramphenicol succinate）及制剂	所有用途	所有食品动物
5	氨苯砜 Dapsoneey 及制剂	所有用途	所有食品动物
6	硝基呋喃类：呋喃唑酮 Furazolidone、呋喃它酮 Furaltadone、呋喃苯烯酸钠 Nifurstyrenate sodium 及制剂	所有用途	所有食品动物
7	硝基化合物：硝基酚钠 Sodium nitrophenolate、硝呋烯腙 Nitrovin 及制剂	所有用途	所有食品动物
8	催眠、镇静类：安眠酮 Methaqualone 及制剂	所有用途	所有食品动物
9	林丹（丙体六六六）Lindane	杀虫剂	水生食品动物
10	毒杀芬（氯化烯）Camahechlor	杀虫剂、清塘剂	水生食品动物
11	呋喃丹（克百威）Carbofuran	杀虫剂	水生食品动物
12	杀虫脒（克死螨）Chlordimeform	杀虫剂	所有食品动物
13	双甲脒 Amitraz	杀虫剂	水生食品动物

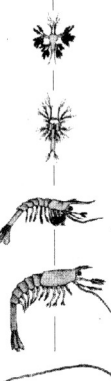

(续表)

序号	兽药及其他化合物名称	禁止用途	禁用动物
14	酒石酸锑钾 Antimony potassium tartrate	杀虫剂	水生食品动物
15	锥虫胂胺 Tryparsamide	杀虫剂	水生食品动物
16	孔雀石绿 Malachite green	抗菌、杀虫剂	水生食品动物
17	五氯酚酰钠 Pentachlorophenol sodium	杀螺剂	水生，食品动物
18	各种汞制剂：包括氯化亚汞（甘汞）Calomel、硝酸亚汞 Mercurous nitrate、醋酸汞 Mercurous acetate、吡啶基醋酸汞 Pyridyl mercurous acetate	杀虫剂	所有食品动物
19	性激素类：甲基睾丸酮 Methyltestosterone、丙酸睾酮 Testosterone Propionate 苯丙酸诺龙 Nandrolone Phenylpropionate、苯甲酸雌二醇 Estradiol Benzoate 及其盐、酯及制剂	促生长	所有食品动物
20	催眠、镇静类：氯丙嗪 Chlorpromazine、地西泮（安定）Diazepam 及其盐、酯及制剂	促生长	所有食品动物
21	硝基咪唑类：甲硝唑 Metronidazole、地美硝唑 Dimetronidazole 及其盐、酯及制剂	促生长	所有食品动物

注：食品动物是指各种供人食用或其产品供人食用的动物。

本附录内容摘自中华人民共和国农业部公告[2002]第[193]号。

附录八 常用清塘药物及使用方法

渔药名称	用法与用量(mg/L)	休药期/(d)	注意事项
氧化钙（生石灰）	350～400	≥10	不能与漂白粉、有机氯、重金属盐、有机络合物混用
漂白粉（有效氯≥25%）	50～80	≥5	1. 勿用金属物品盛装。2. 勿与酸、铵盐、生石灰混用
二氧化氯	1	≥10	1. 勿用金属物品盛装。2. 勿与其他消毒剂混用
茶籽饼	15～20	≥3	粉碎后用水浸泡一昼夜,稀释连渣全池泼洒

注：清塘用药后的废水排放应注意对周围环境的影响

附录九 无公害食品 对虾养殖技术规范(NY T 5059－2001)

1 范围

本标准规定了对虾苗种培育、养成和病害防治技术。本标准适用于我国主要的养殖对虾。

2 规范性引用文件

下列文件中的条款通过本标准的引用而成为本标准的条款。凡是注日期的引用文件,其随后所有的修改单(不包括勘误的内容)或修订版均不适用于本标准,然而,鼓励根据本标准达成协议的各方研究是否可使用这些文件的最新版本。凡是不注日期的引用文件,其最新版本适用于本标准。

GB 11607 渔业水质标准

GB/T 15101.2 中国对虾养殖 苗种

SC 2002 中国对虾配合饲料

NY 5052 无公害食品 海水养殖用水水质

NY 5071 无公害食品 渔用药物使用准则

NY 5072 无公害食品 渔用配合饲料安全限量

3 苗种培育

3.1 培育用水

水源水质应符合 GB 11607 的要求,培育水质应符合 NY 5052 的要求。用水应经沉淀、过滤等处理后使用。

3.2 培育池

以水泥池为宜,面积 $10\sim50$ m^2,排灌、控温、增氧、控光设施齐备。春末夏初季节,还可在养虾池中采用网箱培育。

3.3 培育密度

仔虾培育密度以 $10\times10^4\sim20\times10^4$ 尾/立方米为宜。

3.4 培育管理

3.4.1 水质

视水质情况更换池水,使溶解氧保持在 5 mg/L 以上,保持冲气增氧,及时吸除残饵、污物。

3.4.2 投饵

所用饲料应符合 NY 5072 的要求。饲料大小适口,以微颗粒配合饲料为宜,配合饲料日投喂率为 5%～15%,生物饵料日投喂率为 30%～70%,每日投喂 4 次～8 次。

3.4.3 病害防治

对培养用水进行过滤、消毒处理,药物使用应符合 NY 5071 要求。

3.5 苗种出池

水泥池培育采取虹吸排水,然后开启排水孔排水,集苗出池。中国对虾苗种应符合 GB/T 15101.2 的要求,其他对虾参照 GB/T 15101.2 执行。苗种出池进行检疫,应是无特异性病原(SPF)的健康虾苗。

4 养成

4.1 选址

无污染的泥质或砂质"荒滩"、"盐碱地"及适于养殖的沿海地区均可。

4.2 水环境

海水水源应符合 GB 11607 的要求,养成水质应符合 NY 5052 的要求。养殖取水区潮流应通畅。

4.3 设施

4.3.1 养成池

滩涂大面积养虾池,长方形,面积 1.0～7.0 公顷,池底平整,向排水口略倾斜,比降 0.2% 左右,做到池底积水可排干。养成池底不漏水,必要时加防渗漏材料。养成池相对两端设进、排水设施。高密度精养方式的养殖池

分为泥砂质池塘和水泥池,面积0.1～1.0公顷,方形或圆形,池水深1.5～2.5 m,池中央设排污孔。

4.3.2　养成池配套设施

4.3.2.1　防浪主堤

在潮间带建虾池,需修建防浪主堤。主堤应有较强的抗风浪能力,一般情况下堤高应在当地历年最高潮位1 m以上,堤顶宽度应在6 m以上,迎海面坡度宜为1∶3～1∶5,内坡度宜为1∶2～1∶3。

4.3.2.2　蓄水池

蓄水池应能完全排干,水容量为总养成水体的三分之一以上。

4.3.2.3　废水处理池

采用循环用水方式,养成池的水排出后,应先进入处理池,经过净化处理后,再进入蓄水池。不采用循环用水,养成后的废水,也应经处理池后,方可排放。

4.3.2.4　进、排水渠道

在集中的对虾养成区,需要建设进、排水渠道,协调各养成场、养成池的进、排水,进水口与排水口尽量远离。排水渠的宽度应大于进水渠,排水渠底一定要低于各相应虾池排水闸底30 cm以上。

4.3.2.5　增氧设备

对高密度精养和蓄水养殖的养虾方式,应配备增氧设备,土池可用增氧机,水泥池可用冲气泵和鼓风机。

4.3.2.6　设置防蟹屏障

在滩涂蟹类比较多的地区,应在养成池堤围置30～40 cm高而光滑的塑料膜或薄板防蟹隔离墙。

5 苗种放养前的准备工作

5.1 清污整池

收虾之后,应将养成池及蓄水池、沟渠等积水排净,封闸晒池,维修堤坝、闸门,并清除池底的污物杂物,特别要清除杂藻。沉积物较厚的地方,应翻耕曝晒或反复冲洗,促进有机物分解排出。不得直接将池中污泥搅起,直接冲入海中。

5.2 消毒除害

清污整池之后,应清除对虾的敌害生物、致病生物及携带病原的中间宿主。常用生石灰进行清池除害,将池水排至 30～40 cm 后,全池泼洒生石灰,用量为 1 000 kg/hm² 左右。

5.3 纳水繁殖基础饵料

清污整池消毒结束 1 d～2 d 后,可开始纳水,培养基础生物饵料。

5.4 肥料使用

肥料使用应遵循下列原则:

(1)应平衡施肥,提倡使用优质有机肥。施用肥料结构中,有机肥所占比例不得低于 50%。

(2)应控制肥料使用总量,水中硝酸盐含量在 40 mg/L 以下。

(3)不得使用未经国家或省级农业部门登记的化学或生物肥料,有机肥应经过充分发酵方可使用。

6 放苗

6.1 放苗环境

放苗时,池水深为 60～80 cm,池水透明度达 40 cm

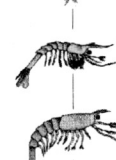

左右。大风、暴雨天不宜放苗。

6.2 苗种规格

南美白对虾苗 0.7 cm 以上,中国对虾苗 1 cm 以上,斑节对虾苗 1.3～1.5 cm 以上。

6.3 放苗密度

滩涂大面积养虾池,放苗密度以 $6 \times 10^4 \sim 10 \times 10^4$ 尾/公顷为宜;高密度精养方式的养殖池,放苗密度以 $25 \times 10^4 \sim 50 \times 10^4$ 尾/公顷为宜。

6.4 水温

放养中国对虾苗水温应达 14℃ 以上,放养南美白对虾、斑节对虾苗水温应在 22℃ 以上。

6.5 盐度

池水盐度应在 1～32。虾苗培养池、中间培育池和养成池水盐度差应小于 5,池水盐度相差大于 5 时,可通过驯化虾苗使之适应盐度的变化,通常 24 小时内逐渐过渡的盐度差小于 10。

7 养成管理

7.1 水环境控制

7.1.1 进水水质管理

放苗前,向养成池注入清洁或经消毒清野处理的养成用水,在放苗后,养成用水要经过蓄水池沉淀、净化处理。

7.1.2 水量及水交换

养成前期,每日添加水 3～5 cm,直到水位达 1 m 以上,保持水位。养成中后期,根据水质情况,如透明度过低(低于 20 cm),或透明度较大(大于 80 cm),有害的单细胞藻过量繁殖时,酌情换水,采取缓慢换水的方式,调节水质。

7.2 饲料管理

7.2.1 饲料品质

配合饲料质量和安全卫生应符合 SC 2002 和 NY 5072 的规定。

7.2.2 饲料投喂量

常规配合饲料日投喂率为 3%～5%,鲜杂鱼日投喂率为 7%～10%。实际操作中应根据对虾尾数、平均体重、体长及日摄食率,计算出每日理论投饲量,再根据摄食情况、天气状况,确定当日投喂量。投饲后,继续观察对虾摄食情况,对投饲量进行调整。

7.2.3 配合饲料的投喂方法

放苗后的初期,通常日投喂 4 次,以后随着对虾增长,投饲料量加大,调整每日投喂次数,下午以后的投喂量约占全天投喂量的 60% 左右。养成初期,对虾活动范围小,应全池均匀投喂。随着对虾的生长,可选择对虾经常聚集处投喂。

7.3 测定

每日测量水温、溶解氧、pH 值、透明度、池水盐度等水质要素。经常检测池内浮游生物种类及数量变化,有条件者可检测氨氮等其他水质要素的变化。每 5～10 天测量一次对虾生长情况。可测量对虾体长,也可测量体重,每次测量尾数应大于 50 尾。定期估测池内对虾尾数,室外大型养虾池,可用旋网在池内多点打网取样测定。

8 病害防治

8.1 巡池

养虾人员应每日凌晨及傍晚各巡池一次,注意清除

养虾池周围的蟹类、鼠类,注意发现病虾及死虾,检查病因、死因,及时捞出病虾、死虾进行处理。观察对虾活动及分布,观察对虾摄食及饲料利用情况。

8.2 切断病原

不得纳入其他死虾池及发病虾池排出的水,不得投喂带有病原的饵料。

8.3 病原生物检测

定期对虾池中的病原生物进行检测。

8.4 药物使用

药物使用应符合 NY 5071 的要求,掌握以下原则:

(1)使用的渔药应"三证"(渔药登记证、渔药生产批准证、执行标准号)齐全。

(2)应使用高效、低毒、低残留药物,建议使用生态制剂。不得使用含有有机磷等剧毒农药清池消毒。

9 养成收获

采取排水收虾的方法,也可使用定置的陷网或专用的电网捕捞

附录十 无公害对虾的检测与质量要求(NY 5058—2001)

1 检验规则

1.1 批组规则与抽样方法

(1)批组规则 水产养殖对虾以同一养殖场中、同时收获的、养殖条件相同的、同品种的对虾为一个批次,捕捞对虾以同一条船上相同品种未经分拣过或已按规格分拣

过的对虾为一个批次。

(2)抽样方法 鲜、活对虾抽样数量及感官判定规则见表1。用于安全指标检验的样品数量不得少于500克。用于微生物检验的样品应在无菌条件下抽样,并将所取样品存放于无菌容器中,样品总量不得少于250克。

表1 鲜、活对虾抽样方法及感官判定规则（单位:尾）

全部虾数量	样本大小	合格判定数[a]	不合格判定数[b]
2～15	2	0	0
16～25	3	0	1
26～90	5	0	1
91～150	8	1	2
151～500	13	1	2
501～1 200	20	2	3
1 201～10 000	32	3	4
10 001～35 000	50	5	6
35 001～500 000	80	7	8
>500 000	125	10	11

注:a 合格判定数:若在样本中发现的不合格对虾数小于或等于合格判定数,则判为该批产品为合格品。

b 不合格判定数:若在样本中发现的不合格对虾数大于或等于不合格判定数,则判该批产品为不合格品。

1.2 检样分类

出厂检验、形式检验同 NY 5053—2001。

1.3 判定规则

(1)对虾、鲜对虾感官检验所检项目全部符合感官要求的各项规定,合格样本数符合表1的规定则判为批合

格。

(2)若感官检验判定鲜虾、冻虾质量困难时,应做蒸煮试验并测定挥发性盐基氮,并以蒸煮试验及挥发性盐基氮测定结果为综合判定依据。

(3)检验结果(包括微生物及安全指标)中有一项指标不合格,允许加倍抽样将此项指标复检一次,按复检结果判定本批产品是否合格。检验结果中有两项或两项以上指标不合格,则判本批产品不合格。

2 检验方法

2.1 感官检验

在光线充足、无异味的环境中,将试样倒在白色搪瓷盘或不锈钢工作台上,按感官要求的规定逐项进行对虾的感官检验。当不能确定产品质量时,进行水煮试验,并测定挥发性盐基氮进行确定。

水煮试验即在容器中加入 500 mL 饮用水,将水烧开后,取约 100 g 用清水洗净的对虾,放于容器中,盖上盖,煮 5 分钟后,打开盖,嗅气味,再品尝肉质。

2.2 理化检验

(1)挥发性盐基氮的测定

样品制备:取 5~10 尾对虾清洗后,去虾头、虾皮、肠腺,得到整条虾肉。将所取得的虾肉立即用绞肉机绞碎 3 次,绞肉机的孔径应在 1.5~3 毫米之间。也可使用组织捣碎机打碎数分钟,中间需不断停机,以便刮掉杯壁上的虾肉。

测定方法:取制备的样品,按 GB/T5009.44,即肉类挥发性盐基氮的测定方法进行。

(2)有害元素、农药。渔药残留量的测定详见附录五。
2.3 微生物检验
微生物检验方法详见 GB 4789.2—1994。

3 感官要求

3.1 活对虾
  活对虾具有本身固有色泽和光泽,体态匀称,体形正常,无畸形,活动敏捷,无病态。

3.2 鲜对虾
  鲜对虾感官应符合表 2 的要求。

表 2 鲜对虾感官质量指标

项目		指标
外观	色泽	(1)虾体色泽正常,无红变,甲壳光泽较好 (2)允许有黑箍一个,黑斑四处,及轻微水锈,尾扇允许有轻微变色,自然斑点不限 (3)卵黄按不同产期呈现自然色泽,允许在自然冷藏中卵黄变色
	形态	(1)虾体完整,允许节间松弛,联结膜可有一处破裂,破裂处虾肉可有轻微裂口 (2)虾体允许有愈后伤疤和较小的刺擦伤,尾扇有较小的残缺或部分尾肢脱落 (3)不允许有软虾壳
滋味气		气味正常,无异味,具有对虾固有鲜味
肌肉组织		肉质紧密有弹性
杂质		虾体清洁,未混入任何外来杂质,几乎未混入触鞭、甲壳、附肢等
水煮实验		具对虾特有鲜味,口感肌肉组织紧密有弹性,滋味鲜美

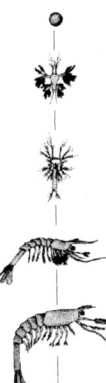

4 理化指标

挥发性盐基氮（mg/100 g）在淡水对虾＜15，在海水对虾＜25。

5 微生物指标

淡水、海水对虾不得检出沙门氏菌、致泻大肠埃希菌，海水对虾不得检出副溶血性弧菌。

6 安全指标

无机砷、汞、铅、铜、多氯联苯、六六六、滴滴涕的限量应符合 NY 5073—2001 的规定。喹乙醇、呋喃唑酮、磺胺类、土霉素、敌百虫的限量应符合 NY 5070—2001 的规定。

附录十一 国产筛绢、筛网型号、规格对照表

1 尼龙筛绢

型号	孔数/平方厘米	网目大小(mm)	型号	孔数/平方厘米	网目大小(mm)	型号	孔数/平方厘米	网目大小(mm)
GG50	361	0.345	SP45	2 270	0.114	NX61	3 721	0.095
52	393	0.325	50	2 785	0.094	64	4 096	0.093
54	427	0.309	56	3 467	0.085	73	5 329	0.079
56	465	0.291	58	3 820	0.078	79	6 241	0.076
58	495	0.286	NG7	49	0.980	95	9 025	0.063
60	521	0.280	13	169	0.540	103	10 609	0.055
62	558	0.265	15	225	0.417	NNX40	1 600	0.128
64	596	0.262	18	324	0.349	43	1 849	0.112

(续表)

型号	孔数/平方厘米	网目大小(mm)	型号	孔数/平方厘米	网目大小(mm)	型号	孔数/平方厘米	网目大小(mm)
66	635	0.252	19	361	0.340	46	2 116	0.104
68	675	0.250	22	484	0.268	49	2 401	0.098
70	717	0.238	23	529	0.248	52	2 704	0.081
72	803	0.217	24	576	0.245	64	4 096	0.073
SP38	1 612	0.133	26	676	0.242	70	4 900	0.061
40	1 774	0.127	NX34	1 156	0.177	76	5 776	0.053
42	1 945	0.121	58	3 364	0.102			

2 筛网

型号(目)	孔数/平方厘米	网目大小(mm)	型号(目)	孔数/平方厘米	网目大小(mm)
12	22	1.514	50	387	0.288
14	30	1.315	60	558	0.258
16	40	1.147	70	759	0.203
18	50	1.025	80	992	0.198
20	62	0.892	90	1 255	0.172
30	140	0.516	100	1 550	0.144
40	248	0.360			

注：筛绢丝细、筛网丝粗；GG、XX 为经平纬交织，SP 纬平织，易变形；GG、XX、NX 幅宽约为 140 cm，SP 幅宽近 130 cm。

附录十二 国际标准筛绢规格

号数	每网孔数	孔径(mm)	号数	每网孔数	孔径(mm)
0000	18	1 364	10	100	158
000	23	1 024	11	116	145
00	29	754	12	125	119
0	38	569	13	129	112
1	48	417	14	139	99
2	54	366	15	150	94
3	58	333	16	157	86
4	62	318	17	163	81
5	66	282	18	166	79
6	74	239	19	169	77
7	82	224	20	173	76
8	86	203	21	178	69
9	97	168	25	200	64

附录十三 不同温度下海水相对密度和盐度查对表

温度(℃)	相对密度							
	1.000	1.001	1.002	1.003	1.004	1.005	1.006	1.007
0				2.7	4.0	5.2	6.4	7.7
1				2.6	3.9	5.1	6.3	7.6
2				2.4	3.7	5.1	6.2	7.5
3				2.4	3.7	5.1	6.2	7.5
4				2.4	3.7	5.1	6.2	7.5
5				2.4	3.7	5.1	6.2	7.5
6				2.4	3.7	5.1	6.2	7.5

（续表）

温度 (℃)	相对密度							
	1.000	1.001	1.002	1.003	1.004	1.005	1.006	1.007
7				2.5	3.8	5.1	6.3	7.6
8				2.6	3.9	5.1	6.4	7.7
9				2.6	3.9	5.2	6.5	7.7
10				2.7	4.0	5.3	6.6	7.8
11				2.9	4.2	5.4	6.7	8.0
12				3.0	4.3	5.5	6.8	8.1
13				3.1	4.4	5.7	7.0	8.3
14				3.3	4.6	5.9	7.2	8.5
15			2.0	3.4	4.7	6.0	7.3	8.6
16			2.3	3.6	4.9	6.2	7.5	8.8
17			2.5	3.7	5.1	6.4	7.7	9.0
18			2.8	4.0	5.4	6.7	8.0	9.3
19			3.0	4.3	5.6	6.9	8.2	9.5
20		1.8	3.2	4.5	5.9	7.2	8.5	9.8
21		2.1	3.4	4.7	6.1	7.4	8.7	10.0
22		2.4	3.7	5.0	6.4	7.7	9.0	10.3
23		2.7	4.0	5.3	6.6	7.9	9.2	10.6
24		2.9	4.3	5.6	7.0	8.3	9.6	10.9
25	1.9	3.2	4.5	5.8	7.3	8.6	9.9	11.2
26	2.3	3.6	4.9	6.2	7.6	8.9	10.3	11.6
27	2.6	3.9	5.2	6.6	7.9	9.2	10.6	11.9
28	2.9	4.3	5.6	7.0	8.3	9.6	11.0	12.3
29	3.2	4.7	6.0	7.3	8.6	10.0	11.3	12.7

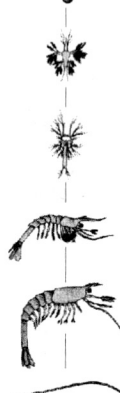

(续表)

温度 (℃)	相对密度							
	1.008	1.009	1.010	1.011	1.012	1.013	1.014	1.015
0	8.8	10.2	11.3	12.7	13.8	15.0	16.3	17.5
1	8.8	10.1	11.3	12.6	13.8	15.0	16.3	17.5
2	8.8	10.0	11.3	12.5	13.8	15.0	16.3	17.5
3	8.8	10.0	11.2	12.5	13.8	15.0	16.3	17.5
4	8.8	10.0	11.2	12.5	13.8	15.0	16.3	17.6
5	8.8	10.0	11.2	12.6	13.8	15.0	16.4	17.6
6	8.8	10.0	11.3	12.7	13.8	15.0	16.5	17.7
7	8.9	10.1	11.4	12.7	13.9	15.2	16.5	17.8
8	9.0	10.2	11.5	12.8	14.0	15.3	16.6	17.9
9	9.0	10.3	11.6	12.8	14.1	15.4	16.8	18.1
10	9.1	10.4	11.7	12.9	14.2	15.5	16.9	18.2
11	9.3	10.6	11.9	13.1	14.4	15.7	17.0	18.3
12	9.4	10.7	12.0	13.2	14.5	15.8	17.1	18.4
13	9.6	10.9	12.2	13.4	14.7	16.0	17.9	18.6
14	9.8	11.1	12.4	13.6	14.9	16.2	17.5	18.8
15	9.9	11.2	12.5	13.8	15.1	16.4	17.7	19.0
16	10.1	11.4	12.7	14.0	15.3	16.6	17.9	19.2
17	10.3	11.6	12.9	14.2	15.5	16.9	18.2	19.5
18	10.6	11.9	13.2	14.4	15.7	17.1	18.4	19.7
19	10.8	12.1	13.4	14.7	16.0	17.3	18.6	19.9
20	11.1	12.4	13.7	15.0	16.3	17.6	18.9	20.2
21	11.3	12.7	14.0	15.3	16.6	17.9	19.2	20.5
22	11.6	13.0	14.3	15.6	17.0	18.3	19.6	20.9
23	11.9	13.3	14.6	15.9	17.3	18.6	19.9	21.2
24	12.2	13.6	15.0	16.3	17.6	18.9	20.2	21.6
25	12.5	13.8	15.3	16.6	17.9	19.2	20.5	21.9
26	12.9	14.2	15.6	17.0	18.3	19.6	20.9	22.3
27	13.3	14.6	15.9	17.3	18.6	20.0	21.3	22.6
28	13.7	15.0	16.3	17.7	19.0	20.4	21.7	23.0
29	14.0	15.4	16.7	18.0	19.4	20.7	22.1	23.4

附录

（续表）

温度 (℃)	相对密度							
	1.016	1.017	1.018	1.019	1.020	1.021	1.022	1.023
0	18.8	20.0	21.3	22.5	23.8	25.0	26.3	27.5
1	18.8	20.1	21.3	22.5	23.8	25.0	26.3	27.5
2	18.8	20.1	21.3	22.5	23.8	25.0	26.3	27.5
3	18.8	20.1	21.3	22.6	23.9	25.1	26.4	27.6
4	18.8	20.1	21.3	22.6	24.0	25.1	26.5	27.6
5	18.9	20.2	21.4	22.7	24.1	25.2	26.5	27.8
6	19.0	20.3	21.5	22.8	24.1	25.3	26.6	27.9
7	19.0	20.3	21.6	22.9	24.1	25.4	26.7	28.1
8	19.1	20.4	21.7	23.0	24.2	25.5	26.8	28.2
9	19.3	20.6	21.9	23.2	24.4	25.7	27.0	28.3
10	19.4	20.7	22.0	23.3	24.6	25.8	27.1	28.4
11	19.6	20.9	22.2	23.5	24.8	26.0	27.3	28.6
12	19.7	21.1	22.4	23.7	24.9	26.2	27.5	28.8
13	19.9	21.3	22.6	23.9	25.1	26.4	27.7	29.0
14	20.1	21.5	22.8	24.1	25.3	26.6	27.9	29.2
15	20.3	21.7	23.0	24.3	25.5	26.8	28.1	29.4
16	20.5	21.9	23.2	24.5	25.8	27.1	28.4	29.7
17	20.8	22.1	23.4	24.7	26.1	27.4	28.7	30.0
18	21.0	22.3	23.6	24.9	26.3	27.6	28.9	30.2
19	21.3	22.6	23.9	25.2	26.6	27.9	29.2	30.5
20	21.6	22.9	24.2	25.5	26.9	28.2	29.5	31.0
21	21.9	23.3	24.6	25.9	27.2	28.6	29.9	31.2
22	22.3	23.6	25.0	26.3	27.6	28.9	30.2	31.5
23	22.6	23.8	25.3	26.6	27.9	29.2	30.5	32.0
24	22.9	24.2	25.6	26.9	28.3	29.6	30.9	32.2
25	23.3	24.6	25.9	27.2	28.6	29.9	31.2	32.6
26	23.7	25.0	26.3	27.6	29.0	30.3	31.6	33.0
27	24.0	25.3	26.3	28.0	29.3	30.6	31.9	33.3
28	24.4	25.7	27.0	28.4	29.7	31.0	32.3	33.7
29	24.7	26.1	27.4	28.8	32.1	31.4	32.7	34.0

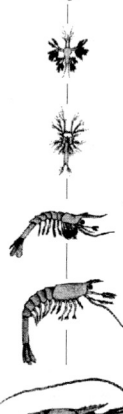

(续表)

温度(℃)	相对密度						
	1.024	1.025	1.026	1.027	1.028	1.029	1.030
0	28.8	30.0	31.3	32.5	33.8	35.0	36.1
1	28.8	30.0	31.3	32.6	33.8	35.1	36.2
2	28.8	30.1	31.3	32.6	33.8	35.1	36.3
3	28.9	30.2	31.4	32.7	33.9	35.2	36.4
4	28.9	30.3	31.4	32.7	34.0	35.2	36.5
5	29.0	30.3	31.6	32.9	34.1	35.4	36.7
6	29.1	30.4	31.7	33.0	34.2	35.5	36.8
7	29.2	30.5	31.8	33.2	34.3	35.6	36.9
8	29.3	30.6	31.9	33.3	34.4	35.7	37.0
9	29.5	30.8	32.1	33.4	34.6	35.9	37.2
10	29.7	31.0	32.3	33.6	34.8	36.1	37.4
11	29.9	31.2	32.5	33.8	35.0	36.3	37.6
12	30.1	31.4	32.7	34.0	35.2	36.5	37.8
13	30.3	31.6	32.9	34.2	35.5	36.6	38.1
14	30.5	31.8	33.1	34.4	35.7	37.0	38.4
15	30.7	32.0	33.4	34.7	36.0	37.3	38.7
16	31.0	32.3	33.7	35.0	36.3	37.6	38.9
17	31.3	32.6	33.9	35.2	36.5	37.8	39.2
18	31.5	32.8	34.1	35.4	36.8	38.2	39.5
19	31.8	33.1	34.4	35.7	37.1	38.5	39.8
20	32.1	33.4	34.7	36.0	37.4	38.8	40.1
21	32.4	33.8	35.1	36.4	37.7	39.1	40.4
22	32.8	34.1	35.4	36.8	38.1	39.5	40.8
23	33.1	34.4	35.7	37.2	38.5	39.8	41.1
24	33.5	34.8	36.1	37.5	38.8	40.1	41.5
25	33.9	35.2	36.5	37.8	39.1	40.4	
26	34.3	35.6	36.9	38.2	39.5	40.8	
27	34.6	36.0	37.3	38.6	39.9	41.2	
28	35.1	36.4	37.7	39.0	40.3		
29	35.5	36.8	38.1	39.4	40.7		

附录十四 各种粪肥肥效成分含量

粪肥名称	氮(%)	磷(%)	钾(%)	每500 g粪肥相当化肥的量		
				硫酸铵(kg)	过磷酸钙(kg)	硫酸钾(kg)
鲜人粪	1.30	0.50	0.40	32.50	14.75	3.70
鲜人尿	0.80	0.13	0.19	20.00	3.82	1.90
鲜人粪尿	0.83	0.26	0.21	20.75	7.65	2.10
鲜猪粪	0.61	0.23	0.28	15.25	6.76	2.80
腐熟猪粪	0.92	1.34	0.40	23.00	39.41	4.00
猪厩肥	0.45	0.19	0.60	11.25	5.59	6.00
鲜牛粪	0.29	0.17	0.10	7.25	5.00	1.00
牛厩肥	0.34	0.16	0.40	8.50	4.71	4.00
鲜马粪	0.40	0.30	0.40	10.00	8.82	4.00
腐熟厩肥	0.58	0.30	0.50	14.50	8.82	5.00
鲜羊粪	0.75	0.60	0.30	18.75	17.65	3.00
兔粪	1.77	1.33	1.94	44.25	39.12	19.40
鸡粪	1.63	1.54	0.85	40.75	45.29	8.50
鸭粪	1.60	0.40	0.60	40.00	11.76	6.00
鹅粪	0.55	1.54	0.95	13.75	15.88	9.50
鸽粪	5.49	1.77	2.27	137.25	52.06	22.70
干蚕沙	11.15	2.65	0.70	278.75	77.94	7.00

参考文献

[1] 王克行. 虾蟹类增养殖学[M]. 北京:中国农业出版社,1997

[2] 孟庆显,俞开康. 鱼虾蟹贝疾病诊断和防治[M]. 北京:中国农业出版社,1996

[3] 俞开康,战文斌,等. 海水养殖病害诊断与防治手册[M]. 上海:上海科学技术出版社,2000

[4] 战文斌,等. 水产动物病害学[M]. 北京:中国农业出版社,2004

[5] 王吉桥,等. 凡纳滨对虾生物学研究与养殖[M]. 北京:海洋出版社,2003

[6] 李生,黄德平. 对虾健康养成实用技术[M]. 北京:海洋出版社,2003

[7] 宋盛宪,郑石轩. 凡纳滨对虾健康养殖[M]. 北京:海洋出版社,2001

[8] 王克行. 凡纳滨对虾工厂化养殖技术[J]. 齐鲁渔业. 2003(1):47~48,(2):44~46

[9] 钟孟原. 白虾之生态[J]. 养鱼世界. 1999(6):20~24

[10] 张伟权. 世界主要养殖品种——凡纳滨对虾生物学简介[J]. 海洋科学,1990(3):69~72

[11] 张伟权,于琳江. 凡纳滨对虾全人工授精技术研究[J]. 海洋与湖沼,1993(4):429~431

[12] 彭昌迪,郑建民,等. 凡纳滨对虾亲虾培育技术初探[J]. 水产科技情报,2000(5):220~223

[13] 蒋宏雷,等. 凡纳滨对虾人工繁育技术[J]. 上海水产

大学学报,1999(3):282～286

[14] 王广军.凡纳滨对虾的生物学特性及繁育技术[J].水产科技情报,2000(3):128～132

[15] 陈弘成.白虾养殖与管理方式[J].养鱼世界.1999(3):66～68

[16] 林明男,曾宝顺.近月来白虾在台湾育苗记录——兼谈对完全养殖系统建立的寄望[J].养鱼世界,1999(4):20～26

[17] 钟孟原.SPF/SPR种虾之育成[J].养鱼世界,1999(7):35～37

[18] 钟孟原.无特定病毒SPF白对虾养殖简介[J].中国水产,1999(9):62～63

[19] 黄鹤忠,易剑国,等.池养凡纳滨对虾卵巢促熟技术[J].水产科技情报,1998(4):166～168

[20] 黄富钦.浓缩海水兑淡水养殖凡纳滨对虾[J].科学养鱼,2000(12):30

[21] 林治术,高庆良,等.凡纳滨对虾渤海湾全人工繁育技术研究[J].海洋科学,1997(7):10～12

[22] 叶乐,林黑着,李卓佳,等.投喂频率对凡纳滨对虾生长和水质的影响[J].南方水产,2005(4):55～59

[23] 陈爱华,张礼明.凡纳滨对虾幼体真菌病的防治对策[J].养鱼世界,1999(2):18～20

[24] 钟孟原.白虾(P. vanamei)与SPF[J].养鱼世界.1999(5):14～18

[25] 罗日祥.中药制剂对中国明对虾免疫活性物质的诱导[J].海洋与湖沼.1997(6):573～578

[26] 牟海津,江晓路,等.中国明对虾血细胞凝集素的性能研究[J].中国水产科学.1999(3):32～35

[27] 孙舰军,丁美丽. 氨氮对中国明对虾抗病力的影响[J]. 海洋与湖沼. 1999(30):267~272

[28] Campa—Cordova A I etal. Generation of spueroxide anion and SOD activity in haemocytes and muscle of American white shrimp (*litopenaeus vannamei*) as a response to β-glucan and sulphated polysaccharide[J]. Fish & shellfish Immuunology. 2002(4):353-366

[29] Destoumieux D, Bulet P, Loew D, et al. A new family of antimicrobial peptides isolated from the shrimp *Penaeus vannamei* (Decapoda)[J]. J. boil. chem. 1997(272):28398-28406

[30] Kitani H. Larval development of the white shrimp *Penaeus vannamei* Boone reared in the laboratory and te statistical observation of its naupliar stages [J]. Bulletin of the Japanese Society of Scientific Fisheries. 1986,52(7):1131-1129

[31] Lin Y C, Chen J C. Acute toxicity of ammonia to *LitoPenaeus vannamei* Boone juveniles at different levels[J]. J. Exp. Mar. Biol. Eco. . 2001(259):109-119

[32] Moullac G L, Claude Soyez, Denis Saulnier, Dominique Ansquer, Jean Christophe Avarre. Peva Levy effect of hypoxic stress on the immune respone and the resistance to vibriosis of the shrimp *Penaeus stylirostris*[J]. Fish & shellfish Immuunology. 1998(8):621-629

[33] Moullac L G and Haffner P. Environmentai factors affecting immune response in Crustacea[J]. Aquaculture. 2000(191):121-131